4~7세
느린 아이
강점 양육

4~7세 느린 아이 강점 양육

이슬기 지음

내 아이의
기질, 속도, 지능 맞춤
두뇌 발달 솔루션

초등 입학 전 언어 능력부터
공부 습관, 사회성 발달까지

'성장의 결정적 시기'를
뛰어넘는 두뇌 훈련의 비밀

위즈덤하우스

프롤로그

자녀 양육에 '결정적 시기'는 없습니다

"첫아이가 유독 말이 느렸어요. 두 살 때까지 단어 몇 개밖에 말을 못 했거든요. 그래도 눈 맞춤도 잘해주고 이름 부르면 쳐다보는 것도 잘해줘서 안심했어요. 그런데 친언니가 연락할 때마다 자폐나 발달 장애는 아닌지 검사를 받아보라고 하더라고요. 가족들의 잦은 권유에 결국은 검사를 받으러 갔죠. 몇 시간의 검사 끝에 결국 발달 장애가 아니라는 말을 들었는데, 그제야 설움이 복받쳐서 눈물이 터지더군요. 가족이니까 걱정되는 맘에 그런 얘기도 하는 거겠지만, 가까운 사람이라 하더라도 아이가 조금 느린 것 같단 말을 할 때마다 '네 탓이야'란 말을 듣는 것 같아 너무 힘들었어요."

느린 아이를 바라보는 부모의 마음은 불안으로 가득합니다. 기쁨으로 낳은 아이를 불안 속에서 키우고, 마음의 부담은 날로 늘어가는데 도와

줄 사람은 없습니다. 스산한 들판 위에서 혼자 바람을 맞고 서 있는 기분으로 부모들은 토로합니다. 아이를 위해 노력할수록 이상하게도 위축되고 작아지는 느낌이 든다고, 인생이 손가락 사이로 빠져나가는 느낌이라고 말이지요. 그래서일까요. 심리센터에 오시는 부모님들과 이야기를 나누다 보면 뜻 모를 자책감이 갑작스레 터져 나오는 경우를 자주 접하곤 합니다. 말 못 할 고민들로 얼마나 큰 마음의 상처를 안고 버텼으면 그럴까요. 하지만 대부분의 부모님은 자책감과 고민의 크기 이상으로 아이를 위해 늘 최선을 다하고 계셨습니다.

아이의 성장 발달이 궁금한 많은 부모님은 유튜브 영상을 찾아보고 인터넷을 검색하며 불안을 달래고 싶어 합니다. 하지만 대부분 불안을 달래는 데 실패하죠. 전문가들이 하는 조언이라고 해도 일반적이고 평균적인 사례를 통해서만 이야기할 수밖에 없기 때문입니다. 이 세상에 평균적인 아이란 존재하지 않습니다. 모든 아이는 각기 다른 상황과 감정을 느끼며 커가고 있기 때문에 일반적인 양육 팁이 효율적으로 적용될 수 없기 때문입니다. 오히려 잘못된 상식에 기반한 양육은 아이 발달을 돕기는커녕 지연시키는 결과를 불러오기도 합니다. 도대체 무엇이 부모들의 마음을 이토록 혼란스럽게 만드는 걸까요? 여러 원인이 있겠지만, 아이러니하게도 '시기에 맞춰 반드시 발달해야 하는 아이의 능력이 있다'는 생각, '적기 교육'처럼 널리 퍼진 육아 상식이 그 이유입니다. 바로, '결정적 시기'를 놓치면 아이는 영영 뒤처지고 말 거라는 생각이 엄마와 아빠의 머릿속에 자리 잡고 있기 때문이지요. 급하다고 해서 당장 문제가 해결되는 것도 아닌데, 왜 부모의 머릿속에는 아이 걱정이 도통 끊이질 않는 걸까요?

엄마는 아이 앞에서는 못 할 것이 없는 존재입니다. 가장 늦게 자고 가장 일찍 일어납니다. 아이를 위해 맛있고 영양이 풍부한 식탁을 차리며, 아이 앞에서는 아파도 아프지 않습니다. 그렇게 쉬지 않고 아이를 돌보며 아이가 무럭무럭 건강하게 자라주길 바랍니다. 그리고 어느덧 초등학교 입학을 앞둔 학부모가 되고, 첫 학기 담임 선생님과의 상담을 다녀온 후부터 생각이 많아집니다. 유치원 때까지만 해도 '조금 기다려주면 나아지겠지'라고 스스로 다독이고, '아들은 조금씩 늦된 구석도 있으니 너무 걱정하지 말라'는 주변 어르신들의 조언에 안심하곤 했는데 이제는 더 이상 주변의 조언이 들리지 않는 순간을 마주하게 됩니다.

곤히 잠든 아이를 물끄러미 바라보며 엄마는 고민에 빠집니다.

'결정적 시기라는 게 있다던데, 그 시기를 놓치면 영영 뒤처지는 건 아닐까?'

아이를 위해 영양사도 되었다가, 운전기사도 되었다가, 선생님도 되었다가, 하루에 열두 번씩 직업을 바꿔가며 키웠던 우리 아이가 다른 아이보다 뒤처진다는 생각은 부모에겐 견디기 힘든 일입니다. 최신 교육 정보와 사설 기관을 통해서라도 어떻게든 성적을 높이고 또래 아이들만큼이라도 따라갈 수 있도록 해주고 싶은 게 부모 마음입니다. 하지만 부모의 바람처럼 아이가 따라와주지 못하면 속상해지고, 그만큼 부모 마음은 조급해지죠.

엄마의 뇌 속엔 아이가 살고 있다

"이러면 안 되는데, 하면서도 힘들고 짜증스러워요. 결국 아이에게 화를 내고 마는 제가 나쁜 엄마일까요? 아이를 볼 때마다 미안해져요. 모든 게 다 아이를 위한 거라는 걸 알면서도 다른 엄마들을 보면 여전히 제가 부족한 엄마인 것만 같아요."

왜 엄마들은 자기도 모르게 이런 생각을 하게 되는 걸까요? 엄마들은 왜, 단지 엄마라는 이유 하나만으로 아이를 위해 많은 희생을 하면서도 죄책감을 갖게 되는 것일까요? 정답은 바로 뇌에 있습니다. 엄마의 강렬한 모성애는 옥시토신Oxytocin이라는 호르몬이 분비되면서 아이와 깊은 정서적 유대감을 갖기 때문에 그렇습니다. 런던대학교 안드레아스 바텔스 박사는 엄마의 모성애가 뇌의 활동에서 비롯되었다는 점을 주제로 2004년에 논문을 발표했습니다.

바텔스 박사는 젊은 엄마 스무 명에게 세 종류의 사진을 보여주고 그들이 각각의 사진을 볼 때마다 뇌 영상을 촬영했습니다. 세 종류의 사진은 바로 자신의 아이, 잘 알고 지내는 아이, 자신의 가장 친한 친구였습니다. 각각의 사진을 바라볼 때 엄마의 뇌 활동을 촬영한 영상에 흥미로운 결과가 나타났습니다. 잘 알고 지내는 아이, 친구의 사진을 바라볼 때에는 시각과 관련된 뇌 영역에서만 활동이 일어났던 반면, 자신의 아이 사진을 볼 땐 '보상받을 때 반응하는 뇌 영역'이 활성화되었죠. 이 실험이 의미하는 것은 무엇일까요? 바로 '아이의 성공은 곧 나의 성공'이라는 믿음이 엄마로서 갖는 본능이라는 점입니다. 다른 아이에게 뒤처지는 아이를 바라볼 때 느껴지는 엄마의 불안과 조급함은 아이와 자신을 동일시하는 뇌의 보상 시스템에서 비롯되는 것이지요. 즉, 엄마의 뇌 속에 아이가 살고 있다는 뜻입니다.

아이와 자신을 동일시하는 엄마의 뇌로 인해 엄마는 아이와 함께 웃기도 하고 울기도 합니다. 그리고 바로 이러한 뇌의 작용 때문에 내 아이와 다른 아이를 비교하며 만족과 불만족 사이를 오가기도 하고, 아이가 뒤떨어진다 싶으면 자기에게 어떤 잘못이 있는 건 아닌지 의심하고 죄책감을 느끼게 되는 것이지요.

하지만 엄마의 죄책감은 아이를 도울 적절한 방법을 찾는 데 오히려 걸림돌이 될 수 있습니다. 한 뼘씩 성장해가는 아이의 내면세계를 찬찬히 살펴봐야 하는데, 아이가 이뤄놓은 결과만으로 아이를 평가하려고 하면 '다른 아이들은 어떻게 했지?'를 먼저 생각하게 되고, 내 아이가 얼마나 잘했느냐보다 다른 사람에 비해 얼마나 좋은 결과를 얻었는지에만 관심을 갖게 됩니다. 아이와 자신을 동일시하는 상황이 반복될수록 아이를 있는 그대로 보기 힘들어지기 때문이죠. 과제를 수행할 때 엄마가 해야 할 일은 실패를 성공으로 바꾸는 것이 아니라, 어려운 문제에 직면한 아이가 스트레스나 좌절을 다스릴 수 있도록 도움을 주는 것입니다.

비교는 유전자에 새겨진 본능과도 같은 것입니다. 부모가 비교하지 않아도 아이는 스스로 비교를 하며 자신을 저울질해보고 성장합니다. 아이가 클수록, 사회성이 발달할수록 더 많은 비교와 판단을 '스스로' 하며 한 뼘 자라게 되지요. 그래서 부모의 태도와 가르침이 중요합니다. 머릿속에만 존재하는 평균적인 아이의 발달을 생각하지 않아야 합니다. 지금 여기, 당신의 눈앞에서 엄마를 올려다보고 있는 아이의 한 달 전 모습과 오늘의 모습을 생각해봐야 합니다.

그렇다면 아이 발달에 대한 해법은 어떻게 찾을 수 있을까요? 엄마의 뇌 속에 아이가 살고 있듯이, 문제의 해법 역시 아이의 뇌 안에 있습니다. 아이의 뇌기능이 발달하는 과정을 제대로 알면 답이 보입니다. 느린 아이를 키우는 부모들은 "애가 말이 늦네요", "애가 많이 활동적이네요"와 같은 말을 듣곤 합니다. 그러면 주로 맘카페에서 경험담을 찾아 읽습니다. 다른 아이와 내 아이의 상태를 비교하는 것은 틀린 방법이 아닙니다만, 정확한 척도가 있다면 다른 사람의 주관적인 경험에 의해 흔들리지 않을 수 있습니다.

불안을 위한 처방전

아이 성장을 효과적으로 돕기 위해선 발달 심리학이 효과적인 해결책이 될 수 있습니다. 발달 심리학은 인간이 반드시 거쳐야 하는 발달 과정을 체계적으로 정리한 오래된 심리학의 한 분야입니다. 모든 아이가 약속이라도 한 것처럼 똑같은 시기에 특정한 발달 단계에 도달해야 하는 것은 아닙니다. 아이마다 발달 속도는 분명히 다릅니다. 하지만 아이가 커가는 과정에서 '반드시' 거쳐야 할 발달 단계가 있고, 이 과정을 생략하거나 건너뛰면 정서나 인지 기능을 발휘하는 데 어려움이 생길 수 있습니다.

이걸 아는 부모와 모르는 부모는 양육 방식에서도 큰 차이를 보일 수밖에 없지요.

'결정적 시기'는 바로 이 지점에서 의미를 갖습니다. 반드시 거쳐야 할 단계를 알고 부모가 적절한 도움을 주었을 때 발달이 촉진될 수 있다는 것이지요. 결정적 시기란, 때를 놓친다고 해서 영영 인지 기능이 상실된다는 걸 의미하는 것이 아닙니다. 특히 결정적 시기와 관련하여 많은 연구가 진행된 부분은 언어 습득과 관련된 것들인데, 연구의 대상이 된 것들은 일곱 살이 될 때까지 언어에 '전혀' 노출되지 않았던 사례들만을 다루고 있습니다. 그 경우 7~8세 이전에 언어 자극을 부족하게 받게 되면 성인이 되어서도 언어 능력에 심각한 결함이 있다는 이야기를 하고 있습니다. 따라서 방치되다시피 언어적 빈곤 상태에 놓였던 아이와, 단지 말이 좀 늦게 트이는 아이를 직접 비교하는 것은 무리가 있습니다. 덧붙여, '언어 습득의 결정적 시기'라는 말 때문에 모국어가 아닌 영어를 더 자주 접하게 하는 교육 방법에 대해서도 많은 전문가는 의구심을 표합니다. 영어를 비롯한 언어 능력이 향상되려면 일단 모국어 능력이 탁월해야 하니까요.

최근 뇌과학에서 주목받고 있는 신경가소성neural plasticity 이론은 '양육에 결정적 시기가 없다'라는 주장에 더욱 힘을 싣고 있습니다. '신경가소성'이란 우리의 뇌 발달이 유년기에 결정되는 것이 아니라, 끊임없이 변하는 환경에 따라 반응하면서 평생 발전할 수 있다는 개념입니다. 발달 시기에 맞추어 적절한 자극만 주어진다면 얼마든지 언어 능력이나 주의력, 기억력이 좋아질 수 있다는 것이지요. 따라서 느린 아이를 키우면서 중요한 것은 '결정적 시기'라는 개념에 갇혀 조급한 마음으로 아이를 바라보는 것이 아니라, 아이의 뇌 발달이 어디까지 도달해 있고 어떻게 도움을 줄 수 있을지 객관적으로 파악하는 것입니다.

신기한 아이디어 육아 용품이 아이의 문제를 전부 해결해주지는 못하는 것처럼, 전문가의 조언을 받아들일 때 제일 중요한 것은 부모 나름의 기준을 세우고 아이에게 집중하는 것입니다. 육아는 항상 예상을 뛰어넘는 문제가 생기고 뜻대로 풀리지 않습니다. 어쩌면 부모의 머릿속에 자리 잡은 채 불안을 유발하고 있었을 '완벽주의'를 버리고, 아이와 함께 직접 그때그때의 상황에 뛰어드는 것이 진짜 제대로 아이를 키우는 방법일 것입니다. 육아는 누가 대신 해줄 수 없습니다. 육아란 '아직은 부족한 내가 약간은 부족한 아이와 만나는 일'이라는 것을 인정하는 데서 시작해야 아이도, 부모도 마음이 편해집니다.

내 아이는 세상 그 누구와도 같지 않다

사람의 행동은 뇌에서 비롯됩니다. 따라서 느린 아이의 행동 역시 뇌의 기능과 발달을 세심하게 들여다봄으로써 도움을 줄 수 있습니다. 우리의 사소한 행동 하나하나는 다양한 뇌의 영역이 복합적으로 조절을 한 결과이기 때문입니다. 대뇌피질은 네 부분, 전두엽과 두정엽, 측두엽과 후두엽으로 나뉩니다. 후두엽은 눈으로 들어온 시각 정보를 구체적인 이미지로 만들어주는 역할을 하고, 귀 옆에 있는 측두엽은 소리를 정확하게 구별하고 기억과 감정 조절 등의 다양한 역할을 합니다. 정수리에 위치한 두정엽은 보고, 듣고, 만지고, 맛본 여러 가지 감각 정보들을 종합하고 조율해서 신체 정보로 바꾸어주는 역할을 합니다.

예를 들어 학교에서 필기를 하는 아이를 떠올려보면, 대뇌의 활동으로 다시 설명할 수 있습니다. 선생님께서 칠판에 쓴 글씨가 아이의 두 눈으로 들어오게 됩니다. 들어온 빛과 색깔, 모양 등의 시각 정보는 시신경을 타고 뒤통수에 놓인 후두엽에서 글자와 그림, 배경 등으로 나뉘게 되지요. 그중 다시 글자는 좌뇌 측두엽의 언어 중추에서 그 의미가 파악됩니다. 그러면 다시 그 내용이 정수리의 두정엽에서 통합되고 구체적인 신체 정보로 바뀌면 아이는 손가락을 적절하게 움직여 글씨를 쓰게 되는 것입니다. 칠판에 쓰인 글자를 받아 적는 이 단순한 활동조차 전두엽과 후두엽, 측두엽과 두정엽에 이르는 뇌의 전체 영역을 사용합니다.

이 중 어느 한 영역이라도 제대로 기능하지 못한다면 어떻게 될까요? 글씨를 제대로 쓰지 못하거나, 느릿느릿하게 받아 적다가 다 쓰지 못할 수도 있습니다. 또 칠판에 쓰인 글자와 전혀 다른 엉뚱한 내용을 쓸 수도 있습니다. 즉, 각기 다른 양상으로 문제가 나타날 수 있는 것입니다.

말이 느린 아이, 배움이 느린 아이, 어울림이 느린 아이 모두 뇌의 활동을 세심하게 들여다봄으로써 아이의 발달을 도울 수 있습니다. 객관적으로 아이의 상태를 파악하고 적절한 도움을 주면, 아이는 자신의 잠재력을 보다 크고 넓게 펼쳐나갈 수 있습니다.

아이를 키우는 일엔 수학 공식을 대입하여 정답을 찾는 과정과 다르게 상당히 복합적인 요인들이 작용합니다. 한 아이를 이해하기 위해서는 그 아이의 가정환경, 발달 과정, 주변의 여러 요인을 살펴보고 무엇보다도 아이의 뇌 발달 속도를 체크해봐야 합니다. 아이마다 개인차가 있기 때문이지요. 내 아이는 세상 그 누구와도 같지 않습니다. 이 세상에서 하나뿐인 내 아이를 다른 아이와 비교하는 것은 그래서 무의미합니다. 자녀에 대해 가장 잘 파악하고 있는 사람은 부모입니다. 보다 단단하게 성장해나갈 수 있도록 아이의 성장 속도를 알아봐주고 함께 발걸음을 맞춰 가는 것이 엄마와 아이가 함께 행복할 수 있는 양육의 시작입니다.

나이에 맞게 사랑을 주세요. 다섯 살은 다섯 살답게, 열 살은 열 살답게, 스무 살은 스무 살답게 사랑해주세요. 하지만 경험이 적은 부모들은 모든 아이를 다섯 살 아이 대하듯 엉덩이를 토닥이고, 아기 대하듯 받아줍니다. 아이의 나이와 상황에 맞게 교감하고 사랑해야 한다는 걸 알면서도 습관처럼 나오는 행동 때문에 아이의 마음을 정확히 읽는 게 오히려 어려워지기도 하지요.

여전히 걱정과 불안이 남아 있다면 전문가에게 조언을 구하고 차근차근 해결하면 될 일입니다. 다행히 이 책을 펼친 우리 모두는 이미 좋은 부모입니다.

2023년 2월

이슬기

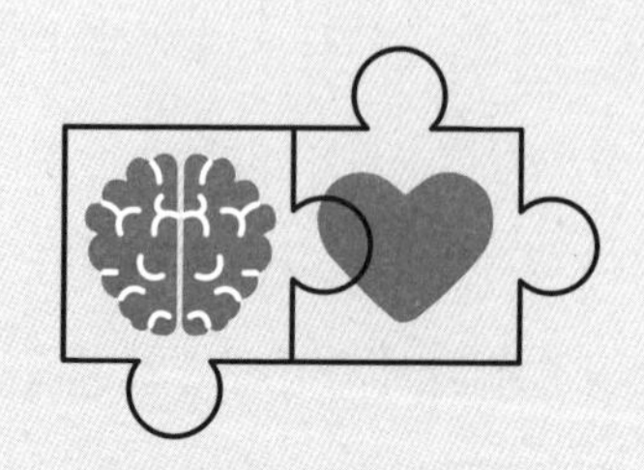

2부 | 언어 발달, 시간을 아이의 편으로 만들어주세요

3부 | 배움, 지금 중요한 건 능력이 아니라 태도입니다

5. 공부에 대한 거부감 해소시켜주기

4부 | 어울림, 혼자 있는 아이의 마음을 알아주세요

1. 공감 능력 높은 아이가 리더가 된다

2. 뇌과학이 알려주는 사회성 발달의 비밀

1부

먼저 출발한 아이가 먼저 도착하는 것은 아닙니다

월령별 아이 성장 체크 리스트

영아기(0~12개월)

- □ 옹알이도 잘하고 엄마 목소리에 특별하게 반응한다.
- □ 움직이는 물건을 볼 때 눈동자도 같이 따라 움직인다.
- □ 낯선 소리가 들리면 소리가 나는 쪽으로 바라본다.
- □ 자기 이름에 반응하고 미소를 지어 보인다.
- □ 엄마 아빠의 도움 없이도 1분 이상 혼자 앉아 있을 수 있다.
- □ 하고 싶은 것이 있을 때 어른의 주의를 끄는 행동을 할 수 있다.
- □ 깜짝 놀란 눈으로 엄마의 시선이 위로 향하면 아이도 같은 곳을 바라본다.

걸음마기(13~24개월)

- □ 방에서 혼자 걸어 다닐 수 있다.
- □ 스스로 그릇을 들고 물을 마실 수 있다.
- □ 닫힌 문을 열거나 의자에 기어오를 수 있다.
- □ 혼자서 숟가락으로 음식을 많이 흘리지 않고 먹을 수 있다.
- □ 대소변을 보고 싶다는 의사 표현이 가능하다.
- □ 짧은 문장으로 말을 할 수 있다.
- □ 먹을 수 있는 것과 먹을 수 없는 것을 구분할 수 있다.

소근육 발달기(25~36개월)

- □ 높은 곳에 올라갔을 때 떨어지지 않으려고 조심하는 모습을 보인다.
- □ 젖은 손을 수건으로 잘 닦아낼 수 있다.
- □ 혼자서도 겉옷을 입거나 벗을 수 있다(단추 끼우기 불가능해도 괜찮음).
- □ 소꿉놀이 같은 집단 활동을 하는 것이 가능하다.
- □ 다소 서툴지만 혼자서 계단을 걸어 내려갈 수 있다(한 발로 한 계단씩 디디는 것 포함).
- □ 밥상에 수저를 놓거나 엄마가 필요한 물건을 건네주는 간단한 수행이 가능하다.
- □ 가위로 종이나 천을 자를 수 있다.

폭발적 인지 발달기(만 4~7세)

- □ 남자와 여자를 구별하고 엄마와 아빠의 관계를 관찰하면서 반응을 보인다.
- □ 또래 친구들과 경쟁하며 활동하는 놀이(팽이치기, 술래잡기 등)를 할 수 있다.
- □ 사람, 집, 나무, 동물 같은 것을 알아볼 수 있을 정도로 그릴 수 있다.
- □ 어느 정도 도움을 받아서 목욕할 수 있다.
- □ 자기 차례나 규칙을 알고 해야 하는 보드게임(오목, 윷놀이 등)을 이해할 수 있다.
- □ 시계를 보고 유치원에 갈 시간이나 식사시간을 대략적으로 알 수 있다.
- □ 놀이터나 학교처럼 가본 일이 있는 곳을 혼자 또는 친구와 같이 다녀올 수 있다.
- □ 소액의 돈으로 물건을 스스로 사 올 수 있다.
- □ 숟가락이나 칼로 빵과 떡에 잼이나 꿀 등을 혼자서 발라 먹을 수 있다.
- □ 혼자 방에 들어가 잠옷을 입고 용변을 본 후 잠자리에 들 수 있다.

※ 연령별 발달 단계에서 세 가지 이상 누락된 항목이 관찰된다면, 아이 발달을 돕기 위해 전문가와 상의가 필요합니다.

1

또래보다 느린 성장, 정말 문제일까?

아이 발달, 올바로 질문해야 올바른 답을 얻는다

"57개월 된 딸아이를 키우는 부모입니다. 현재 상호작용은 문제없이 잘되고 있고, 말은 조금 늦었지만 아기 때부터 알아듣는 것은 잘해왔습니다. 지금은 어른들과도 큰 문제없이 대화를 할 수 있습니다. 다만 발음이 좋지 않아서 언어 치료를 통해 조음 문제 치료를 받고 있는데, 소근육 발달도 좀 느린 것 같고 걱정이 많습니다. 영유아 검진 시 체크하는 발달선별검사 항목은 거의 대부분 할 수 있는 것들이라 한시름 놓기도 했고, 주기적으로 봐주시는 소아과 선생님도 잘 크고 있다고 이야기해주시는데 여전히 걱정되는 것들이 있습니다. 새로운 환경에서는 주저주저하고, 배우는 것도 전반적으로 느립니다. 결국 과제를 해내긴 하지만 제가 이렇게 지켜만 봐도 괜찮은 걸까요? 아니면 적극적으로 치료를 하는 게 맞는 걸까요? 주변에서는 느린 아이라고 하시고 발달에 문제가 있는 건 아닌 것 같다는 말씀도 해주시는데, 오히려 여자아이들이 언어 발달이 빠르다는 걸 상식처럼 알고 있다 보니 마음에 걸립니다. 어느 강연에서 전문가분이 말씀해주시길 말이 늦으면 사회성도 함께 떨어진다는 이야기를 듣고 나니 너무 걱정이 됩니다. 어떻게 하는 게 아이에게 도움이 될까요?"

'이게 과연 옳을까?'

'그냥 저렇게 했어야 했나?'

완벽한 해결책이란 게 존재하지 않는 양육의 세계에서 부모들의 고민은 수천수만 번 반복되죠. 이쪽을 선택하면 이런 문제가, 저쪽을 선택하면 저런 문제가 마음에 걸립니다. 이처럼 아이를 키우는 과정엔 언제나 의심과 회의가 끊임없이 이어지게 마련입니다. 하지만 아이 앞에서 흔들리지 않아야 합니다. 부모가 흔들리면 아이도 흔들립니다. 다행스러운 건 삶이란 한쪽을 택한다고 해서 다른 길을 영영 가지 못하는 갈림길이 아니라는 점이지요. 아이가 커가는 과정에서 겪게 되는 다양한 경험을 함께 보듬고 고민하며 불확실성을 견디고 버텨주는 일 역시 부모의 사랑입니다. 양육에서 절대 잊지 않아야 할 것은 '선택'보다 '선택 이후'가 더 중요하다는 점입니다. 특히 아이의 발달과 관련해서 양육 방법을 선택했다면, 그 결과에 대해 스스로 묻는 질문의 방향이 매우 중요합니다.

내 아이의 리듬 파악하기

모든 사람은 저마다의 고유한 리듬을 갖고 태어납니다. 아이의 발달 시계는 각자의 템포에 따라 펼쳐지게 되지요. 때맞춰 역에 도착하는 기차처럼 모든 발달 단계에 정확히 도달하는 아이가 세상에 존재할까요? 발달 체크 리스트 역시 대략적인 흐름만을 알려줄 뿐, 아이의 발달을 무 자르듯 파악하는 것은 애당초 불가능에 가까운 일인지도 모릅니다.

물론 발달 단계는 매우 중요합니다. 어제까지만 해도 기던 아이가 갑자기 오늘은 뛰거나 걷는다고 해서 마냥 기뻐할 일은 아닙니다. 왜 그럴까요? 각 단계마다 필수적으로 거쳐야 할 발달 과제가 있기 때문입니다. 예컨대 아이가 밥을 먹을 수 있기까지 모유, 묽은 이유식, 잘게 다져 만든 이유식을 차츰차츰 먹이는 연습이 필요하듯, 발달의 모든 단계는 그 나름의 이유를 갖고 있습니다. 모든 아이는 '반드시' 배밀이, 앉기, 잡고 일어서기 등 일련의 순서를 거쳐야 안정적으로 걸음마를 떼게 됩니다. 배밀이나 앉기 같은 과도기 없이 갑자기 일어나 걷는다면 아이의 발달이 빠르다고 좋아할 일일까요? 오히려 이 경우 아이는 배를 바닥에 대고 기는 단계에서 자라야 할 근육의 성장 단계가 생략되면서, '콰당' 하고 넘어지는 충격에 대비하고 긴장하는 근육의 준비 단계를 놓치게 되는 위험이 있지요. 그 결과 필수적으로 발달해야 할 감정인 두려움을 적절하게 조율하는 감정 발달 역시 생략될 수 있습니다. 이처럼 모든 발달은 신체 운동의 시계와 심리-정서 발달의 시계가 맞물려 돌아가기 때문에 단계적으로 이루어지는 과정 하나하나가 아주 소중합니다. 요컨대 무엇보다 중요한 것은 발달의 속도가 아니라, 정확하게 모든 발달 단계를 차근차근 밟아가고 있는지 여부라고 할 수 있습니다.

그럼에도 불구하고 많은 부모는 이렇게 하소연합니다.

"이래서 나중에 초등학교 가서 잘할 수 있을지 걱정이에요."

하지만 아이의 두뇌는 부모들이 생각하는 것과 다른 속도와 방향으로 성장해갑니다. 조금 여유를 갖고 기다려주세요. 이제 배밀이하는 아기를 보고, '이래서야 나중에 걸을 수 있겠어'라고 걱정하지 않잖아요? 부모 역시 지금 아이 나이에 하지 못하는 것이 많았습니다. 어설픈 것도 많았습니다. 우리는 자칫 노력이 뭔가를 해결해줄 거란 착각에 빠지기 쉽지만, 아이에게도 과거의 우리처럼 '시간'이라는 조력자가 있습니다. 다소 시간이 걸리더라도 발달해야 할 단계에 정확하게 도달하는지가 중요합니다.

'결정적 시기'라는 말에 숨은 속뜻

'아는 만큼 보인다'는 말이 있지만, 아이를 키우는 과정에서 이 말은 조금 조심해서 받아들일 필요가 있습니다. 많은 부모가 양육 서적과 인터넷에서 얻은 정보를 통해 우리 아이의 발달이 제대로 이루어지고 있는지, 혹여나 늦된 것은 아닌지 점검할 수 있지만, 때로는 불완전한 정보들로 인해 아는 만큼 눈이 멀기도 합니다.

살다 보면 '아이가 혹시 좀 발달이 늦나?'라는 생각에 빠지는 순간이 있습니다. 큰 걱정 없이 등록한 영어유치원 공개 수업에 갔다가 또래 아이들과 비교되는 행동에 놀라거나, 백화점 문화센터에서 만난 동갑내기 아이와 뭔가 다르다는 걸 느끼는 경우들이 그렇지요. 갑자기 떠오른 '늦은 발달'이라는 단어가 마음을 조급하게 만듭니다. 불안한 마음에 이것저것 알아보다가 '결정적 시기'라는 말을 접하게 됩니다. 전문가들의 조언을 보니, 이 시기에 충분한 자극을 받지 못하면 이후에 자극을 주어도 발달에 어려움을 보일 수 있다니 부모로서는 여간 신경 쓰이는 게 아닐 수 없습니다.

'결정적 시기' 가설은 1967년 미국의 언어학자 에릭 레너버그가 '언어를 익히는 데 결정적인 시기가 있다'고 발표하며 시작되었습니다. 즉, 발달이 빠르게 마무리되는 영역 가운데 언어 능력만이 유독 눈에 띄는 결정적 시기를 생각해볼 수 있다는 점이고, 그 외의 인지 기능들인 기억력이나 전두엽의 발달, 자아정체감의 발달 등은 15세 전후까지 긴 호흡으로 시기에 맞게 진행됩니다. 하지만 온갖 미디어에서 감각 발달과 운동 발달, 질서를 배우거나 예의범절과 같은 사회적 약속을 배우는 것까지도 결정적 시기가 있다며 불안을 조성하니, 정말이지 대한민국에서 엄마 노릇 하기 힘들다고 할 수 있지요.

현명한 부모가 되기 위해서는 반드시 결정적 시기라는 말에 숨은 속뜻을 알아야 합니다. 결정적 시기는, 그 시기가 학습과 발달에 중요한 영향을 준다는 것이지 그 시기를 놓치면 학습이 이루어지지 않는다는 말이 '절대' 아닙니다. 아동이 선천적인, 또는 환경적인 이유로 인해 결정적 시기에 적절한 자극을 받지 못하는 경우가 있습니다. 하지만 뇌는 태어나서 죽을 때까지 배우는 능력이 있지요. 다른 신체 기관과는 달리 뇌세포는 성인이 되어서도 유동적으로 변화하는데 이것을 '뇌 가소성(신경가소성)'이라고 합니다. 그렇기 때문에 비록 결정적 시기를 놓쳤다고 해도 지속적인 자극을 통하여 발달 수준을 따라잡는 것이 가능한 것이지요.

아이는 엄마의 기다림을 먹고 자란다

지구에서 가장 키가 큰 나무는 무엇일까요? 영화 「트와일라잇」을 보신 분들은 주인공 커플이 높은 나무 위에 올라가 있는 모습을 기억하실 겁니다. 이처럼 미국엔 넓은 땅덩이만큼 크고 아름다운 나무들이 많은데, '세쿼이아'라 불리는 미국 삼나무는 최대 높이가 112미터나 된다고 합니다. 하지만 자라는 속도는 의외로 느려서 1년에 1.8미터씩 300년이 지나야 이 정도로 자란다고 하지요. 반면 대나무는 하루에 1미터를 자라기도 하니 세쿼이아와 나란히 심어놓고 지켜본다면 누구나 세쿼이아의 성장에 답답함을 느낄 것입니다. 마찬가지로 아이의 발달이 느리다는 생각이 들면 정도의 차이는 있지만 누구나 조급함과 불안감을 느낄 수 있지요. 발달 시기를 놓칠지 모른다는 조급함과, 뒤처진 상태로 성장할지 모른다는 불안함이 무리한 생각으로 이어지기도 하지요. 두 감정 모두 아이에게 도움이 되지 않는다는 것을 부모는 잘 알고 있지만, 쉽사리 조절하기 힘든 것 또한 사실입니다.

초등 저학년까지는 지능이나 언어의 발달에 차이가 제법 나는 경우들이 많습니다. 이 시기에는 정말 우수한 아이인 영재英才도 있지만, 대나무처럼 빨리 발달되는 아이인 조재早才도 있지요. 그런가 하면 조재의 반대편에는 늦게 발달되는 아이, 만재晩才도 있습니다. 누가 영재이고 만재인지는 반드시 시간이 지나야만 알 수 있습니다. 아이를 키울 때 가장 조심해야할 점은 오버페이스입니다. 마라톤에선 잠시라도 오버페이스를 하면 전체 주행을 망치게 됩니다. 아이를 키우는 것 역시 장기전입니다. 무얼 하는 것보다 '하면 안 될 행동을 하지 않는 것'이 중요할 수 있습니다. 조급해하지 않고 그저 기다려주는 것만으로도 좋은 양육이 되는 이유가 여기에 있습니다. 부모의 느긋한 마음과 태도는 아이에게 전달되고, 아이가 불안해하지 않고 건강하게 성장하는 원동력이 되기 때문입니다. 부모가 느긋해야 자녀에게 한마디라도 더 격려하고 칭찬하는 말을 할 수 있습니다. 엄마에게 인정받았던 경험 하나가 아이가 인생을 살아가는 데 큰 힘이 될 수 있다는 점을 기억해주세요. 해를 향해 가지를 기울이는 나무들처럼, 아이 역시 자기 마음이 가는 곳을 향해 자라납니다. 그 마음의 방향이 부모와 가까울 때, 세월이 지난 후 후회하지 않습니다. 부모의 반대편으로 멀리 휘어져 자란 나무를 봐야 한다면, 그때 부모의 마음은 어떨까요?

옆에서 죽죽 자라는 대나무를 보며 세쿼이아 나무에게 무엇을 해줄 수 있을까요? 그저 충분한 햇빛과 물, 영양을 주며 기다리는 수밖에 없습니다. 충분한 햇살과 물, 영양만 주어도 아이에게 부모는 그 자체로 충분한 존재입니다. 물론 아이의 발달을 돕기 위한 노력을 해야겠지만, 아이가 발전하는 속도는 기대와 다를 수 있습니다. 부모는 도와줄 수 있는 부분을 돕고 기본적인 것에 충실하면 그것으로 충분하지요. 그러면서 느긋하게 그저 아이의 성장을 기다리는 것뿐입니다. 누가 알 수 있을까요. 먼 훗날 우리 아이가 가장 큰 나무가 되어 있을지.

나의 양육 태도 바로 알기

먼저, 스스로의 양육 태도를 간단하게나마 점검해보기 위해 아래 항목에서 본인이 몇 개나 해당되는지 체크해보기 바랍니다.

- ☐ 같은 일에 대해서 화를 내기도, 내지 않기도 한다.
- ☐ 아이가 내 기대만큼 따라오지 못한다고 생각한 적이 많다.
- ☐ 아이를 꾸짖은 후 혼낸 이유를 아이에게 설명해주는 편이다.
- ☐ 칭찬이나 체벌을 할 때에는 반드시 아이도 이해할 수 있는 합리적인 이유가 있는 편이다.
- ☐ 유치원이나 학교에서의 일을 잘 알고 있는 편이다.
- ☐ 또래 아이들이 스스로 할 수 있는 일을 우리 아이는 잘하지 못한다고 느낀다.
- ☐ 방과 후 아이가 누구와 시간을 보내는지, 어떤 게임을 하는지 알고 있다.
- ☐ 아이의 미래에 대해서 자주 걱정하는 편이다.
- ☐ 아이가 문제 상황에 놓이면 도움을 요청하기 전까지는 지켜보는 편이다.
- ☐ 가끔 아이가 나를 무서워할 때가 있다.

- 3개 미만: 아이에게 크게 개입하지 않는 방임형 부모일 가능성이 높습니다.
- 4~5개: 적절한 개입을 통해 아이를 파악하고 있을 부모일 가능성이 높습니다.
- 6개 이상: 아이에게 일일이 간섭하는 통제형 부모일 가능성이 높습니다.

※ 해당 체크 리스트는 간이 검사이며, 보다 정확하고 구체적인 검사는 전문 기관에 의뢰해주세요.

아이의 능력을 최대한 발휘할 수 있도록 하는 힘은 부모에게 있습니다. 하지만 구체적인 방법은 누구도 정확하게 가르쳐주기 힘들다는 게 참 사람을 난감하게 하지요. 그래서 양육이란 모든 부모에게 정답은 없이 힘들기만 한 질문입니다. 시키는 대로 아이가 잘 따라와줘도 어려운 것이 양육인데, 느린 아이의 양육은 키워보지 않으면 정말 모르는 일이지요. 운전은 면허시험도 보고 '초보 운전'이라고 배려도 받지만, 양육은 어느 날 아이가 태어나면서부터 바로 시작되기 때문에 더욱 난감합니다.

양육 태도 체크 리스트는 아이와 부모 사이의 정서적 교감이 얼마나 되는지, 부모의 행동에 대해 아이가 납득할 정도의 설명을 해주는지, 아이에 대한 부모의 기대치는 어느 정도인지, 아이를 대하는 일관성이 얼마나 지켜지고 있는지 등을 파악하기 위한 목적을 갖고 있습니다.

이런 여러 기준이 아이를 키우는 데 필요한 것들이지만, 일상생활에서 이 모든 걸 기억하며 아이를 키운다는 건 불가능에 가까울지 모릅니다.

하지만 모든 일이 시작은 어려워도 습관이 들고 나면 자연스럽게 행동이 나오듯, 양육 기준 역시 몸에 익히기까지 충분한 시간을 투자하면 그 효과는 만점입니다.

무엇보다 중요한 사실은 양육 기준이 필요해지는 시점입니다. 유아기에는 아기의 생리적 욕구를 해결해주면 되므로 오히려 어려움이 덜하지만, 아이가 스스로 말하고 자신의 욕구를 표현하면서부터 부모와의 갈등이 시작됩니다. 그러면서 혼란을 겪다가 결국은 자신이 어떻게 자랐는지에 근거하여 부모가 되어가게 마련이지요. 저 역시 어린 시절엔 겨울마다 아침에 일어나면 환기시킨다고 방 창문을 모두 열어두시던 부모님이 그렇게 원망스러울 수가 없었는데, 어른이 된 지금 저도 모르게 아침마다 창문을 열어두는 제 모습을 발견하고는 보고 배운 것이 참 무섭다는 생각을 한 적이 있습니다. 양육 방식 역시 마찬가지입니다. 그렇게 싫던 부모님의 양육 방식을 부모가 된 지금 그대로 따르기도 합니다. 아이를 낳으면 화내지 않고 애정과 설득으로 잘 키워보겠다는 다짐도 어느덧 안개처럼 사라지고, 작은 일에도 화내고 소리 지르는 현실 속 내 모습을 보면서 자괴감이 들기도 하지요.

일관성만으로도 충분하다

양육에는 겉으로 드러나는 의식적, 자발적인 태도나 언어뿐 아니라 비자발적인 행동과 몸짓, 비언어적 메시지가 모두 포함됩니다. 즉 부모가 겉으로 표현하는 것뿐 아니라 부모가 가지고 있는 생각 자체가 모두 양육의 중요한 부분을 이루고 있는 것이지요. 그래서 부모의 양육 기준엔 그 사람의 가치관이 담겨 있다고 할 수 있습니다. 그런데 때때로 전문가의 양육 조언이 자신이 자라면서 받았던 양육 방식과 다르다면 서로 충돌이 일어나고 이로 인해 혼란을 겪기도 합니다. 그래서 양육이 더 어렵게 느껴지는 것이지요.

양육의 기준을 세세하고 조밀하게 적용하다 보면 끝도 없이 잔소리를 하고 지적을 하기 쉽습니다. 특히 발달이 느린 아이들은 하나부터 열까지 모두 부모의 눈에 밟히는 행동투성이기 때문에 종일 잔소리를 하다가 하루가 다 가는 경우도 생기지요. '마왕처 우역왕馬往處 牛亦往'이라는 말이 있습니다. '말은 빠르고 소는 느리지만 결국 말이 가는 곳이라면 소도 갈 수 있다'는 뜻이지요. 이것을 적용한다면 발달이 빠른 아이가 하는 것은 결국 발달이 느린 아이도 할 수 있다는 말이 되는데, 대부분의 경우에 실제로 그렇게 되기 때문에 결국은 부모의 방향성이 더욱 중요해집니다.

따라서 다양한 양육 기준이 있지만, 비일관적인 꾸지람이나 칭찬을 없애는 것이 가장 중요합니다. 비일관성은 부모의 양육 방식 가운데 가장 나쁜 것으로, 아이의 사회성 발달에 나쁜 영향을 미치는 것으로 알려져 있기 때문에 그렇습니다. 아이가 세상에 태어나 제일 처음 만나는 사회는 바로 가족입니다. 그리고 화를 다스리는 방법, 감정을 표현하는 방법 역시 부모를 보고 배우게 되지요. 따라서 비일관적인 꾸지람은 다른 사람과 공감하고, 갈등을 해결하는 방법을 익히는 데 큰 방해가 됩니다. 이것은 부모의 성격적인 불안정성이 가장 큰 요인이 됩니다. 현실에 대한 불만, 가족에 대한 불만, 배우자에 대한 불만이 힘없는 자녀에게 분출되는 상황은 아닌지 점검해봐야 하는 것이지요.

기준은 일관되게, 범위는 넓게

그래서 양육의 기준은 더 크게 잡는 것이 좋습니다. 매사에 너무 잦은 지적을 하게 되면 부모도, 아이도 결국은 지치고 맙니다. 부모는 부모대로 아이가 자신의 말을 제대로 듣지 않는다는 생각에 우울해지고, 아이는 아이대로 어떤 행동을 하든 혼나게 될 것이라는 불안감을 안게 되고 스스로 판단하지 않고 부모의 지시를 기다리거나 아예 일탈해버리는 경우가 생길 수 있지요. 그렇다면 얼마나 크게 기준을 잡는 것이 좋을까요? 우선은 아이가 마주한 사회생활에 큰 영향을 미칠 수 있는 것들에 집중하는 것이 좋습니다. 남을 때리거나, 거짓말을 하거나, 물건을 훔치거나, 이성친구의 몸에 손을 대거나, 나이에 맞지 않는 습관(과도한 게임, 음주, 흡연 등)을 제외하면 어느 정도 허용하고 관용하면서 키우는 것이 부모나 아이 모두에게 이롭습니다.

무엇보다 중요한 것은 부모의 모습입니다. 아이는 부모의 뒷모습을 보며 자란다는 말이 있는데, 남들에게 보여주는 앞모습이 아닌, 가족에게만 보여주는 뒷모습을 보며 자란다는, 생각해보면 무서운 말이기도 하지요. 하지만 그만큼 아이의 인성 발달에 많은 영향을 주는 중요한 부분입니다. 부모의 뒷모습을 잘 보여주면, 그것이 백 마디 말보다 더 좋고 효과적인 양육이 될 수 있습니다. 휴대폰을 그만하라 말하기보다 부모가 늘 손에 쥐고 있던 휴대폰을 먼저 내려놓아야 합니다. 유튜브 그만하고 책 좀 읽으라 말하기보다 아이 앞에서 먼저 책을 잡으면 됩니다.

소설가 박완서는 이런 말을 한 적이 있습니다.

"자식에 대한 부모의 사랑은 이불과 같아야 한다."

이불은 아침이면 개어놓고 나가지만 춥고 지치면 돌아와 덮고 쉴 수 있습니다. 이불은 아이를 통제하고자 하는 욕심을 내지 않습니다. 아이가 힘들다고 하면 그저 감싸줄 뿐입니다. 스스로 움직이지는 않지만 하루를 살아갈 수 있는 깊은 에너지가 따뜻한 이불 속에서 시작됩니다. 아이들에게 부모의 존재란 그런 것 아닐까요? 힘든 상황에서 세상의 풍파를 겪더라도 결국은 자신을 받아줄 부모가 있기 때문에 괜찮을 것이란 믿음을 주는 존재. 일관된 양육만이 이러한 믿음을 아이에게 줄 수 있습니다. 여러분은 아이에게 어떤 이불인가요? 한결같이 포근하고 가벼운 솜이불인가요, 구멍이 나서 믿고 따뜻하게 쉬기 어려운 이불인가요? 아니면 차갑게 옭아매는 올가미는 아닌가요?

엄마 먼저 행복해지기

"낯선 환경에만 가면 소리를 지르거나, 불안해합니다. 냄새나 소리에도 유독 예민하고요. 그런데 어렸을 때부터 키즈카페 같은 익숙한 곳에 가면 트램펄린 하느라 시간 가는 줄 모르고 에너지를 분출하기도 하는데, 조금만 힘든 공부를 하려고만 하면 5분도 가만히 제자리에 앉아 있는 게 되지 않아서 고민이에요. 아이가 유치원 다니는 것도 힘든데 초등학교 가서는 어떻게 할지 모르겠어요."

아이를 키우면서 크든 작든 불안감을 느껴보지 않은 부모는 없을 것입니다. 잘하면 잘하는 대로, 못하면 못하는 대로 걱정이 생기게 마련이죠. 불안이 생기는 근본 원인은 앞날을 알 수 없기 때문입니다. 인간은 생존을 위해 본능적으로 앞날에 대한 예측을 하게 되는데, 앞날은 알 수도 없고 예상외의 일들이 벌어지기 때문에 늘 불안을 가지고 살 수 밖에 없지요. 하물며 조금 느리고 착석도 힘든 아이를 보면서 학교생활은 어떨까, 별나다고 따돌림을 당하지는 않을까, 수업에 집중하지 못해서 성적에 문제가 생기면 어쩌지, 대학을 못 가면 어쩌지, 하루에도 무수히 많은 불안한 생각이 머리를 채웁니다.

불안의 이면에 놓인 감정을 한 발짝 더 가까이 다가가 들여다보면, 결국 '우리 아이가 행복하지 않은 삶을 살까 봐'라는 걱정이 마음 한구석에서 작은 새처럼 웅크리고 있는 것을 발견할 수 있습니다. 여기서 중요한 것이 한 가지 있습니다. 바로 행복한 자녀를 키우려면 먼저 부모가 행복해야 한다는 점이지요. 특히 엄마의 행복은 더욱 중요합니다. 엄마가 행복해야 아이도 행복합니다. 엄마의 뇌 안에 아이가 있듯이, 아이의 마음에도 엄마의 감정이 녹아 있습니다. 아이의 유년기 감정이 형성되는 과정에서 절대적으로 중요한 사실은 '아이는 엄마의 표정을 바라보며 감정을 배운다'는 점입니다. '옥시토신'이란 호르몬은 모유 수유 등의 애착 과정에서 아이에게도 자연히 발생하고 엄마 품 안에서 아이는 더욱 편안함을 느끼게 되는 것이지요. 그런데 자녀의 행복을 걱정하느라 불안한 마음이 들어 부모가 행복하지 않다면, 그것이 자녀의 행복을 막는 더 큰 장애물이 될 수 있습니다.

발달은 아이의 행복을 구성하는 여러 요인 중 하나일 뿐입니다. 조금 느린 아이는 또래를 따라잡을 수 있도록 여러 가지 도움이 필요하겠지만, 그렇게 되지 않는다고 해서 아이가 불행할 것이라고 생각해서는 안 됩니다. 그런 불안과 걱정은 아무리 감추려 해도 결국은 아이에게 암묵적으로 전달되기 때문입니다. 지금 아이를 바라보며 행복하고 환한 미소를 보여주세요.

2

다그치기 전에 가능성을 깨워주세요

"집에 도착한 취학통지서를 받아보니 정말이지 만감이 교차합니다. 품 안에 있던 아이가 어느덧 이만큼 자라 책가방을 메고 세상에 한 발 내딛는다니, 감개가 무량합니다. 몇 개월 남지 않았다는 생각에 설레기만 한 것도 아니고요. 낯선 환경에서 담임 선생님과 친구 관계를 아이가 어떻게 만들어갈지, 과연 적응은 잘 할 수 있을지, 아직 한글도 제대로 끝내지 못했는데 과외를 받아야 하는 건 아닌지 걱정부터 앞서는 것이 사실입니다."

한국에서 초등학교에 입학한다는 것은 서열이 매겨지는 사회로 진입한다는 상징적인 의미가 강합니다. 키 순서대로 자리에 앉게 되기도 하고, 칭찬 스티커 개수로 아이의 학교생활을 파악하며, 시험 점수가 성적표에

찍혀 나오는데, 이 모두를 초연하게 지켜볼 수 있는 부모는 굉장히 드물겠지요. 본격적인 경쟁, 시합이 시작되는 시점을 앞두고 엄마들은 불안해하고, 같은 반 엄마들이 모인 단톡방의 대화 속에서 초조함도 더해만 갑니다. 그래서 여전히 겨울의 한기가 남아 있는 2월의 찬바람 속에서도 초등학교 입학을 앞둔 아이의 부모들이 병원이나 심리센터를 많이 찾게 되지요. 아이가 우수하면 우수한 대로, 부족하면 부족한 대로 세상 모든 부모는 제각기 다른 걱정으로 전문 기관을 찾게 됩니다. 지금까지와는 전혀 다른 세계로 진입하는 만큼 아이가 정서적으로나 지적으로 든든하게 준비가 되어 있는지 전문가의 검증을 받고 싶은 것이지요.

그런데 정작 부모 손에 이끌려 온 아이들 가운데 대다수는 별 문제가 없는 경우가 많습니다. 다만 엄마의 불안에서 비롯된 '비교' 때문에 아이의 개성과 재능이 가려지는 상황이 반복되는 것이지요. 반면 아이에게 조금씩 문제를 느끼고 있지만 아직 어려서 그렇겠거니, 남자아이라서 늦되겠거니 무심히 넘기는 부모들 역시 있습니다. 차일피일 미루고 미루다가 초등학교 입학을 코앞에 두고, 혹은 입학 후 담임 선생님과 첫 상담을 마치고 나서 부랴부랴 검사를 받는 경우도 그렇습니다. 이 상황 역시 불안감 때문에 발생하게 됩니다. 불안이란 그 자체로 해로운 감정은 아닙니다. 적당한 수준의 불안감은 상황을 점검하고 오히려 기분 좋은 긴장감을 통해 상황을 해결하도록 동기부여하는 자극이 되기 때문입니다. 하지만 지나친 불안감에 압도되는 경우, 사람은 무의식적으로 문제를 부정해버리거나 회피하는 경향을 보입니다. 불안에 압도되는 상황은 문제를 어림짐작하거나 막연하게 생각할 때 가장 강하게 느껴집니다. 따라서 아이 때문에 고민이라면 문제와 원인을 명확하게 알고 해결책을 찾는 것이 가장 중요합니다. 딱히 문제될 일이 없는데도 막연한 두려움이 있다면 부모가 아이에게 생길 수 있는 일을 예측하고 준비하는 노력이 필요합니다. 특히 엄마의 불안감은 말로 표현하지 않아도 그 기운이 아이에게 전해지게 마련이므로, 아이에 대한 기본적인 믿음을 간직하면서 초등 입학 전에 필수적으로 고민해봐야 할 것들을 하나하나 살펴보는 것이 도움이 됩니다.

1) 초등 입학 전 아이의 취학 준비

내향적인 기질의 아이와 외향적인 엄마가 부딪힐 때

부모들에게 초등 입학을 앞두고 가장 고민이 되는 것이 무엇인지 물으면 대부분은 아이가 학교에서 선생님 말씀을 잘 듣고 친구들은 잘 사귈지, 혹여나 따돌림을 당하지는 않을지 걱정된다는 이야기를 합니다.

2018년 초등학습연구소가 전국 초등 학부모 982명을 대상으로 실시한 설문조사 결과에 따르면 예비 초등 학부모의 고민거리 1위는 '친구들, 선생님과의 관계'인 것으로 나타났습니다. '자녀 입학 전 가장 고민했던 것이 무엇이었나요'를 묻는 질문에 절반이 넘는 학부모가 '친구, 선생님과 잘 지낼 수 있을지 걱정된다'라는 답변을 1위로 꼽았고, '선행 학습을 어느 정도 해야 하는지 모르겠다', '수업을 따라갈 수 있는 학습 능력이 되는지 고민된다'라는 답변이 그 뒤를 이었습니다. '학교 폭력, 따돌림 문제'는 4위에 올랐고요.

초등 입학을 앞두고 엄마들이 친구 사귀는 것을 걱정하는 가장 큰 이유는 아이가 낯가림이 심하거나 지나치게 소심하다고, 외동이라서 남들과 어울리는 것이 서투르다고 여기기 때문입니다. 물론 아이의 기질과 성격은 친구 사귀는 데 중요하지만, 부모와의 애착에서 큰 문제가 없었다면 친구를 사귀는 것 역시 너무 걱정할 필요는 없습니다. 만 3세 무렵까지 부모와의 애착이 잘 다져진 아이라면, 안정적으로 사회적 감정을 쌓을 수 있는 기반을 가졌다고 볼 수 있습니다. 만일 애착 형성이 잘되었고 유치원 생활도 잘 마쳤음에도 불구하고 초등학교에서 낯을 가리고 불편해한다면 그것은 아이의 기질에서 기인한 것으로 볼 수 있습니다. 신중하고 조심스러운 기질을 가졌기 때문이지요. 여럿이 왁자지껄 어울리기보다는 마음 맞는 소수의 친구들과 각별하게 지내는 게 편하고, 다른 아이들보다 신중하게 접근하는 성격 탓에 관찰과 탐색 기간이 길어지는 것으로 이해할 수 있습니다.

"친구 좀 집에 데려와서 놀아."

"1학년이면 인사도 똑바로 할 줄 알아야지 쭈뼛쭈뼛 그게 뭐 하는 거니?"

심지어 이렇게 다그치며 잔소리가 덧붙여지면 내성적인 기질의 아이에게는 극심한 스트레스가 될 수 있습니다. 충분한 탐색과 다소간의 완벽주의적 기질로 인해 행동으로 나오기까지 시간이 필요한 아이에게 등 떠밀어 억지로 친구를 맺어주는 대처는 오히려 아이의 사회성 발달에 독이 됩니다. 특히 성급한 기질의 엄마는 아이의 느릿느릿한 모습을 지켜보는 것만으로도 속이 터진다고 힘들어하지만, 아이 역시 충분한 탐색의 시간이 필요하다는 것을 잊지 않아야 합니다. 자신과 기질이 다른 엄마의 요구에 부응하지 못하는 경우, 아이는 '나는 모자란 능력을 가졌나 봐', '엄마 기대도 채워주지 못하는 부족한 사람이야'와 같이 자신에 대한 효능감을 느끼지 못하는 상태에 놓이기 쉽습니다.

한편 낯가림과 신중한 기질 탓에 친구를 쉽게 사귀지 않는 아이들 가운데 일부는 미처 예상치 못한 문제를 숨기고 있는 경우도 있습니다. 예컨대 언어 표현력이 떨어져 의사소통에 어려움을 겪는 상황을 피하기 위해 말을 아끼는 경우입니다. 이런 아이들은 자신이 말을 할 때마다 친구들이 웃거나 쳐다보고, 자꾸 자기 말을 고쳐주려 하거나 지적하는 어른들 때문에 주눅이 들 수 있습니다. 그래서 결국 말수가 적은 얌전한 아이로 가장한 채 생활하게 되지요. 간혹 아이를 방임하는 환경에서 이런 부분을 무심하게 놓치고 지나칠 수 있기 때문에 세심하게 관찰하고, 문제가 발견된 경우 전문가와 함께 해결하는 것이 필요합니다.

아이가 친구를 많이 사귀는 것보다는 학교생활에 잘 적응하고 어떤 감정을 갖고 있는지를 살피는 것이 훨씬 중요합니다. 특히 초등 저학년 남자아이들의 경우 마음에서 느껴지는 다양한 색깔의 감정만큼 다양한 표현이 어렵기 때문에 상황을 단순화시켜 표현하는 경우가 있습니다. 예를 들어 새로운 친구에게 잘 보이고 싶어서 쉬는 시간에 달리기를 하다가 넘어진 경우, 남자아이들은 '싫다', '화가 난다'라는 표현으로 끝나게 마련입니다. 그렇기 때문에 아이의 무릎에 난 상처를 본 엄마가 무슨 일인지 물어도 제대로 답을 하지 않거나, "친구랑 달리기 하다가 넘어져서 화나요"와 같이 지엽적인 상황만을 전달하는 경우가 많습니다. 하지만 상황의 본질은 '잘 보이고 싶은 친구가 있었다는 것'과 그 과정에서 달리기를 하다 넘어져서 '민망하다'라는 감정을 느꼈다는 것이지요. '좋다', '싫다', '슬프다'와 같은 기초적인 감정과 달리 '민망하다'라는 감정은 다른 사람과의 관계를 통해서만 나오는 '사회적 감정'입니다. 그리고 7~8세 아이들은 '민망하다'라는 사회적 감정을 '싫다', '짜증 난다', '화가 난다'와 같은 개인적인 감정과 구분해서 표현하기 힘들어하지요. 그렇기 때문에 엄마가 아이의 마음을 읽어내고, 상황을 적절하게 표현할 수 있도록 감정을 정확한 단어로 정리해주는 것이 중요합니다.

타고나는 감정과 사회적 감정

- 기본 정서

분노, 슬픔, 기쁨, 놀람, 공포 등 생후 2~7개월 사이에 나타나는 일차 정서. 모든 문화권의 정상 발달 영아에게 동일한 연령대에 나타납니다.

- 이차 정서

24개월이 지나면서 당혹스러움, 부끄러움, 죄책감, 시기, 질투 등 복잡한 정서를 보입니다. 이런 감정들은 '자기 참조적 정서'라고 불리는데, 부모의 평가에 대한 반응이 중요한 영향을 줍니다. 4~5세 아동을 대상으로 한 연구에서 퍼즐 놀이에 성공하거나 실패했을 때 아이들과 엄마의 반응을 관찰한 결과, 아이들은 퍼즐 맞추기에 성공한 경우 자부심을, 실패한 경우 수치심을 드러냈는데 이 감정은 대개 결과에 대한 엄마의 반응에 의존하는 모습을 보였습니다. 즉, 아이의 행동에 대한 엄마의 반응이 자존감, 목표 성취에 대한 동기부여에 큰 영향을 준다고 볼 수 있습니다.

- 사회적 정서

다른 사람의 마음을 이해하고 해석하는 능력은 4~5세부터 본격적으로 나타납니다. 이 시기 아이들은 다른 사람의 움직임을 보는 것만으로도 화가 난 것인지, 행복한 것인지 정확하게 추론할 수 있습니다. 그리고 6~9세가 되면 한 사람이 동시에 한 가지 이상의 정서, 예를 들어 흥분하는 동시에 경계심을 갖는 상황을 이해할 수 있게 됩니다. 이런 사회적 정서를 해석하기 위해서는 표정, 행동, 상황적 단서를 통합하는 능력이 필요하므로 눈치가 조금 부족하다고 느껴지는 아이라면 세 가지를 기준으로 판단해보면 좋습니다. 첫째, 다른 사람의 표정을 민감하게 혹은 적절하게 읽고 반응하는가. 둘째, 다른 사람의 행동을 예민하게 혹은 무신경하게 받아들이는가. 셋째, 상황에 대한 판단을 객관적 혹은 주관적으로 하는가.

외향적인 기질의 아이는 무조건 사회성이 좋을까?

외향적인 성격의 아이라고 하더라도 학교에 적응하는 데 무조건 해피엔딩을 맞이하는 것은 아닙니다. 처음에는 친구 사이에서 분위기를 주도하지만, 장난이 심하거나 놀이 상황에서 친구를 귀찮게 하는 행동 등을 보이며 시간이 지날수록 고립되는 아이도 많기 때문이지요. 이런 상황에 처했을 때 부모가 가장 먼저 살펴봐야 할 것은 아이의 어떠한 기질적인 면이 친구들을 불편하게 하는지, 그리고 아이의 기질로 인해 어떤 어려움을 겪을 수 있을지 예측하고 제때 돕는 것입니다. 다그치기보다는 아이의 기질을 감안하여 적응을 도움으로써, 아이가 가진 인지적이고 정서적인 잠재력을 끌어올리는 것이 중요합니다.

'사회성이 좋다'는 말은 '붙임성이 좋다'는 것과는 많은 차이가 있습니다. 붙임성이 좋은 아이는 처음 만난 사람에게도 넉살 좋게 웃으며 쉽게 가까워집니다. 하지만 갈등이 생길 때마다 얼버무리며 무마하려고 하거나 회피하는 태도를 보인다면 아무리 붙임성 좋은 아이라 할지라도 좋은 관계를 오래 유지하는 것은 어렵겠지요. 진짜 사회성이 좋은 아이는 갈등을 해결하는 능력이 좋은 아이입니다. 친구와 함께 노는 것도 중요하지만, 놀다가 다투게 되었을 때 그 상황에 공감하고 해결할 수 있는 능력이 있는지가 더 중요하죠. 그리고 사회성이 좋은 아이는 대부분 정서적으로 안정된 상태를 유지하면서 친구들로부터 '믿을 수 있는 아이'라는 평판을 얻게 되지요. 정서적으로 안정된 아이는 주변을 당황하게 하는 돌발 행동이 없고 친구들이 예상할 수 있는 범위 내에서 감정을 표현할 수 있기 때문입니다.

따라서 아이의 정서적인 안정감이 얼마나 되는지 전문적인 검사를 통해 알아보는 것 역시 도움이 됩니다. 또한 친구들과 부딪히는 부분이 있다면 그 부분에 대해 혼을 내는 것이 아니라 상대방의 입장을 들려주며 아이가 공감하고 행동을 조율할 수 있도록 이끌어줘야 합니다. 이를 위해서 집에 있는 휴대폰 공기계를 활용해 친구들과 어울려 노는 상황을 녹화하고, 아이와 함께 영상을 보며 친구들이 자신의 행동에 대해 어떻게 느꼈을지 말로 표현하게끔 연습하는 것도 큰 도움이 됩니다. 주말을 활용해 아이와 함께 영화를 보며 주인공이 아닌 주변인들의 심리 상태를 읽어내는 놀이를 함께 하는 것도 가정에서 쉽게 할 수 있는 사회성 기르기 훈련이 될 수 있습니다.

내 아이의 기질 더 알아보기

외출했다 집에 들어온 부모에게 방긋방긋 웃어 보이는 아이의 존재는 그 자체로 큰 행복이지만, 기질에 따라 부모 곁을 한시도 벗어나지 않으려는 아이부터 할머니나 이웃에게도 스스럼없이 안기는 아이까지 다양한 아이가 존재합니다. 왜 그럴까요? 예민한 아이, 순한 아이는 유전자의 조합에 의해 선천적으로 타고나기 때문에 그렇습니다. 'DRD4'라는 유전자 안에 기질적으로 까다로운 아이와 순한 아이를 가르는 중요한 분기점이 존재한다는 것이 밝혀진 이후, 많은 학자들이 기질을 연구하고 보다 효과적으로 아이를 키우기 위해 다양한 평가법을 개발해왔습니다. 대학병원이나 심리센터에 가면 '기질 성격 검사TCI, Temperament and Character Inventory'라는 테스트를 받아볼 수 있습니다. 객관적인 지표를 통해 아이의 충동성, 모험심, 인내심 등의 다양한 기질적 요인을 알아볼 수 있고, 아이가 자라면서 어떤 성격을 갖게 되었는지 확인할 수 있는 신뢰도 높은 심리 평가입니다. 아이 기질에 따라 양육 방식 또한 맞춰가는 것이 양육 효능감을 높이는 데 매우 중요하기 때문에 부모 양육 평가와 기질 검사를 함께 살펴보는 것이 도움이 됩니다.

친구 마음 읽는 법 알려주기

누군가와 친해지기 위해 가장 쉽게 할 수 있는 것 가운데 하나가 공통의 관심사로 이야기를 시작하는 것입니다. 그런데 무슨 주제로 대화를 해야 할지 어려워하는 아이는 어른이 되어서도 마찬가지 고민에 빠질 확률이 큽니다. 친구가 생각하고 느끼는 것을 알 수 있다면 보다 쉽게 공감대를 형성할 수 있겠지요. 다른 사람의 마음을 알아채는 능력은 3~4세 이후부터 지속적으로 발달합니다. 소위 말하는 '눈치 없는 아이'는 다른 사람의 의도를 정확하게 파악하지 못하고 자기 안에 갇혀 고집만 센 아이로 비치기 쉽습니다. 심리학에서는 이를 '마음 이론theory of mind'이라는 별도의 연구 분야를 둘 정도로 중요한 분야로 생각하고 있는데, 그 핵심엔 사회성 발달의 열쇠가 이러한 능력에 뿌리를 두고 있기 때문이지요. 마음 이론은 사람을 움직이게끔 하는 '신념', '동기', '의도'를 이해하고 평가하면서 그에 맞는 반응으로 무엇이 적절한 행동인지 스스로 객관화할 수 있는 능력을 의미합니다.

5~6세 아이들은 친구들이 보이는 행동의 '일관성'을 파악하고 친구의 행동 '동기'와 같은 주관적인 심리적 상태를 추론할 수 있는 능력이 발달

합니다. 그리고 친구 행동의 일관성에 대해 자신의 욕구가 일치되는 순간, 걸어가서 이렇게 이야기를 하게 되죠.

"우리 사슴반에 있는 레고블럭 갖고 미끄럼틀 아래에서 놀자."

'동기'나 '의도'처럼 눈에 보이지 않는 심리적 특성을 추론할 수 있는 아이는 놀이를 시작할 때에도 이처럼 수월하게 친구에게 다가가 서로의 욕구를 충족시킬 수 있습니다. 나아가 "우리 내일도 블럭 가지고 놀자"라고 미래에 대한 약속도 할 수 있죠. 특히 일곱 살 정도가 된 아이는 사람의 감정과 행동이 서로 다르게 표현될 수 있다는 사실을 이해하게 됩니다. 친구와 놀다 장난감 로보트 팔을 망가뜨리고 친구가 '괜찮다'며 웃어 보일 때, 정말 괜찮은지 아니면 괜찮은 척 미소만 지어 보이는지 가늠할 수 있게 되는 것처럼 말이지요. 그런데 아직 사회적으로 미성숙한 아이들은 이런 상황에서 반응의 기준을 친구가 아니라 자신의 감정에 초점을 두고 자기중심적인 표현을 앞세우기 때문에 이에 대한 세심한 지도가 요구됩니다. 특히 마음 읽기 능력은 언어의 발달과 함께 순차적으로 발달하고 그 단계가 아이마다 다르기 때문에 부모와의 관계, 교육에 의해 더 빨리 혹은 더디게 발달할 수 있으며 제때 교정되지 않으면 심각한 문제 행동을 일으킬 수 있습니다.

아이의 마음 읽기 능력을 키워주기 위해 부모가 할 수 있는 일은 많습니다. 우선, 자신의 감정을 정확한 단어와 표현으로 말할 수 있도록 바로 잡아주세요. 그래야 친구들과 오해가 생기지 않고 이야기를 이어갈 수 있습니다. 아이와 함께 애니메이션 영화나 동화책을 보면서 같은 상황

속 다른 캐릭터들의 상황을 말로 표현해보고 마음을 읽어주는 것도 큰 도움이 됩니다. 또 지나치게 양보만 하는 아이라고 해서 순하거나 착하다고 넘기지 말아주세요. 양보는 미덕이라고 하지만, 자기 입장을 정확하게 표현하지 못하는 아이는 사회성이 좋은 아이가 아니라 자기표현 훈련이 필요한 아이입니다.

계산이 가능해야 시계를 볼 수 있다

아이가 학교에 원만하게 적응하기 위해서는 반드시 시간에 맞춰 움직이는 습관이 필요합니다. 그래서 취학 전 반드시 필수적으로 잡아주어야 할 습관이 시계를 보고 스케줄을 이해하는 능력입니다. 하지만 이게 결코 말처럼 쉬운 일은 아닙니다. 왜냐하면 스케줄이란 몸의 자연적인 리듬을 거슬러야 하는 어려운 활동이기 때문이지요. 따라서 아이가 등교 스케줄을 따라가는 걸 힘들어한다고 해서 무조건 혼내기 전에, 왜 아이들이 학교 스케줄에 맞춰 생활해야 하는지 이유를 생각해보면 엄마 마음에 조금의 여유가 생기고 기다려줄 수 있게 됩니다. 이런 라이프 스타일은 언제부터 생긴 걸까요?

런던의 빅벤처럼 유럽의 광장엔 언제나 시계가 박혀 있는 건물이 있습니다. 근대사회를 이루는 핵심은 해가 뜨고 지는 자연적인 순환에 기대지 않고 '시계'라는 인위적인 기준에 따라 움직인다는 것에 있기 때문이지요. 왜냐하면 농사를 짓는 인구보다 지붕 덮인 공장에서 시간에 맞춰

일을 하는 것이 표준이 되었기 때문입니다. 그래서 비가 오면 쉴 수 있는 농부와 달리 공장 근로자들은 비가 오나 눈이 오나 출근 시간에 맞춰 바쁜 아침 시간을 보내기 시작한 것이고요. 마찬가지로 이러한 근대적 생활 방식을 아이들에게 '사회화'시키기 위해 등장한 것이 오늘날의 학교입니다. 하지만 사람의 생체 시계는 60분 단위로 움직이는 것이 아니므로 적응하는 데 상당한 시간을 필요로 하지요. 그렇기 때문에 초등학교 첫 학기 적응을 어려워하는 아이들에게 가장 큰 난관은 바로 시계 때문에 생겨난다고 할 수 있습니다. 유치원과 달리 '지켜야 할 것들'이 부쩍 많아지기도 하거니와, '수업 시간'이라는 개념을 받아들이는 것이 쉽지 않기 때문이지요. 특히 시간개념은 7~8세 아이들에게는 언뜻 이해하기 힘든 추상적인 개념이기 때문에 낮과 밤처럼 기본적인 변화의 개념부터 시작해서 계절의 순환, 요일에 이르기까지 차근차근 가르쳐주어야 올바르게 이해할 수 있습니다. 이렇게 기본적인 시간의 개념이 잡혀 있어야 수업 시간에 지켜야 할 행동과 쉬는 시간에 할 수 있는 행동의 구분이 가능해집니다. 생각보다 많은 아이가 수업 시간에 가만히 앉아 있지 못하고 이리저리 돌아다니거나, 쉬는 시간에 교실 밖으로 나갔다가 들어오지 않는 행동을 보입니다. 그 아이들 모두가 소위 말하는 ADHD라는 질환을 갖고 있는 것은 아니지요. 적응할 시간이 필요할 뿐입니다.

2018년 교육청에서 있었던 학부모 설문에서 이러한 상황을 반영하는 답변들이 나타납니다. 설문에 참여한 30퍼센트의 부모가 '정해진 수업 시간(40분) 동안 바른 자세로 앉아 집중하기'를 준비해야 한다고 답변했고, 23퍼센트의 부모가 '스스로 일어나 등교 준비하기', '학용품 등 자기 물건 챙기기' 등을 입학 전 반드시 준비해야 하는 항목으로 꼽았을 정도입니다. 이 항목들이 가진 공통점은 전두엽 기능과 관련이 있다는 것입니다. 전두엽은 '우선순위 정하기', '충동 참기'와 같은 '집행 기능 제어executive function' 능력을 발휘하는 핵심 중추입니다. 40분이라는 긴 시간 동안 움직이지 않고 자기 자리에 앉아 있어야 하는 착석 능력은 전두엽이 효과적으로 기능해서 돌아다니고 싶은 아이의 충동을 억제해줄 수 있어야 가능합니다. 마찬가지로 학용품 챙기기나 등교 준비 또한 전두엽의 집행 기능 제어 역할이 큰데, 쉽게 이야기하면 일의 우선순위를 알고 행동하게끔 돕는 것이라고 할 수 있습니다.

실제로 많은 학부모가 바쁜 아침 시간에 학교 갈 생각은 하지 않고 멍하니 TV를 본다거나 양말도 신지 않고 방에서 장난감을 만지고 있는 아이를 보며 답답해하는데, 전두엽 발달이 더딘 아이들이 주로 그런 모습을 보이는 편입니다. 따라서 기본적인 시간개념을 갖기 위해서 전두엽의 집행 기능과 충동 억제 기능을 충분히 키워줄 수 있도록 가정 내에서 도움을 주는 것이 매우 중요합니다.

전두엽 기능 강화해주는 법

전두엽은 사고와 판단, 주의 지속력, 언어 능력, 우선순위에 따른 집행 능력 등 뇌의 고위 기능을 전담하는 뇌의 중추기관입니다. 도덕성과 성격마저 전두엽에서 조율을 하기 때문에 인간으로 살아가는 데 필요한 모든 지적 기능과 성품의 기초를 정립하는 곳이라고 볼 수 있지요. 때문에 전두엽 발달이 더디면 충동적이고 거친 행동이 나오거나 감정을 조절하지 못해 친구들과 다투는 경우가 늘어나게 됩니다. 전두엽 기능을 올리는 데 도움이 되는 오메가-3 지방산이 함유된 식품을 충분히 섭취하고, 순서에 따라 맞춰야 하는 퍼즐놀이, 차례를 기다리거나 우선순위를 맞춰서 계획을 짜는 걸 연습하는 등의 다양한 활동이 전두엽의 집행 기능을 안정적으로 유지할 수 있도록 도와줍니다.

입학 3개월 전 반드시 잡아줘야 할 5가지 습관

❶ 등교 패턴을 잡아주세요

씻고, 입고, 먹고, 가방 챙겨서 제시간에 등교하려면 정해진 시간에 일어나 순서에 맞춰 움직이는 습관을 들이는 것이 가장 중요합니다. 우리 몸에 반복되는 패턴을 각인시키는 데는 3개월 정도의 꾸준한 습관 지속이 도움이 됩니다. 먼저 집의 수면 환경과 아이의 수면 습관을 미리 점검해주세요. 특히 6~8세 아이들의 경우 아직 전두엽이 성장하는 과정에 있기 때문에 준비하는 데 유독 시간이 오래 걸리거나 엉뚱한 일로 시간을 잡아먹는 경우가 있을 수 있다는 점을 미리 유념해주세요. 엄마를 골탕 먹이려고 일부러 느릿느릿 움직이는 것이 절대 아닙니다. 마찬가지로 아이의 주의력을 분산시키는 요소들도 미리 차단합니다. 아침 식사를 하면서 TV나 유튜브를 보게 한다든가 어젯밤 갖고 놀던 장난감을 그대로 거실에 놔두는 등의 일을 미연에 방지하는 것을 꾸준히 유지하는 것은 생각보다 어려운 일이기 때문입니다.

❷ 젓가락질 연습은 확실하게 잡아주세요

초등학교에 갓 입학한 아이들이 흔하게 겪는 어려움 가운데 하나가 젓가락질 사용이 미숙해서 급식 시간에 밥을 제대로 먹지 못하는 것입니다. 특히 급식 시간에 실제로 아이들이 밥을 먹을 수 있는 시간은 30분 내외로 짧기 때문에 젓가락질이 미숙해서 쫄쫄 굶고 교실로 향하는 경우도 많습니다. 유치원과 달리 한 명, 한 명 세심하게 챙겨주는 환경도 아니고요. 포크숟가락도 없기 때문에 젓가락질 연습은 소근육 발달을 돕기 위해서라도 반드시 잡아주세요.

❸ 편식하지 않도록 반찬 적응도를 올려주세요

많은 초등학교가 급식 식단표를 미리 공지합니다. 아이가 먹기 힘들어하는 반찬이 나오는 전날에는 아이와 함께 메뉴 이야기를 나눠주세요. 편식이 심할 경우 학교 가는 것에도 불편함을 느낄 수 있고 친구들에게 좋은 인상을 주지 못하면서 생각지 못한 트러블을 겪게 될 수 있습니다.

❹ 배변 뒤처리 능력을 확인해주세요

화장실 위치를 미리 확인시켜주고 대변을 보고 난 뒤 혼자서 처리할 수 있도록 꼼꼼하게 챙겨주세요. 특히나 기질적으로 예민한 아이들은 낯선 상황이라고 느껴지면 편안하게 배변을 보는 데 극심한 어려움을 느끼기 때문에 수업을 듣거나 친구들과 어울리는 것에도 영향을 받게 됩니다. 혹시 볼일을 보는 중에 누가 노크를 하면 안에서 다시 노크를 하면 된다고 알려주세요. 또한 남자아이의 경우 서서 이용하는 소변기 사용에 익숙해지게끔 도와주세요.

❺ 착석 훈련을 시켜주세요

초등 1학년 아이들 중 ADHD와 같은 질환을 갖지 않더라도 가만히 앉아 있는 것이 힘들어서 수업 시간에 돌아다니는 아이들이 많습니다. 처음엔 10분, 15분 정도 앉아 있는 훈련부터 시작해서 30분까지만 성공해도 학교에 가서 적응하는 것이 훨씬 수월해집니다.

남자아이와 여자아이의 발달 차이

두뇌의 발달 과정에서 또 한 가지 기억해야 할 사실은 남녀의 발달 속도 차이입니다. 어르신들이 입버릇처럼 말하듯이 딸에 비해 아들이 늦되다는 것은 잘 알려져 있습니다. 하지만 이 말은 남자아이의 모든 발달이 늦다는 뜻은 아니기 때문에 오해의 여지가 있습니다. 여자아이가 언어 능력을 키울 때 남자아이는 다소 부산스럽기는 해도 운동 능력을 높이는 등 각자 다른 영역에서 활발하게 발전하고 있기 때문에 발달 속도의 차이가 있을 뿐, 열 살 정도가 되면 특별한 남녀의 발달 차이는 없습니다. 따라서 딸이자 여자인 엄마의 눈높이로 아들이 늦되다고 판단하는 것은 조심해야 합니다.

1960년 존 코르소 박사가 발표한 논문에 의하면 남자아이가 여자아이에 비해 청력이 떨어지는데, 이는 아들이 딸에 비해 소리에 대한 집중력이 약하며, 그래서 부모의 이야기를 끝까지 듣지 못하고 엉뚱한 행동을 반복할 수 있다는 것을 뜻합니다. 따라서 아들의 경우 듣기 위주의 교육보다는 흥미로운 시각 자료를 활용하여 전반적인 뇌 발달을 도와주는 것이 중요합니다. 또한 아들의 부족한 감성을 발달시키기 위해 악기를 배우거나 반려동물을 기르는 것도 전반적인 두뇌 발달에 도움이 됩니다.

반면 딸의 경우 듣고 말하기 등 언어 능력 발달이 우수하기 때문에 공부할 때 소리 내어 책을 읽게 하거나 내용을 엄마에게 설명하게끔 유도하는 것이 뇌 발달에 효과적입니다. 또 발레나 태권도처럼 몸을 움직여 땀을 흘릴 수 있는 운동이나 취미를 만들어주면 몸을 사용하는 '체성감각' 영역의 발달이 촉진되어 성취감 높은 아이로 자랄 수 있습니다. 여자아이의 경우 공감 능력이 우수하기 때문에 아이가 엄마 말에 귀 기울이는 능력도 매우 높아서, 딸의 생각이나 감정을 자주 물어보면서 아이가 느끼는 감정을 구체적인 언어로 표현할 수 있도록 정돈해주는 것이 도움이 됩니다. 특히 초등 저학년 시기 아이들에게는 감정을 표현하는 언어를 훨씬 섬세하게 알려줄 필요가 있습니다. '쑥스럽다', '부럽다'와 같은 미묘한 사회적 감정들의 경우 일차적인 감정인 '싫다', '좋다'라는 감정의 결과 상당히 다르기 때문에, 아이의 상황을 이해하면서 정확한 단어로 정리해주면 감정을 정돈하는 범주가 확장되고 상황을 총체적으로 판단하는 전두엽 발달에 큰 도움을 줍니다.

Fact Check

스마트폰이 아이 발달에 미치는 영향

요즘 아이들은 전화 기호(☎)가 왜 '전화기'를 의미하는지 이해하지 못한다고 하지요. 플로피 디스크를 나타내는 아이콘(💾)이 왜 '저장하기' 기능을 나타내는지 이해하지 못하는 것처럼 말이지요. 80~90년대에 태어난 부모의 어린 시절엔 전혀 존재하지 않았던 기기, 스마트폰을 아이에게 얼마나 노출시켜야 할지, 뭐가 맞는지 판단하는 일은 상당히 곤혹스러운 일입니다. 2010년 이후 태어난 아이들을 디지털 네이티브Digital Native라고도 하지요. 태어날 때부터 스마트폰이 존재하는 세상에서 살아온 아이들에게 스마트폰은 송화기와 수화기가 분리된 다이얼 전화기를 기억하고 있는 부모 세대와는 당연하게도 스마트폰을 받아들이는 방식에 큰 차이를 보일 수밖에 없습니다.

스마트폰과 관련한 부모들의 가장 큰 걱정은 크게 두 가지로 나누어볼 수 있습니다. '스마트폰 중독'과 '소통 단절'이 그것이지요. 2012년 육아정책 연구소의 보고에 따르면 만 3~5세 유아 252명의 부모를 대상으로 설문한 결과 15.1퍼센트가 '우리 아이는 매일 스마트폰을 사용한다'고 답한 바 있습니다. 그리고 인터넷 중독 실태 조사에 따르면 5~10세 아동의 인터넷 중독률이 성인보다 높으며, 스마트폰 중독 비율은 인터넷 중독을 넘어선 것으로 나타났습니다. 그렇다면, 스마트폰 중독은 어떤 점에서 아이의 발달에 영향을 주는 걸까요? 정확한 이유를 알면 정확한 답이 보입니다.

- **만족 지연 능력 결여**: '만족 지연delayed gratification'은 프로이트가 처음 사용한 용어로, 원하는 것을 얻기 위해서 기다릴 수 있는 능력을 말합니다. 감성 지능의 중요한 요소이기도 하지요. 1960년 스탠포드대학교 심리학과에서 진행했던 '마시멜로우 실험'으로 '만족 지연'이라는 용어가 대중적으로 널리 알려지게 되었습니다. 스마트폰은 터치와 함께 즉각적으로 움직이는 화면이나 소리에 민감하게 반응하고 만족감을 주도록 설계되어 있습니다. 따라서 스마트폰 사용 시간이 지나치게 늘어난다는 것은 즉각적인 보상에 뇌가 익숙해졌다는 것을 뜻하게 되고, 초등학교에서 중요하게 여겨지는 규칙에 따라 차분히 앉아 있거나 급식을 받기 위해 줄을 서 있는 환경에 적응하는 것이 어려워진다는 것을 뜻하기도 하지요.

- **특정 뇌기능 과부하**: 스마트폰에 익숙해진 뇌는 특정한 영역의 기능만을 사용하고, 다양한 감각 정보를 수동적으로 받아들이면서 감각적인 발달을 저해할 수 있습니다. 공원에서 아빠와 함께 주고받는 공 던지기와 같은 활동은 단순해 보이지만, 공이라는 타깃을 주시하는 시각 주의력과 선선한 공원의 공기와 감촉을 일깨우는 촉각 자극, 대화를 통해 신호를 주고받는 청각 주의력, 타이밍에 맞게 몸을 움직이는 시각-운동 협응력 등 다양한 인지적 자극을 필요로 합니다. 여기에 동원되는 뇌 영역

만 해도 집중을 유지하는 전두엽과 운동 협응을 제어하는 두정엽 및 소뇌, 소리를 듣는 측두엽 등 다양한 영역이 있습니다. 하지만 유튜브와 같은 동영상 기반 시청에 몰두한 아이들은 수동적인 정보 습득이 습관화되면서 기억을 저장하는 뇌의 해마 영역이 퇴화할 수 있습니다. 또한 신체 움직임이 동반되지 않은 상태로 시선만 움직이기 때문에 눈과 손의 운동 협응력이 발달해야 할 시기를 지연시키는 결과를 가져올 수 있습니다.

스마트폰 사용 습관 잡아주기

스마트폰을 사용하는 초기 습관은 어릴 때 잡아주는 것이 좋습니다. 아이가 고학년으로 갈수록 개인 정보에 대해 존중해줘야 하기에 아래의 팁은 초등 저학년 아이에게만 활용되어야 합니다.

- **집 안에 스마트폰 보관함 두기:** 스마트폰은 잠자는 방이나 공부방과 철저하게 분리하는 것이 좋습니다. 상담 중 만난 어떤 가정은 집에 들어오는 순간부터 거실 바구니에 스마트폰을 넣어두기로 아이와 규칙을 정하고 있었습니다. 그리고 집에 있을 때 스마트폰을 사용하려면 반드시 거실에서 사용하기로 모두가 약속을 한 가정도 있고요. 가족이라는 공동체가 모이는 곳에서만 스마트폰을 사용하고 침실은 철저히 개인공간으로 공간을 분리하면 생각도 분리됩니다. 스마트폰 사용에 대한 주도권을 아이가 아닌, 가족이 가져야 합니다.
- **스마트폰은 내 것이 아니라는 인식 심어주기:** 아동과 청소년의 스마트폰 개통은 반드시 부모의 동의 하에 가입이 이루어집니다. 가입 초기 단계부터 이러한 사실을 아이에게 알려주세요. 소유 개념을 자신이 아닌 부모에게 돌리면 미묘한 변화가 큰 차이를 만들어내게 됩니다. 그렇게 되면 자녀 스마트폰의 애플리케이션을 모니터링하면서도 감정적으로 대응하지 않아도 되는 상황을 유도할 수 있습니다.

2) 초등 입학 후 아이의 적응력 키워주기

유치원과 다른 초등학교, 아이를 다독이는 법

"엄마, 학교 가면 유치원이랑 뭐가 달라?"

눈을 반짝이며 초등학생이 된다는 부푼 마음으로 질문한 이 아이에게 우리는 어떤 말을 해줘야 할까요? 대부분의 부모가 무엇보다 아이가 친구들과 함께 잘 지냈으면 좋겠다는 생각을 하면서도 정작 아이에게 이야기할 때만큼은, '받아쓰기 시험도 봐야 해', '공부하는 양이 달라', '한글을 배우고 책도 많이 읽어야 해'와 같이 학습에 대한 내용을 가장 먼저 머릿속에 떠올립니다. 물론 달라진 환경, 공부량에 대해 아이가 보다 진지한 태도를 가졌으면 하는 노파심에서 심각한 표정으로 공부에 대한 이야기를 강조할 수는 있겠지만, 부푼 기대를 안고 있던 아이에게는 김빠지는 답으로 들리지 않을까요? 게다가 어떤 부모님들은 학교에 대한 두려움을 심어주는 경우도 있습니다. "선생님 말씀 안 들으면 혼나니까 알아서 잘 행동해야 해", "친구들이랑 복도에서 달리기를 하면 손 들고 벌을 설 수도 있어"와 같이 학교란 무서운 곳이고 지켜야 할 규칙이 너무 많다는 생각을 심어주는 말은 자칫 공간에 대한 거부감부터 심어줄 수 있습니다. 평소 아이가 궁금해할 때마다 과장하지 않고 학교생활에 대해 자세히 알려주는 것이 더욱 중요합니다. 아이가 학교에서 제멋대로 행동하다 혼나진 않을지, 적응하기 힘들어하지는 않을지 하는 불안한 마음에 유치원보다 엄격하고 규칙이 많다는 것을 강조할 필요는 없습니다.

초등학교 생활과 관련해서 아이와 공유해야 할 가장 중요한 정보는 바로 학교생활의 즐거움과 추억입니다. 이때 엄마의 초등학교 시절 경험담을 곁들이면 아이의 호기심은 더욱 커지게 됩니다.

"엄마는 소풍 가는 날이 참 좋았어. 평소에 가보고 싶었던 놀이공원에 가서 친구들과 맛있는 김밥과 치킨도 먹고, 손을 등 뒤로 하고 실에 매달린 과자를 입으로 빨리 먹고 결승선을 통과해서 선물도 받고 좋았거든. 가을엔 체육대회도 했는데, 이어달리기에서 엄마가 마지막 선수로 뛰어서 1등한 적도 있었어! 반 친구들이 다 함께 환호성을 지르고 헹가래를 쳐주던 날 엄마 마음이 얼마나 신이 났는지 몰라."

이처럼 학교에서는 공부도 하지만 친구들과 함께 다양한 경험을 하면서 추억을 쌓는 곳이라는 이야기가 입학 전 아이의 마음속 깊이 각인되면, 심리적으로 아이는 초등학교라는 공간을 다양한 모험이 숨겨진 즐거운 곳으로 인식하게 됩니다. 따라서 엄마의 추억을 공유한 후 아이와 함께 초등학교를 직접 둘러보는 과정은 생각보다 중요한 '오리엔테이션 과정'이라고 할 수 있습니다. 특히 초등학교는 이제까지 아이가 다니던 어린이집이나 유치원에 비해 규모도 훨씬 크고 다양한 특수 공간이 있기 때문에 각각의 공간에 대한 상세한 설명을 미리 해주는 것이 큰 도움이 됩니다. 아이와 함께 학교 홈페이지를 둘러보며 독서실, 음악실과 과학실, 보건실, 조리실 등 즐겁고 안전하게 생활할 수 있는 시설을 알려주는 것도 효과적입니다.

초등학교 저학년 아이들의 두뇌 발달을 고려하면, 평균적으로 20~25분 정도 한 번도 쉬지 않고 무언가에 집중할 수 있습니다. 따라서 수업 시간 40분이 끝나기 전에 화장실이 급하거나 주의가 흐트러지면서 움직이고 싶은 충동이 들 때 담임 선생님께 어떻게 이야기를 해야 하는지 미리 연습해보는 것도 굉장히 중요한 부분입니다.

또한 혼자 화장실에 가고 용변을 처리하는 것이 미숙할까 봐 마음이 놓이지 않을 수 있습니다. 아이가 수업 내내 용변이 마려운 것을 참고 있다가 집에 와서 화장실에 가는 일은 생각보다 흔한 일이지만 자칫 부모 입장에서는 놓치기 쉬운 부분입니다. 따라서 입학식을 마치고 아이와 함께 교실에서 가까운 화장실을 가보고 줄 서기, 노크하기, 물 내리기, 옷 입기, 손 씻기 등 일련의 과정을 꼼꼼히 체크해주는 것이 필요합니다. 특히 소근육 제어가 미숙한 아이들이나 불안도가 높고 예민한 아이들의 경우 학교라는 공적인 공간에서 용변을 보는 것 자체가 굉장히 큰 스트레스로 다가올 수 있기 때문에 아이의 기질을 감안해서 학기 시작 후 한 달여간은 세심한 주의가 필요합니다.

맞벌이 엄마의 고민 해결하기

초등 입학을 앞두고 맞벌이 부모의 가장 큰 고민 가운데 하나가 바로 방과 후 아이의 스케줄 관리입니다. 실제 대부분의 학교에서 방과 후 교실 프로그램을 운영하고 있기는 하지만, 급식을 먹고 하교를 해도 집에 오면 오후 1시가 되지 않는 게 현실입니다. 하원 도우미를 고용해서 아이를 데려올 수도 있지만, 부모 한쪽이 퇴근하기 전까지는 꼼짝없이 아이 혼자 시간을 보내야 하는 상황이라면 어떻게 하는 편이 아이에게 도움이 될까요?

무엇보다 8~10세 전후의 아이들 발달에서 가장 중요한 것 가운데 하나는 감각 통합 능력입니다. 달리기처럼 크게 몸의 근육을 사용하는 대근육 운동과 젓가락 사용과 같은 소근육 운동처럼 우리 몸의 감각을 하나로 통합해서 하나의 목표를 위해 움직이는 활동이 감각 통합 능력의 발달을 촉진시키는 데 큰 도움이 됩니다. 따라서 방과 후 교실 선택이나 학원을 가야 하는 경우 예체능 관련 분야에 집중하는 것이 전반적인 인지 운동 발달에 좋은 영향을 줍니다. 특히 미술은 초등학교 저학년 수업에서 상당히 요긴하게 사용되는 분야입니다. 오리고, 붙이고, 종이를 접는 다양한 미술 활동은 소근육을 적절하게 제어하고 계획에 맞춰 움직이는 절차 기억을 강화해주기 때문에 전두엽, 소뇌와 해마 등 다양한 영역의 뇌 기능을 고루 사용하도록 자극합니다. 또한 피아노 같은 악기 연주 역시 정서 안정뿐 아니라 소근육 발달에 효과적입니다. 불안 수준이 높거나 기질적으로 민감한 아이의 경우 피아노 대신 첼로와 같은 저음의 현악기를 배워서 연주하는 것이 정서 발달에 안정감을 가져다줍니다. 묵직하게 흐르는 첼로의 저음뿐 아니라 커다란 첼로를 두 팔로 감싸고 포근하게 안는 포즈가 주는 정서적 안정감은 음악 치료가 갖는 효과처럼 민감한 기질의 아이를 편안하게 만들어줍니다. 새로운 환경에 적응해야 하는 상황에서 부모의 부재는 아이의 불안으로 이어질 수 있다는 점을 수백 번 고민하게 되지요. 백 마디 말보다 말없이 안아주는 한 번의 스킨십이 마음의 위안을 주듯, 첼로를 감싸 안는 편안한 포즈만으로도 아이의 마음이 한결 안정적으로 변할 수 있습니다.

또한 주말을 이용해서 아이와 줄넘기 놀이를 많이 해주세요. 초등학교에서 줄넘기가 차지하는 비중이 생각보다 높다는 점 때문에 많은 부모가 줄넘기 학원을 보내거나 방과 후 학습을 시키기도 합니다. 특히 타이밍에 맞춰 점프를 하는 운동 협응 기능이 필수적으로 요구되는 활동이기 때문에 틈이 날 때 연습시켜주는 것이 좋습니다.

한편 차분히 앉아 있는 정적인 활동보다 뛰놀기를 좋아하는 에너지 넘치는 아이들은 태권도나 축구 같은 스포츠 관련 학원에 가는 것이 큰 도움이 됩니다. 축구나 야구 같은 그룹 스포츠는 규칙과 질서, 협동의 가치를 통해 사회성을 익히는 데 도움이 되기도 하고, 구기 종목의 경우 타이밍에 맞춰 몸을 움직여가는 시각-운동 협응력 발달에 도움을 줍니다. 특히 테니스, 탁구, 야구와 같이 작은 공을 이용하는 운동의 경우 지속적인 시각 주의력과 순발력을 향상시켜 이후 학습의 효율을 올리는 데에도 일정 부분 기여할 수 있는 것으로 알려져 있습니다.

또래보다 늦은 아이, 입학을 유예해야 할까?

"또래보다 말이 좀 늦게 트였고 낯가림과 경계가 심한 일곱 살 아들이에요. 체구도 작아서 6~7세로 보이고 유치원에서도 또래 아이들과 노는 것보다 한두 살 어린 동생들과 노는 걸 편하게 생각하던 아이입니다. 물론 친구들과 잘 놀 때도 많지만, 제가 볼 땐 주로 친구들이 하는 대로만 따라가는 듯합니다. 하지만 앞으로 커가면서 친구들과 대화 수준이 더 안 맞을 것 같아요. 한글은 어느 정도 뗀 상태고, 쓰기는 좀 서투르긴 해도 아예 안 되는 것은 아니에요. 수 개념, 가위질은 다소 미숙한 편이고요. 만약 초등학교 입학을 1년 정도 유예하면 같은 학년 아이들과 차이를 덜 느끼면서 학교를 다닐 수 있지 않을까 싶지만, 현실적인 문제들이 걸려요. 우선 눈치가 빠른 아이라 지금 유치원 친구들 다 학교 가는데 혼자만 못 가고 다른 유치원에서 동생들과 지내야 한다는 것에서 오는 스트레스도 있을 것이고, 아이에게 설명하려고 해도 엄마로서 느껴지는 죄책감 때문에 선뜻 결정하기 힘들어요. 특히 사춘기 시기가 되어서 평생 동생들과 학교를 다니고 있다는 꼬리표를 어떻게 받아들일지 걱정입니다."

발달 장애 판정을 받아 도움반에 입학하는 아이가 아님에도 또래에 비해 다소 늦은 발달 때문에 위와 같은 고민을 토로하는 부모님들이 상당히 많습니다. 신기하게도 또래보다 항상 1년에서 1년 반 정도 느려서 정확하게 그 시기만 지나면 한글도 떼고, 덧셈, 뺄셈, 가위질하기, 시계 보기, 달력 보기까지 가능해지는 아이들이 있지요. 대뇌 발달의 속도는 아이마다 조금씩 차이가 나기 때문에 발달 심리학 관점에서 보면 당연한 일입니다. 하지만 실제로 하나뿐인 아이를 키우는 부모의 마음은 교과서처럼 되기 어려운 게 현실이지요. 이에 대해 다양한 의견이 있을 수 있지만, 입학 유예를 결정해야 하는 전문가의 명확한 소견이 없는 한 나이에 맞게 입학을 하는 것이 아이에게 더 좋은 선택입니다.

사회성 치료 그룹이나 그룹 놀이치료와 같은 임상 현장에서 보았을 때, 비슷비슷한 발달 수준을 가진 아이들을 모아둔 그룹이 각기 다른 발달 수준을 가진 그룹에 비해 오히려 발달적으로 제한되는 경우가 많습니다. 발달적으로 비슷한 수준에 있는 아이들 그룹이 상호작용의 질이 좋아질 것으로 오해하기 쉽지만, 실제로는 마치 보이지 않는 선에 갇힌 것처럼 발달 수준이 고착화되어 있는 경우를 심심치 않게 볼 수 있습니다. 그래서 사회성 그룹 치료를 하는 경우에도 상대적으로 사회성이 뛰어난 아이와 사회성이 부족한 아이까지 고루 섞여 있는 집단에서 치료의 성과가 훨씬 효과적으로 나오는 경우가 많습니다. 마찬가지로 입학 유예를 하더라도 생각보다 발달이 확연하게 늘지 않을 수 있는 위험을 감수하는 것보다는, 여러 요인을 감안해도 입학 시기에 맞춰 학교에 가는 것이 심리적으로나 발달적으로 더욱 도움이 될 확률이 높다고 할 수 있습니다.

Fact Check

지능 검사를 통해 알아보는 아이의 강점과 약점

지능은 학업 성취도, 자기 조절 능력 등 다양한 영역에서 개인의 삶에 영향을 미칠 수 있습니다. 하지만 분명하게 구분해둬야 할 것은, 아이의 '지적 능력'과 'IQ 점수'는 다르다는 점입니다. IQ 점수는 표준화된 지능 검사 가운데 하나인 '웩슬러 지능 검사Wechsler Intelligence Scale'의 수행 결과이고, 지적인 능력을 측정하기 위한 시험 점수라고 볼 수 있습니다. 반면 아이가 본래 갖고 있는 잠재 지능은 IQ 점수 그 자체와는 구별해서 볼 수 있지요. 마치 내신 점수를 잘 받고 성실한 학생으로 인정받는데 수능시험 점수가 기대치만큼 나오지 않았다고 해서 수능 점수가 그 학생의 학습 능력을 대변해줄 수 없는 것과 마찬가지입니다.

물론 초기 지능 검사는 학업 성취도를 예측하기 위한 목적으로 만들어졌고, 연구에 따르면 아이의 IQ 점수가 높을수록 학업 성취도가 높은 것으로 나타났습니다. 하지만 IQ 점수가 무조건적으로 높은 학업 성취도로 연결되는 것은 아니며, 스스로를 통제하는 힘, 즉 자기통제 능력이 우수한 아이일수록 학업 성취 수준이 더 높은 것으로 나타났다는 점이 더욱 중요한 시사점을 가집니다. 자기 조절 능력이 높은 아이들은 미래의 더 큰 보상을 위해 현재의 만족을 지연시킬 수 있는 만족 지연 능력 역시 탁

월했고, 특히 작업 기억력과 연관이 있는 것으로 보고되었습니다. 연령에 따른 지능 발달은 돌 이후 약 10세까지 급격하게 증가하는 모습을 보입니다.

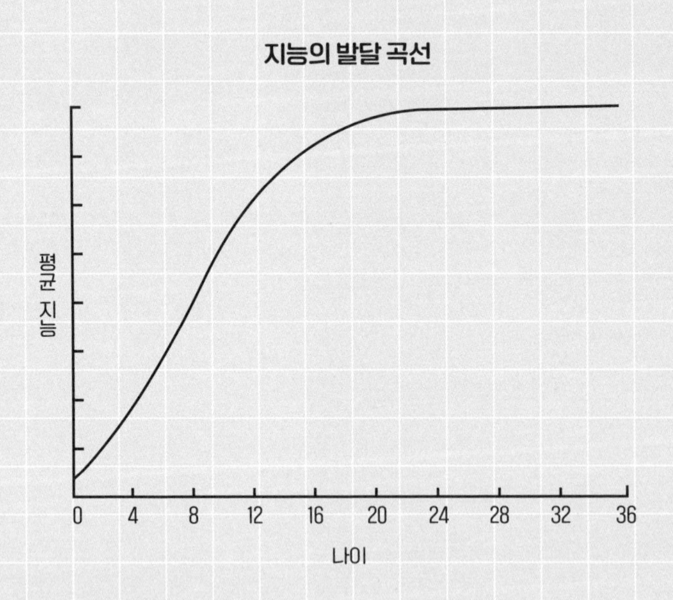

대학병원이나 전문 심리센터에서 시행하는 '웩슬러 지능 검사'는 상당한 신뢰도를 갖고 있기 때문에 검사 결과를 다양하게 활용할 수 있다는 장점이 있습니다. 일반적으로 만 7세 전후로 시행된 웩슬러 지능 검사 결과를 통해 성인기까지의 지능을 높은 신뢰도로 예측할 수 있기 때문에, 초등학교부터 고등학교까지 무려 12년에 이르는 긴 정규교육을 시작하는 시점에서 지능 검사를 받는 것은 아이의 강점과 약점을 파악하는 중요한 기준이 될 수 있습니다.

최근 업데이트 된 웩슬러 지능 검사는 '언어 이해', '시공간', '유동 추론', '작업 기억', '처리 속도'라는 다섯 가지 범주로 나누어 지능을 측정합니다. 그 과정에서 실생활에서 습득한 지식을 가늠하게 되기 때문에 평소 아이가 친구들과 나눈 이야기, 언어 개념 등을 확인하는 데 도움이 되고, 토막 짜기나 미로 등 복잡한 상황을 어떻게 해결하고 전략을 짜는지 살펴봄으로써 아이의 지적 잠재력을 알 수 있게 됩니다. 이렇게 얻어진 지능지수는 아이의 '현재' 인지 기능에 대한 중요한 정보를 갖게 되지만, 동시에 불변하는 점수가 아니라 일정한 한계 안에서 변화될 수 있다는 점을 잊지 않는 게 좋습니다. 종종 웩슬러 검사 결과를 받아보고 너무나 큰 충격과 실망감에 잠을 설치는 부모님들이 계신데, 아이의 지능을 확정하는 것이라고 받아들이는 것보다 현재 아이에게 필요한 보완점을 정확하게 찾아갈 수 있는 지표라고 이해하는 것이 바람직합니다. 예를 들어 우울감이 높은 아이는 자신의 잠재 능력을 충분히 발휘하는 것이 어려울 수 있기 때문에 낮은 지능지수를 보일 수 있지만, 우울감이 개선되고 또래 관계, 부모님과의 관계가 좋아지면 전체 지능지수가 향상되는 경우가 많습니다.

2부

언어 발달, 시간을 아이의 편으로 만들어주세요

아이 언어 발달 체크 리스트

표현 언어 발달

- □ 「토끼와 거북이」와 같은 짧은 동화를 사건 순서대로 이야기할 수 있다.
- □ "어제 준호랑 놀았어요", "아침에 아빠와 공원에 갔어요"와 같이 과거 시제를 정확하게 사용할 수 있다.
- □ "이를 닦지 않으면 치과에 갈 거야"와 같은 조건 문장을 만들어서 사용할 수 있다.
- □ '나를', '나의', '나는' 등의 대명사 표현을 문법에 맞추어 할 수 있다.
- □ 주격 조사와 목적격 조사를 정확하게 사용할 수 있다('집에 가자', '집을 가자').
- □ 앞으로 일어날 수 있는 일에 대해 이야기할 수 있다.
- □ '왜냐하면'이란 단어를 사용해서 사건에 대한 이유를 설명할 수 있다.
- □ '왜', '언제', '어떻게'를 묻는 질문을 할 수 있다.
- □ 공적인 이야기와 사적인 이야기를 구별하여 귓속말을 할 수 있다.
- □ 복수형 대명사를 사용할 수 있다.

수용 언어 발달

□ '오늘', '어제', '내일'의 의미를 구별할 수 있다.

□ 모자가 어떤 용도인지 등 사물의 기능을 설명할 수 있다.

□ '가장 큰 것', '제일 작은 것' 등 최상급 표현을 이해할 수 있다.

□ '똑같다'와 '다르다'의 의미를 이해할 수 있다.

□ 시, 동 등이 포함된 주소를 이해할 수 있다.

□ '가득 차 있다', '비어 있다', '아무것도 없다'라는 의미를 정확하게 이해할 수 있다.

□ 위치를 나타내는 단어(위, 아래, 안, 옆, 앞, 뒤)를 여섯 개 이상 이해할 수 있다.

□ '먼저'와 '나중'의 의미를 이해할 수 있다.

□ '기분이 좋다', '슬프다', '화가 난다' 등의 감정 표현을 이해할 수 있다.

□ 엄마가 내는 소리를 모방할 수 있다.

※ 각각의 항목 내에서 일곱 개 이상 해당될 경우 언어 발달 연령 60개월 이상으로 볼 수 있으며 네 개 미만인 경우 전문 검사를 권장합니다.

※ 이 리스트는 언어 발달 수준을 확진하는 도구는 아니므로 간단한 점검 용도로 확인해주세요.

1

우리 아이 언어 발달 수준, 정상인가요?

세상과 아이를 묶어주는 강력한 끈, 언어

유년기에 쌓인 경험과 세상을 바라보는 방식은 '성격' 혹은 '가치관'이라는 이름으로 우리의 삶을 지배하게 됩니다. 아이 입장에서는 원하는 게 있는데 말로 정확하게 표현이 되지 않으니 짜증을 내거나 고집을 피우게 되고, 엄마 입장에서는 마냥 원하는 것만 들어주다가 아이에게 주도권을 빼앗겨 훈육의 주도권을 놓치기도 하는 일들이 벌어지는 것이지요. 그에 더해 '성질 나빠질까 봐' 한번씩 호되게 야단을 치는 과정에서 아이와 크게 부딪히게 되는 악순환에 놓이기도 하고요.

그렇다면 어떻게 아이의 언어 발달에 도움을 줄 수 있을까요? 소통의 핵심은 간단합니다. 다른 사람이 하는 이야기를 귀 기울여 잘 들어주고,

내용을 이해하고, 적절한 표현으로 상대방에게 이해하고 공감했다는 것을 전달해주는 것이 핵심입니다. 그리고 소통을 위한 언어 발달을 체크하는 데 가장 먼저 확인해봐야 하는 것이 표현 언어와 수용 언어로 나누어 보는 일입니다. 우리 아이가 다른 사람의 말을 잘 이해하고, 효과적으로 말할 수 있는지 앞의 체크 리스트를 참고하여 살펴본 후, 아이의 언어 발달을 위해 도와줄 수 있는 부분을 구체적으로 살펴보기를 권합니다.

아이는 말과 함께 성장합니다. 모든 엄마는 아이가 처음 '엄마'라고 부르던 날의 음색, 아이의 표정을 잊지 못하지요. 그렇게 하루하루 말이 늘어가는 아이의 모습을 보며 흐뭇한 미소도 끊이지 않습니다. 표현할 수 있는 말이 하나둘 늘어가면 그만큼 아이의 세상은 넓어지고 부모와 교감할 수 있는 마음의 크기 또한 넓어지기 때문이지요. 언어 발달이 제대로 이루어져야 엄마와 아이가 나누는 대화와 감정의 폭이 더욱 커지고, 그래야 훈육도 적절하게 이루어진다는 것은 상식이 되었습니다. 하지만 언어 발달은 아이뿐 아니라 부모의 심리적 발달에도 매우 긍정적인 영향을 미칩니다. 안 되는 것을 가르치고 옳고 그름 등의 생활 속 정보를 알려줬을 때 아이가 이해하고 바뀐 행동을 보여주면 부모 역시 '내가 아이를 잘 키우고 있구나' 안심하며 양육 효능감도 높아지지요. 심리학자 에릭 에릭슨은 심리적 발달이 전 생애에 걸쳐 이루어진다고 보았고, 부모가 되는 30~40대에는 배려와 사랑이라는 정서적 가치를 보다 깊게 발달시키는 시기라고 이야기했습니다. 이 시기 아이를 키우며 부모 역시 한 걸음 더 성장한다는 것을 강조한 것이지요. 이처럼 언어 발달은 아이와 부모를 하나로 묶어주는 강력한 끈이 되고, 나아가 인지 발달의 핵심적인 요소가 됩니다. 그렇게 아이는 말과 함께 자라며 부모라는 세상과 하나로 묶이게 됩니다.

언어 발달의 핵심엔 이처럼 부모와 아이를 묶어주는 강력한 끈이 있습니다. 대화를 하며 서로를 알아가고, 살아가면서 마주하는 여러 상황을 이해하기 위해 반드시 필요한 것이 언어라는 정신의 접착제인 것이지요. 우리는 언어를 통해 세상을 연결하고 정돈해나갑니다. 그렇게 정돈된 세상 속에서 아이는 위험한 것과 안전한 것, 좋은 것과 불쾌한 것을 구별할 수 있게 되고요. 따라서 언어가 발달한다는 것은 아이가 이해할 수 있는 세상 역시 점점 커진다는 것을 의미하기도 합니다. 게다가 아이의 세상이 넓어질 수 있도록 이끌어주는 모든 재료는 아이의 뇌 안에 이미 존재하기 때문에 부모의 충분한 보살핌만 있다면 모자랄 것이 없습니다. 그렇게 아이의 세상이 커짐에 따라 처음 보는 사물에는 호기심 가득 찬 눈으로 주의를 기울일 수 있게 되고, 따스한 봄볕에 휘날리는 벚꽃을 바라보며 엄마와 함께 봄을 기억할 수 있게 됩니다. 아이의 주의력과 기억력을 비롯한 인지 기능의 발달은 언어에 반영된 세상과 함께 자라는 것이라고 할 수 있습니다. 따라서 언어 능력과 인지 기능의 발달은 불가분의 관계라고 할 수 있지요.

그렇다면 이처럼 중요한 언어 발달을 위해 무엇이 가장 중요할까요? 발달을 위해 필요한 것은 자극입니다. 인간은 살아가기 위해 필요한 모든 것을 처음부터 갖추고 태어나지 않습니다. 태어난 지 두 시간도 채 되지 않아 빠르게 달릴 수 있는 사슴이나 임팔라 새끼와 달리, 인간의 아기가 걷는 데엔 꼬박 365일 이상의 시간이 필요합니다. 그 이유는 인간의 경우 몇 가지 반사 신경만을 가진 채로 수천억 개의 대뇌 신경세포들이 서로서로 연결될 '준비'만을 하고 태어나기 때문입니다. 따라서 인간의 발달에 중요한 것은 적절한 외부 자극을 통해 신경세포들이 단단하게 맞물려 연결될 수 있도록 돕는 것이라고 할 수 있습니다.

예컨대 갓 태어난 아이는 엄마의 얼굴을 또렷하게 볼 수 없습니다. 왜냐하면 시각 기능을 전담하는 후두엽의 신경세포들이 아직 제대로 연결되지 않았기 때문이지요. 생후 3개월이 지나야 비로소 아기들은 색깔을 구별할 수 있게 되며, 그동안 받았던 시각적 자극들로 인해 신경세포들이 점차 연결되면서 눈앞 30센티 정도까지 볼 수 있게 됩니다. 이후 시각적인 자극이 점점 늘어나면서 12개월이 되면 어른만큼 잘 볼 수 있게 되지요. 이것을 '신경의 기능적 분화'라고 합니다. 이러한 기능적 분화에 가장 중요한 요인은 '풍부한 외부 자극'이고요. 적당한 외부 자극 없이 유아기 수개월 동안 캄캄한 방 안에서만 길러진 아기의 경우 후천적 요인에 의해 맹인이 될 수도 있다는 점은 양육자의 역할에 대해 많은 것을 시사합니다.

언어 발달 역시 마찬가지입니다. 아기에게 풍부한 청각 자극만 주어진다면, 서로 연결될 준비를 하고 있던 신경세포들이 자연스럽게 맞물리며, '의미 있는 소리'와 '소음'을 구별하게 되고 점차 모국어 소리에 특화되지요. 말하기 발달은 적절한 자극만 주어진다면 어려울 것이 하나도 없습니다. 특히나 아기가 모국어에 민감하게 반응하는 것은 엄마 배 속에서 시작되는데, 임신 6개월 무렵이 되면 태아의 청력 기관이 발달하면서 엄마 목소리와 심장 박동 소리를 알아챌 수도 있지요. 의도하지 않아도 태아는 엄마가 아빠와 이야기하는 소리를 듣고, 시끄러운 TV 소리를 성가셔하기도 하며, 꽝 닫힌 문소리에 놀라기도 합니다. 세상 밖으로 나오면 아기의 청각은 더욱 예민해집니다. 이제 엄마 목소리와 낯선 여자 목소리를 구분할 수 있고 초인종 소리는 말할 것도 없습니다. 생후 7개월이 지나면 아기는 옹알이를 본격적으로 구사할 수 있게 됩니다. 아기마다 차이가 있지만, 생후 10개월이 되면 한 단어로 말하기 시작하고 돌 무렵이 되면 100개의 단어를 이해하고 의미 있는 단어 3~5개 정도는 말할 수 있게 되지요.

한 실험에서 영어, 아랍어, 러시아 아기의 옹알이를 녹음해 엄마에게 들려주고 구분해보게 했는데, 미국 엄마는 미국 아기의 옹알이를, 아랍 엄마는 아랍 아기의 옹알이를 알아챌 수 있었습니다. 반면 다른 두 나라 아기의 옹알이를 맞추는 엄마들은 한 명도 없었고요. 이 실험을 통해 과학자들은 이렇게 해석을 했습니다. 아기의 옹알이에 어떤 의미가 있는 것은 아니지만, 아기는 자신이 듣는 모국어와 닮은 소리를 만들어내며 시간이 흐를수록 점점 더 모국어 소리에 따라 옹알이를 조율한다고 말이지요. 우리가 느끼기에도 생후 6개월이 넘은 아기의 옹알이는 어른의 말소리나 억양과 꽤 비슷합니다. 매일 아기를 돌보는 부모라면 아기가 자신과 눈을 맞추고 옹알이를 할 때마다 말을 걸고 있다는 느낌에 빠질 때가 있을 겁니다. 그리고 마침내 아기가 생애 처음 '엄마'라는 말을 내뱉게 되면 엄마는 그야말로 감동에 휩싸이게 되지요. 여기서 우리가 알 수 있는 것은 이처럼 아이의 언어 발달은 충분한 자극만으로도 자연히 이루어진다는 점입니다.

아동 언어의 정상 발달

- **12~35개월:** 낱말 조합 단계로서 사람이나 사물에 대한 명사 표현이 늘고 의문사 사용이 가능해집니다. 특히 "저거 뭐야?"와 같은 사물에 대한 호기심 표현이 늘어나는 시기입니다. 거부를 하는 부정어 표현 빈도도 늘어나고 이름에 대한 반응, 모방하는 발음이 증가합니다. 이 시기 ㅁ, ㄴ, ㅃ, ㄸ, ㄲ, ㅂ,ㄷ, ㄱ 발음이 원활해지는 모습을 보입니다.
- **36~60개월:** 기본 문법 단계로서 일상생활에서 사용하는 낱말뿐 아니라 관계를 나타내는 표현으로 확장됩니다. 또한 두세 개의 수식어를 단어 앞에 붙일 수 있고 두 개의 문장을 이어 붙이는 복문 구조의 문장을 표현할 수 있습니다. 특히 4세 이후에는 길이에 제약이 없는 표현이 가능하며, 대부분의 상황에서 못하는 말이 없는 시기에 이르게 됩니다. 의문사 질문에 대한 답이 가능해지면서 질문 역시 폭발적으로 늘어나는 시기입니다. 상황에 대한 간단한 서술 능력, 판단하고 설명하는 문장 표현도 가능해집니다. 다만 이 시기에는 자기중심적으로 상황을 인식하기 때문에 이야기 속 등장인물의 관점 변화에 대한 이해는 어려울 수 있습니다. 이야기가 체계적이진 않지만 사건을 중심으로 단순하게 나열할 수 있고, 사건의 배경을 이해할 수 있습니다. ㅍ,ㅌ,ㅋ, ㅎ,ㅉ,ㅈ,ㅊ 발음이 원활해지며, 받침소리 ㅁ,ㄴ,ㅇ,ㄷ,ㄱ,ㄹ 표현도 자연스러워집니다.
- **6~7세:** 이 시기는 문법 정교화 단계로서 한자어와 비유하는 표현이 늘어나고 두 개 이상의 문장을 연이어 표현하는 복문을 사용하는 빈도가 눈에 띄게 늘어납니다. '공부하다', '생각하다'와 같이 '한자어 + 하다' 유의 동사 표현이나 추상 명사의 사용 빈도가 늘어나고 객관적으로 낱말을 기술하는 것이 가능해지면서 듣는 사람의 입장을 고려하며 대화할 수 있게 됩니다. 또 사건을 순서대로 이야기하고 정리해서 발표할 수 있는 능력이 생깁니다. 여러 에피소드로 구성된 이야기를 떼어서 이해할 수 있고 주인공과 얽힌 사건을 중심으로만 재구성해서 표현할 수 있습니다.

시간을 아이 편으로 만드는 법

많은 부모가 오해하는 것 가운데 하나가 발음이 서툴다거나 부정확하면 발달이 늦는 것은 아닐까 고민하는 것입니다. 하지만 부모나 친구의 말을 정확하게 이해하고 서툴더라도 상황에 맞는 대답을 할 수만 있다면 크게 걱정할 필요가 없는 경우가 대부분이지요. 보다 중요한 것은 아이가 언어를 이해하고 자신의 욕구에 맞춰 주변 상황을 묘사할 수 있는지 확인하는 것입니다. 예컨대 만 네 살이 된 아이가 "엄마 은뇨수 머그고 시퍼요"라고 부정확한 발음으로 이야기한다고 하더라도, 스스로 냉장고에 가서 음료수 뚜껑을 열어 컵에 담을 수 있다면 지능과 같은 인지 기능에는 문제가 없기 때문에 큰 걱정을 하지 않아도 됩니다. 소근육 발달과 발음만 정확하게 할 수 있도록 꾸준히 돕는다면 어느 시점을 넘어가면서는 오히려 폭발적으로 유려한 문장을 구사할 능력을 가진 아이니까요.

다만 아이의 언어 발달 수준이 현저히 미비하다면 인지 발달 검사를 포함한 정확하고 객관적인 검사를 받아보는 것이 큰 도움이 됩니다. 언어중추에 이상이 있다면 당연히 언어 발달에도 문제가 나타날 수밖에 없습니다. 귀로 들은 소리를 의미 있는 언어로 받아들이고 그것을 단어나 문장 형태로 조합하여 소리로 산출하도록 하는 기관이 바로 우리 뇌의 언어중추이기 때문입니다. 하지만 반대로 언어중추에 이상이 없는 경우라면, 말이 좀 늦다고 하여 지나치게 걱정할 필요가 없습니다. 아이의 전반적인 발달을 균형 있게 도와준다면 타고난 능력을 발휘할 수 있는 아이의 발달 시계는 분명히 작동할 것이기 때문이지요.

아이의 발달 상황을 더 객관적으로 측정하려면

K-CDI 아동 발달 검사는 15~60개월 아동을 대상으로 사회성, 자조행동, 대근육, 소근육, 표현 언어, 언어 이해, 글자, 숫자 이해 등 여덟 가지 발달 범주를 객관적으로 알아볼 수 있는 검사입니다. 종합병원부터 심리센터에 이르기까지 가장 폭넓게 활용되는 발달 검사로서, 부모가 평소 아이의 행동에서 관찰할 수 있는 내용을 바탕으로 분석하므로 신뢰도가 높습니다. 특히 또래보다 더 앞선 부분, 다소 부족한 부분이 무엇인지 자세히 알 수 있어 양육 과정에서 무엇에 더 주의를 기울여야 하는지를 아는 데 큰 도움을 얻을 수 있습니다.

언어 발달의 핵심은 소통이다

우리는 살아가면서 다양한 문제를 겪게 됩니다. 때로는 오해를 받기도 하고, 때로는 상황을 설명해야 하는데 어떤 단어로 전달해야 할지 몰라 난처해지기도 하지요. 이처럼 정확한 단어와 문장을 상황에 맞게 표현하는 능력은 문제를 해결하고 사회성을 높이는 데 핵심적인 역할을 합니다. 즐겁거나 슬플 때에도 상황에 맞는 적절한 문장에 감정을 실어 보내며 사람들과 '소통'하고 '문제를 함께 해결'해야 하는 것이지요. 즉, 소통 능력이 문제 해결의 시작이자 핵심에 있습니다. 그런데 표현 능력의 발달이 늦는다면 어찌될까요? 생각해보면 표현이 서투른 아이일수록 성질이 급하다거나 고집이 세다는 오해를 받기 쉽지요. 즉, 말이 늦으면 문제 해결도 늦어지는 것이라고 할 수 있습니다.

말이 느린 아이는 강하게 고집 피우는 것만이 문제를 해결하는 방법이라는 잘못된 믿음을 갖기 쉽습니다. 소통 없이 자기주장만으로 심리적 보상을 채워나가게 될 확률이 높아지는 것이지요. 평생에 걸친 행동 습관을 형성하는 데 가장 중요한 생애 초기의 사회적 경험들을 일방적으로 감정을 쏟아내거나 미처 풀지 못한 불만족스러운 감정으로 경험을 채워나간다는 것, 얼마나 괴로운 일일까요.

그래서 소통 능력이 좋은 아이로 키워내는 것이 중요합니다. 결국 큰 틀에서 언어 발달의 목적은 단순히 유창하게 이야기하는 것을 넘어서 갈등을 해결할 수 있는 소통 능력을 의미합니다. 여기서 반드시 구분해서 봐야 하는 것이 있습니다. 바로, '언어 발달이 늦는다는 것이 반드시 말이 늦는다는 것을 의미하는 것은 아니라는 점'이지요. 또래에 비해 어려운 단어도 많이 알고 빠르게 말이 트인 아이라 하더라도, 언어 발달의 핵심은 바로 '소통'에 있기 때문에 친구들이나 부모와의 관계에 문제가 반복된다면 그 아이 역시 언어 발달에 적절한 도움이 필요하다고 볼 수 있습니다.

일례로 아스퍼거 증후군을 앓는 아이들의 경우 어린 시절부터 교과서에 나올 법한 고급 단어를 유려하게 구사할 수 있는 반면, 정작 친구 마음을 읽고 소통하는 데에는 실패하는 사회성 문제를 핵심 증상으로 갖고 있습니다. 고급 어휘를 사용하더라도 단조로운 말투는 어딘지 모르게 어색하고, 표정 읽기나 제스처 등 미묘한 사회적 신호를 읽어내는 데 어려움을 겪는 것이 아스퍼거 증후군의 특징이라고 할 수 있지요. 따라서 빠르게 말이 트였다거나 유려한 어휘를 사용한다고 해서 언어 발달이 잘된 것이라고 속단하는 것은 무리가 있습니다.

표현을 위한 말, 이해를 위한 말

"민준이는 55개월 된 개구쟁이 남자아이입니다. 그런데 아이의 언어 발달, 특히 소통하고 표현하는 부분의 발달이 더딘 듯합니다. 본인이 필요한 말은 하지만 다른 사람과 대화가 되지 않고, 평소엔 순한데 한 번 화가 나면 분노를 다스리지 못해 또래 관계에서 문제가 심각합니다. 인터넷으로 아이 문제를 찾아보기도 했는데, 자폐와 달리 다른 사람의 감정에 무심한 것도 아니고, 같이 기뻐하고 슬퍼하고 위로해줄 수 있는 마음이 따뜻한 아이입니다. 30개월 때쯤 어린이집 선생님께서 아이가 어린이집에서 거의 한마디도 않고 대부분의 시간을 혼자서 논다고 전해주셔서 알았지만, 당시엔 크게 심각성을 못 느껴서 별다른 조치를 못했습니다. 지금 돌이켜보면 그 전에도 말을 잘 듣지 않고 본인이 잘하지 못하는 건 안 하곤 했는데, 저는 단순히 아이가 고집이 세고 자존심이 강해서 그런 줄 알았어요. 미리 관심을 갖지 못한 게 너무나 후회가 됩니다.

또래와 소통이 잘되지 않으니 친구 관계가 잘 정착되지 못하면 마음을 다치지 않을까 걱정이 됩니다. 최근 아이가 놀이터에서 또래들과 노는 걸 보는데, 아주 씩씩하게 말도 걸고 밝게 인사하지만 대화가 이어지지 않으니 친구들이 지루해하는 게 보이더군요. 얼마 전에는 친구가 귓속말로 비밀 얘기를 해준 것을 부주의하게 다른 친구들 앞에서 말하는 바람에 한바탕 소동이 벌어지기도 했고요. 집에 와서는 저에게 좋아하는 친구 얘기를 거의 매일 하는데 정작 그 친구는 그만큼의 관심을 민준이에게 보여주지 않으니 아이도 의기소침해지고, 오히려 그 아이와 자주 다투기도 합니다. 어떻게 도와줘야 할까요?"

대화의 질도 중요하지만 사실은 대화의 양도 매우 중요합니다. 핑퐁 대화가 이루어지기 위해서는 적절한 표현과 이해가 쫀득한 피자치즈처럼 대화 속에 녹아 있어야 하는데, 민준이의 경우 어딘지 모르게 겉도는 느낌이 강한 모습을 보여주고 있지요. 민준이가 아이들과 교감을 하기 힘든 이유를 파악하기 위해서는 말하기와 듣기, 즉 표현 언어와 수용 언어에 필요한 능력이 제대로 발달되었는지 체크해볼 필요가 있습니다. 체크리스트를 하나하나 살피다 보면, 말하고 듣는 것에 생각보다 많은 능력이 요구된다는 것을 알 수 있습니다.

우선 눈에 띄는 것이, 정확한 표현과 이해를 위해서는 필수적으로 '시간 개념'을 알아야 한다는 점입니다. 과거와 현재, 미래 시제를 사용하지 못하면 친구들과 약속을 잡을 수도 없고, 어린이집에서 있었던 일을 엄마에게 이야기해줄 수도 없습니다. 뒤죽박죽 시제가 뒤섞인 표현은 엄마들이 가장 답답해하는 부분 가운데 하나이기도 하지요. 어린이집에서 친구와 다투었을 때에도 아이에게 정확히 무슨 일이 있었는지 알기도 힘들고, 우리 아이가 먼저 잘못을 한 것인지 일방적으로 당한 것인지, 물끄러미 엄마 얼굴만 쳐다보고 울상을 한 아이 얼굴만으로는 도무지 알 수가 없기 때문에 그렇습니다. 그렇다고 자초지종을 모르는 상태로 섣불리 담임 선생님과 통화했다가 아이가 억울한 상황에 놓이게 되는 것은 아닐지 두려운 마음이 앞서기도 하는 것이 실제 엄마들이 마주하는 문제입니다. 그래서 시간 순서에 대한 개념들, 육하원칙에 따라 자기가 보고 들은 것을 이야기하고 이해할 수 있는 능력이 표현 언어와 수용 언어의 발달에서 가장 핵심에 있다고 할 수 있지요.

또 하나 체크 리스트에서 핵심적인 것이 바로 조건문을 사용하는 것입니다. 조건문은 '일어나지 않은 상황을 미리 상상할 수 있는 능력'이 바탕에 깔려 있어야 사용할 수 있습니다. 그래서 조건문을 곁들여 말할 수 있는 아이는 '미래' 개념을 이해하고 있는 것이라고 볼 수 있습니다. 그리고 그만큼 정교하게 상황을 받아들이고 이해할 수 있는 인지 발달 수준을 가진 아이라고 볼 수 있지요. 민준이의 경우 친구들이 말하는 조건문을 제대로 이해하지 못하고 자기주장만 반복하는 일이 잦은 아이입니다. 예컨대 "수업 끝나면 우리 집에 같이 가자"라는 말을 듣고는 수업이 채 끝나기도 전에 친구에게 집으로 가자고 채근하기도 했고, 비슷한 상황이 반복되자 친구들이 당황하기도 하고 슬금슬금 민준이를 피하는 상황이 생긴 것이지요. 조건문을 이해한다는 것은 뜻을 이해하는 것뿐 아니라 시간개념과 더불어 정해진 조건이 만족될 때까지 참을 수 있는 인내심까지 포함하는 것을 뜻합니다.

또 하나 중요한 것은 민준이가 친구의 비밀을 큰 소리로 이야기했다는 점입니다. 표현 언어 발달을 체크할 때 놓치지 말아야 하는 포인트가 바로 사적인 표현과 공적인 표현을 구분할 수 있는 '귓속말을 할 수 있는지' 여부라고 할 수 있습니다. 인간은 누구나 개인인 동시에 사회 속의 존재로 살아가기 때문에 공적인 표현과 사적인 표현을 구분할 수 있는 능력이 무엇보다 중요합니다. 친구가 비밀스럽게 전한 내용을 큰 소리로 알리고 다니는 아이에게는 깊고 내밀한 우정을 나눌 기회가 찾아오지 않을 확률이 높겠지요.

아이의 언어 세계 넓혀주기

❶ 아이가 자주 헷갈려하는 표현을 체크해주세요

만 네 살에서 일곱 살 사이의 아이들은 발음뿐 아니라 문법에서도 지나치게 격식을 차리는 경우가 있습니다. 예를 들어 "규민이가 밥이 먹는데 조금만 먹어"처럼 조사를 적절하게 사용하지 못하는 경우들이 있고, 특히 '은', '는', '이', '가' 같은 주격 조사의 표현을 혼동하는 경우가 자주 있습니다. 필요한 경우 핸드폰 등을 활용하여 아이와 대화하는 상황을 녹음하여 들어보는 것도 아이의 표현 언어 발달을 객관적으로 파악하는 데 도움이 됩니다.

❷ 비슷한 의미를 가진 단어로 확장시켜주세요

만 여섯 살 이상이 된 아이들은 이미 1만여 개의 단어를 이해하고 있으며, 하루에 스무 단어 정도의 새로운 어휘를 익혀나갑니다. 그래서 만 열 살이 되면 4만 여개의 단어를 이해하게 되고요. 그 과정에서 중요한 것이 바로 유의어를 활용하고 비슷한 뜻을 가진 표현들의 차이를 구분하는 것입니다. '재미있는', '흥미로운', '관심 어린' 등과 같이 엄마가 다시 말해주는 과정에서 아이의 표현력과 이해력이 확장됩니다.

❸ 사회적 감정을 들여다볼 수 있게 도와주세요

언어는 생각을 담는 그릇이기도 하지만, 감정을 담기도 합니다. 그중 하나가 정서 표현과 정서 이해인데, 말을 하지 못하는 신생아들도 기쁨과 고통, 슬픔과 분노를 표현할 수 있고 돌이 지나 인지가 발달하면서 부끄러움, 자랑스러움 등 보다 고차원적인 감정을 알게 됩니다. 그런데 언어 발달에 어려움을 겪는 아이들 가운데 상당수는 자신이 처한 상황에 담긴 감정을 표현하는 것을 힘들어하는 경우가 많습니다. 특히 공포나 슬픔, 기쁨은 철저하게 '내 감정'으로 누가 가르쳐주지 않아도 아이 스스로 잘 알 수 있는 감정이라고 할 수 있지요. 반면 부끄러움, 자랑스러움 등은 '사회적 감정'으로 학습이 필요한 감정입니다. 예컨대 남들 앞에서 함부로 성기를 만지는 것이 '부끄러운' 행동이라는 것을 알려주기 위해서는 사회적 상황을 이해시키는 것이 선행되어야 하는 것처럼 이 같은 사회적 감정의 기준은 타고나는 것이 아니기 때문에 그에 대한 이해가 떨어지는 경우라면 명확한 언어로 사회적 상황을 정리해줄 필요가 있습니다.

❹ 이중 감정을 이해하도록 도와주세요

이중 감정이란 한순간에 둘 이상의 정서가 담겨져 있다는 것인데, 예컨대 '시원섭섭하다', '웃프다' 등등 하나 이상의 감정이 동일한 상황에서 '동시에' 나타날 수 있다는 것을 이해하면서 느껴지는 감정입니다. 초등학교 입학 전후의 아이들은 이러한 이중 감정을 이해할 수 있는데, 자기감정을 표현할 수 있는 적절한 어휘를 찾아내지 못하면 아이는 '당황한 상태'를 '화난 상태'로 잘못 표현할 수 있고, 상황에 맞지 않는 행동을 하게 될 수 있습니다. 따라서 아이가 어떤 문제를 겪을 때에는 반드시 부모가 왜 그런 느낌을 받았는지 아이에게 확인하고, 상황에 맞는 표현으로 다시 정정해주어야 합니다.

2

뇌과학이 알려주는 언어 발달의 비밀

말을 담당하는 뇌, 글을 담당하는 뇌

물리학의 눈으로 보면 말소리는 그저 공기의 울림에 불과합니다. 단순한 공기의 울림이 의미를 갖는 말이 되기 위해서는 마음에 가 닿아야 하지요. 고막에 닿은 공기의 울림이 청각 이해를 담당하는 측두엽으로 전달되고, 우리에게 익숙한 언어로 변환되는 과정은 상상만으로도 신기합니다. 이처럼 마음이 시작되는 자리는 다행히 우리 뇌 안에 본래부터 자리잡고 있습니다. 말의 뜻을 이해하게 만들어주는 마음의 자리를 뇌과학자들은 '베르니케 영역wernicke's area'이라고 부릅니다. 이처럼 말소리를 이해하는 뇌의 회로는 선천적으로 타고나는 부분입니다. 또한 말을 표현하고 산출하는 것만 전담하는 뇌의 영역을 '브로카 영역broca's area'이라고 부릅니다. 정상 발달을 거친 아이들의 경우 따로 가르쳐주지 않아도 돌 무렵이 되면 '엄마', '아빠'와 같은 외마디 소리를 정확하게 발음하고 점차 유창하게 문장을 만들어나가게 되지요. 즉, 말을 배우는 것은 아무것도 가르쳐주지 않아도 스스로 발달하도록 본능에 새겨진 능력이라고 할 수 있습니다. 신생아들의 경우 음악 소리보다 사람의 말소리에 더 큰 반응을 보이는 것으로 보아 언어에 대한 민감성이 특화되어 있다는 것을 알 수 있습니다.

브로카 영역은 좌반구의 전두엽 부근에 위치하고, 베르니케 영역은 좌반구 측두엽에 위치합니다. 그래서 보통 좌뇌가 발달하면 언어 능력이 발달한 것이라고 이야기할 수 있지요. 말소리와 다른 소리들을 구별하는 능력은 선천적인 능력이고, 이 시기 아기들은 성인보다 훨씬 다양한 소리를 구별하는 능력을 갖고 있습니다. 실제로 성인들은 모국어에 중요하지 않은 소리들을 구별하는 능력을 상실했기 때문에 어린 영유아들이 성인보다 더 다양한 음소들을 구별할 수 있습니다. 그래서 영어의 F나 P 발음의 구분은 한국어에선 사용되지 않기 때문에 어른이 되어서 영어를 배울 때 더 많은 시간과 노력이 필요한 것이지요. 요컨대 소리에 대한 구별 능력, 말에 대한 감각은 본능적으로 타고나는 좌뇌의 고유한 능력이라고 할 수 있습니다.

반면 글자는 말과 다릅니다. 우리 뇌는 소리에 대한 구별을 전담으로 하는 브로카·베르니케 영역을 갖고 있는 반면, 글자를 해석하는 전담 영역을 갖고 있지 않습니다. 진화적으로 봤을 때, 말과 관련된 인간의 능력은 적어도 4~5만 년 전부터 발전해왔던 것으로 보이는 반면, 문자의 탄생은 길게 잡아도 5천 년 전으로 볼 수 있습니다. 즉, 음성 언어를 전담하는 뇌기능의 경우 수만 년의 시간 동안 정교하게 발전하며 전담 뇌 영역을 발달시킬 수 있었던 반면, 글자를 읽고 해석하기 위한 뇌 영역은 다양한 뇌기능이 상호작용하면서 복잡한 절차를 거치게 되기 때문에 반드시 학습을 통해 익혀야 한다는 특성이 있습니다. 언어 능력은 선천적으로 타고나는 반면, 문자 해독 능력은 후천적으로 익혀야 한다는 뜻이지요.

문자는 언어를 표기하기 위한 시각적인 기호 체계라고 할 수 있습니다. 즉, 의미 있는 소리와 무의미한 소리를 구별하고, 의미 있는 소리만 추출하여 글자라는 시각적인 상징과 일대일 대응을 시키는 작업이 뇌에서 이루어져야 합니다.

말과 글자의 차이에 대하여 인지과학자 스티븐 핑커는 다음과 같이 말했습니다.

"소리에 관한 한 아이들은 이미 선이 연결된 상태다. 반면 문자는 고생스럽게 추가 조립해야 하는 옵션 액세서리다."

선천적으로 타고나지 않은 문자 프로세스를 배우기 위해 아이에게 필요한 것은 뇌 안에 독서에 필요한 추가 회로를 나사로 죄어줄 수 있는 환경이라고 할 수 있습니다. 따라서 글을 익히기 위해서는 반드시 사람의 생물학적 발달 시간표가 적절하게 고려되어야 합니다.

소근육 발달

☐ 손에 무언가가 묻는 놀이를 싫어한다.

☐ 그리기, 색칠하기 등의 손글씨 활동을 힘들어하고 쉽게 포기한다.

☐ 크레파스, 가위, 젓가락 등의 도구를 사용할 때 어설프다.

☐ 구강기가 지났는데도 손보다 입으로 물건을 더 자주 가져간다.

☐ 레고와 같은 블럭 만들기나 종이 접기를 어려워한다.

☐ 간단한 옷 입기와 벗는 것도 혼자 하는 걸 힘들어한다.

☐ 연필을 쥘 때 손의 힘이 약하다.

조음 발달

☐ 특정 자음을 발음할 때 일관되지 않게 소리를 낸다.

☐ ㅅ 발음과 ㄹ 발음을 할 때마다 얼버무린다.

☐ 혼자서 단추 끼우는 것을 너무 힘들어한다.

☐ 입천장이 낮아서 발음이 부정확하고 웅얼거리는 소리가 난다.

☐ ㅁ, ㄴ 등의 받침이 있는 단어의 발음이 부정확하게 들린다.

☐ 몇몇 단어는 음절을 생략하는 모습을 보인다(예: 할아버지 - 할부지/아이스크림 - 아이낌).

☐ ㅂ과 ㅍ을 혼동해서 발음하는 모습을 자주 보인다.

※ 아이의 소근육과 조음 발달 상황을 간략하게 점검하기 위한 체크 리스트로, 만 6~7세의 이상의 아이가 각각의 항목에서 네 개 이상 해당하는 경우 전문적인 검사가 필요합니다.

아이의 조그마한 입에서 '엄마', '아빠'가 터져 나오는 순간은 '아, 정말 내가 부모가 되었구나' 하는 벅찬 감동을 가슴 깊이 안겨주는 순간이지요. 그동안 숱하게 들어왔던 단어가 이렇게 크나큰 감동을 자아낼 수 있는지 새삼 깨닫게 되는 순간이기도 하고요. 하지만 아이가 시간이 흘러도 옹알이 같은 소리만 내거나 발음을 정확하게 하지 못하고 매번 짜증 내고 울어버린다면 정말 속상한 일입니다. 더구나 평소 대화도 많이 하고 구연동화도 불러주는 등 다양한 자극을 주기 위해 노력했던 시간들을 생각하며 답답함이 배가되기도 하지요. 백화점 문화센터나 어린이집에서 우리 아이와 비슷한 나이인데도 문장을 척척 구사하는 아이들을 보면 부모의 마음은 더욱 조급해집니다. 그리고 이내 불안감이 스멀스멀 피어오르지요. 이쯤 되면 "원래 말이 늦게 트이는 아이들도 있어"라는 어르신, 육아 선배들의 조언도 귀에 들어오지 않게 됩니다.

또래에 비해 언어 발달이 느린 원인은 다양합니다. 놀라운 사실은 신체 발달, 특히 소근육 발달 또한 언어 발달에 큰 영향을 준다는 사실이지요. 다양한 감각을 경험해보고, 몸을 움직이면서 발달에 필요한 기초가 차곡차곡 누적되어야 원만한 언어 발달이 이루어질 수 있습니다. 잠시만 생각해보아도 정확한 발음을 하기 위해선 혀의 미세 근육을 정교하게 조절해야 하는데, 소근육 발달이 전반적으로 느린 아이의 경우 발음의 정확성이 확연하게 떨어질 확률이 높습니다. 또한 언어 발달은 몸의 움직임인 전정 감각, 고유수용성 감각인 촉각, 시각, 청각과 원활하게 결합되었을 때 이루어집니다. 넘어지거나 어딘가 부딪쳤을 때 "아파!" 하고 신체에 대한 느낌을 말로 표현하거나 장난감, 음식을 만지고 관찰해보면서 신체 부위나 사물의 위치를 파악하고 그와 관련된 감각을 몸에 입력하며 언어를 배워갑니다.

특히 언어 발달은 구강의 감각 처리와 관련이 있습니다. 입속 감각이 너무 예민하거나 둔감하면 언어 발달에 영향을 줍니다. 다양한 식감의 음식을 씹고 삼키는 경험이 부족한 아이는 혀와 턱의 움직임이 원활하지 않고 자극을 받아들이는 데 어려움을 겪기 때문에 발음이 부정확해지거나 말하는 것을 처음부터 꺼리게 될 수 있습니다. 실제로 소근육 제어 능력이 부족한 아이들은 씹는 힘이 약하거나 침을 많이 흘리고 발음이 부정확한 경우가 많습니다.

흥미로운 것은 아기가 말하는 단어의 발음은 전 세계적으로 비슷하다는 사실입니다. '엄마', '아빠', '마마', '파파'는 의미는 물론 발음도 상당히 비슷하지요. 심지어 과자를 뜻하는 '까까' 역시 영어로 '까까'라고 부릅니다. 일본 아기는 엄마를 '까까'라고 하고요. 이것은 ㅂ, ㅃ, ㅍ, ㅁ처럼 두 입술 사이에서 나는 입술 소리와 모음 ㅏ를 첫돌 아기가 가장 발음하기 쉽기 때문입니다. 즉 발달적으로 가장 쉽게 소리 낼 수 있는 구조들만 있으면 낼 수 있는 소리라고 할 수 있지요. 사람이 발음하기 위해서는 혀, 치아, 입술, 아래턱, 얼굴 근육 등 생각보다 많은 기관이 필요합니다. 혀는 공기 흐름을 조절하고 소리에 변화를 줍니다. 치아는 발음을 다듬고 호흡을 고르며, 입술 또한 발음과 음질을 다듬는 역할을 합니다. 아래턱은 입을 크게 오므렸다 벌리는 것을 도와 발성의 크기를 조율합니다. 얼굴 근육은 발음을 섬세하게 다듬고 말할 때 생동감을 부여합니다. 이런 발음기관은 폐, 성대, 공명기(구강, 비강, 인두)와 유기적으로 움직여 정확하게 또렷한 소리를 내게 합니다. 따라서 아기는 소근육이 발달한 만큼만 소리 내고 발음할 수 있습니다. 손가락의 소근육이 발달해야 단추 끼우는 일이 가능하고 괄약근 조절이 가능해야 배변 훈련을 할 수 있듯이, 발음 또한 관련 근육이 발달해야 더욱 정교해질 수 있습니다. 하지만 표현에 제약이 있는 것이지, 이해하는 것은 그 이상이기 때문에 이를 구별해 주어야 합니다.

신체 활동으로 발음 잡아주기

아래 문장을 크게 소리 내어 읽어보세요.

> 좋은 부모는 아이를 더 많이 지켜봐야 합니다. 지적하고 가르치기 이전에 지켜봐야 합니다. 지켜본다고 해서 아이를 가만 놔두는 것은 아닙니다. 아이를 깊이 들여다보는 것입니다. 무얼 할 수 있고 무엇 때문에 안 되는지, 다른 능력으로 보상할 수 있을지 이해하고 탐색하는 것입니다.

문장의 어느 지점에서 숨을 들이마시게 되나요? 대부분의 사람은 문장을 읽기 전에, 그러니까 문장의 첫 부분에서 숨을 들이마십니다. 문장을 읽는 동안에는 전혀 숨을 쉬지 않거나 아주 짧게 내쉬지요. 이처럼 발성을 한다는 것은 숨 쉬는 간격을 조절하는 일이기도 합니다. 그래서 우리는 말을 할 때 숨을 조절할 수 있으며, 또 그래야만 합니다. 말을 하는 동안 숨을 전혀 내쉬거나 들이마시지 않으려 시도해보면 거의 불가능에 가깝거나 매우 헐떡이게 되지요.

말을 한다는 것은 날숨과 들숨의 지속적인 조절을 의미합니다. 따라서 미세한 혀의 근육을 조절해주고, 소리를 내는 '성도'를 넓히거나 좁히는 신체 활동이 말하기, 분명한 발음에 큰 영향을 준다는 것을 알 수 있지요. 언뜻 생각하기에 말을 하는 것과 운동 능력이 직접 관계가 없는 것 같지만, 이처럼 숨을 쉬고 호흡을 조절하기 위해 미세 근육들을 조절하는 과정이 필요하다는 것을 감안하면 소근육과 대근육 발달이 왜 언어 발달에도 중요한지 알 수 있습니다.

실제로 발음이 뭉개지거나 미숙한 많은 아이가 운동 능력에서도 또래에 비해 약점을 보이는 경우가 많습니다. 실제 상담을 해보면 많은 부모가 아이가 줄넘기를 제대로 하지 못하고 쉽게 포기한다거나 한 발로 서서 균형을 잡지 못하고, 공 던지기도 어렵고 가위질은 엄두도 내지 못한다는 이야기를 자주 토로합니다. 모든 것이 소근육과 대근육의 발달이 상대적으로 지연되어 나타나는 현상이며, 불분명한 발음 문제 역시 운동 협응 문제에서 비롯될 수 있습니다.

발달 단계	영아기 (0~12개월)	걸음마기 (12~48개월)	학령기 이전 (4~7세)	학령기 (7~12세)
대근육	뒤집기, 기기, 서기	도움 없이 걷고 뛰기, 대소변 가리기	한 발로 뛰기, 줄넘기, 가위질하기	구기 운동, 자전거 타기
소근육	장난감 흔들기	토막 쌓기, 동그라미 그리기(2세), 십자가 그리기(3세)	사각형 그리기(4세), 오각형 그리기(6세)	다양한 그림 그리기, 모형 제작
인지·언어	옹알이(3~4개월), 숨은 물건 찾기(8개월), 합동 주시(어른 시선 따라 보기)	'엄마', '아빠' 단어 발화(12개월), 2~3 단어 문장 발화(24개월), 200여 단어 습득	언어의 급성장, 말장난, 상상해서 말하기(거짓말)	지적인 게임 수행, 신체 기술 연마, 글 읽고 쓰기
사회성·정서	눈 맞춤(0개월), 사회적 미소(2~8개월), 분리 불안과 낯가림(6~8개월), 애착 형성(6~12개월), 눈치 보기	자기주장과 거부 표현, 생떼 쓰기, 공격 행동, 능동적인 주위 탐색	성 역할 모방, 또래와 협동 놀이, 귀신과 괴물에 대한 공포감, 사회적 규범에 대한 순응	이타심, 배려, 질서 의식, 단체 스포츠 활동

다양한 감각을 경험하고 몸을 움직이는 활동은 언어 발달에 필요한 뇌 기능을 강화해줍니다. 몸의 힘을 기르고 코어를 강화하는 운동부터 씹기, 빨기, 삼키기, 불기 등의 구강 운동을 꾸준히 시켜주세요. 또한 공을 주고받는 놀이나 협동 게임을 통해 의사소통의 규칙을 익힐 수 있도록 도와주세요. 입천장이 낮아서 발음이 부정확한 경우가 종종 있는데, 이럴 때는 혀로 입천장을 밀도록 알려주는 것도 좋은 방법입니다. 입 안에서 발음을 해야 하는 충분한 공간이 없어서 나타날 수 있는 현상이기 때문에 전문가의 도움을 받아보는 게 좋습니다. 집에서 간단하게 할 수 있는 발음 잡아주기 활동을 알아볼까요?

권장 연령	발음 강화 운동
24~48 개월	• 방귀 소리 내기: 양 볼에 공기를 가득 넣어 볼을 빵빵하게 하고, 팔에 입술을 대고 힘껏 공기를 내뿜으며 '뿌웅' 하는 소리를 내는 놀이. • 혀 운동: 혀를 최대한 길게 뺐다가 넣는 동작을 속도를 조절하면서 해보게 합니다. 그다음 칫솔로 입술 좌우, 위아래로 촉각 자극을 주고 혀를 지시한 방향으로 움직여보게 해주세요.
36개월 이상	• 립밤 바르기: 아이 스스로 거울을 보면서 입술에 립밤을 바르게 합니다. 동작이 서툴면 도와주고, 대칭으로 움직일 수 있도록 세심하게 관찰해주세요.
48개월 이상	• 커다란 그릇에 물을 넣고 여러 개의 고무줄을 뿌려둔 후 나무젓가락으로 고무줄을 하나씩 건져 올리는 놀이입니다. 중간중간 그릇을 돌려가며 움직이는 고무줄을 집어보도록 응용하는 것도 좋습니다.

말이 느린 아이와 언어 장애로 진단받는 아이의 차이

"55개월에 접어든 지연이는 첫 말을 늦게 시작한 편이었어요. 주변에 물어보면 '엄마', '아빠'와 같은 표현을 돌 즈음에 한다던데 지연이는 20개월이 넘어서야 '엄마'라고 저만 알아들을 수 있을 정도로 입을 떼주었거든요. 하지만 다행히 30개월 정도가 지나자 폭발적으로 말이 늘어서 지금은 문장으로 자기표현은 다 하고 있습니다. 그런데 문제는 발음이 너무 부정확해요. 특히 ㄹ, ㅅ이 들어가는 단어를 제대로 발음하지 못하고 어려워합니다. 사과는 '따과', 수영은 '두여', 할아버지는 '하아버디' 등으로 발음합니다. 특히 받침이 있는 문장은 거의 알아듣기 어렵습니다. 그러니 주변 사람들도 한결같이 아이 말에 몇 번씩 되묻게 되고 엄마인 저도 자꾸 되물으니 아이 스스로도 답답해하는 것 같습니다. 이러다 자신감을 잃고 말하는 것 자체를 그만둬버리면 어쩌나 싶어 걱정도 되고, 여자아이들이 아무래도 말을 잘하는 편인데 어수룩한 발음 때문에 친구들에게 놀림받지는 않을까 걱정입니다."

또래보다 첫 말이 늦은 지연이는 언어 발달이 늦게 이루어진 케이스라고 할 수 있습니다. 게다가 발음이 정확하지 못한 것으로 보아 조음 발달 역시 더디다는 것을 짐작할 수 있지요. 발음이 제대로 되지 않는 상태를 방치한다면 언어 발달상의 격차가 생기고 심리적으로 위축될 수 있기 때문에 전문 기관을 찾아 언어 발달 상태를 체크할 필요가 있습니다. 현재 발음이 정확하지 않더라도 조금씩 개선되는 상황이라면 큰 문제가 되지 않지만 6개월 이상 같은 상태가 지속된다면 조음 장애 가능성을 배제할 수 없기 때문에 빠른 대처가 필요합니다.

유아기 말이 좀 늦는 것과 언어 장애를 구별하는 일은 전문가에게도 쉽지 않은 일입니다. 다만 언어 발달은 상호작용에서도 큰 역할을 하고, 정서 발달과 표현 언어 발달에서 조기에 치료하지 못할 경우 이후 인지 발달과 사회성 발달에서 어려움을 겪을 수 있습니다. 그렇기에 일상생활에서 불편한 부분이 자주 눈에 띄면 가까운 기관에서 언어 발달 검사를 받아보는 것이 중요합니다.

언어 발달의 문제는 단일한 원인으로 설명하기는 어렵습니다. 유전적인 영향과 더불어 심리적 요인, 환경적 요인까지 다양한 원인으로 발생할 수 있기 때문입니다. 특히 유아기에 잦은 중이염을 앓은 경우 소리 자극에 대한 충분한 변별에 어려움이 생길 수 있기 때문에 이러한 사항을 체크하는 것이 굉장히 중요합니다. 또한 유전적인 원인도 무시하기 힘든데, 언어 장애를 보이는 가족이 일반 가족에 비하여 높은 언어 장애 연관성을 보였고, 쌍둥이 연구에서도 동일한 유전자를 공유하는 일란성쌍둥이가 이란성에 비해 언어 장애 일치율이 높은 것으로 보고되었습니다.

말은 늦지만 정상 발달로 볼 수 있는 아이들을 구별하는 몇 가지 특징이 있습니다.

언어 발달 장애가 있는 아이들은 가족력이 있는 반면 발달이 다소 늦는 아이들의 경우 가족력이 보이지 않습니다. 말을 표현하는 데 어려움을 겪기는 하지만, 이해력은 오히려 굉장히 뛰어난 경우 언어 발달 장애는 아니라고 할 수 있습니다. 일상생활에서 아이의 언어 이해력을 가늠해보려면 심부름을 시켜서 정확하게 수행하는지, 친구들과의 놀이 상황에서 상호작용에 문제가 없는지 살펴보면 알 수 있습니다.

말이 늦게 트이는 아이들의 경우, 모음에 비해 자음 사용 빈도가 적은 특징을 갖습니다. 또 어른들과의 대화를 하면서도 상당히 수준 높은 어휘를 이해하고, 말의 의도를 잘 파악한다면 표현이 서툴러도 언어 발달 자체엔 큰 문제가 없다고 할 수 있습니다. 또한 이런 아이들은 상징에 대한 이해력이 좋습니다.

한편 언어 장애를 가진 아이들은 말에 대한 이해 능력에서 또래들과 현저한 차이를 보이며, 영유아기부터 다른 발달 양상을 보입니다. 전체적으로 남자아이가 여자아이에 비하여 유병률이 높으며 연구 결과에 따라 2~5배까지 높은 것으로 보고된 바 있습니다. 따라서 진단 기준에 해당하는 부분이 의심되는 경우 전문 기관 검사를 통하여 정확한 발달 상황을 체크하는 것이 매우 중요합니다.

말소리 장애를 진단할 때 가장 중요한 기준 가운데 하나가 연령입니다. 신체 발달은 연령에 따라 점차적으로 이루어지고 발음 역시 연령별 발달 순서와 시기가 있기 때문입니다. 일반적으로 ㅈ/ㅉ/ㅊ은 만 4세경, 받침 ㅁ/ㄴ/ㅇ/ㅂ/ㄷ/ㄱ/ㄹ은 만 5세경, ㅅ/ㅆ 발음은 만 5세 이후에 발달하는 것이 통상적인 수준이라고 할 수 있습니다. 따라서 만 5세(60개월)가 되지 않은 아이가 '사탕', '사과' 발음을 제대로 하지 못한다고 해서 모두 말소리 장애로 단정 짓는 것은 무리가 있습니다.

5세 이전 말소리 장애 평가의 기준은 발음의 '정확도'가 아니라, '명료도'라고 할 수 있습니다. 예를 들어, 정확도는 "과자 샀어요"를 "사써요" 또는 "삿써요" 등으로 정확하게 발음하는 것을 의미합니다. 반면 명료도는 의미 전달은 가능하지만 발음이 부정확해서, "타떠요", 혹은 "차쪄요"와 같이 부정확하게 이야기하는 경우를 뜻합니다. 가족을 비롯해서 아이의 부정확한 발음이 이미 친숙해진 사람들은 아이의 말을 알아듣지만 낯선 사람이나 또래 친구들은 아이가 무엇을 말하는지 갸웃거릴 수 있습니다. 일반적으로 36개월 이상인 경우 80퍼센트, 48개월이 지나면서 100퍼센트의 명료도를 보이기 때문에 만 4세를 넘어서도 발음이 부정확하여 의미 전달에 곤란을 겪게 된다면 정밀한 검사가 필요합니다. 또한 만 6세가 넘어서도 잘못된 발음을 동일하게 보인다면 조음 장애 진단을 받을 수 있기 때문에 문제를 자각한 시점부터 부모의 개입과 전문적인 검사를 통해 아이의 성장을 도와주는 것이 좋습니다.

언어 장애 진단 기준

1. 이해 능력 또는 표현 능력의 결핍으로 인해 언어를 배우고 사용하는 데 지속적인 어려움을 보이는 경우, 양육자의 세심한 관찰과 지도가 필요합니다.
   - 감소된 어휘: 단어 습득에 심각한 제한이 있거나 활용하는 데 어려움이 있는 경우.
   - 제한된 문장 구조: 문장 구사에 필요한 단어를 가져오는 능력이 현저히 떨어지는 경우.
   - 대화의 장애: 어떤 주제나 사건을 적절한 어휘로 설명하는 것이 어려워 대화를 길게 이어가기 불가능한 경우.
2. 언어 능력이 나이에 비하여 낮으며, 이로 인해 의사소통의 어려움이나 어린이집, 유치원에서의 활동 참여가 어려운 경우 등 여러 기능상 제한을 나타내는 경우 진단받을 수 있습니다.
3. 이러한 증상이 초기 발달 단계부터 발현되어 지속되어야 하고, 후천적인 뇌손상에 의한 것이 아니어야 합니다. 또한 청각이나 다른 감각의 장애, 운동기능 장애에 의한 것이 아니며, 지적장애로 설명되는 부분이 없어야 합니다.

말소리 장애 진단 기준

1. 말소리 장애란, 소리를 만드는 데 지속적인 장애로 분명한 발음이나 소통을 방해하는 것을 의미합니다.
2. 이 장애는 효과적인 의사소통을 제한하며, 이로 인해 어린이집, 유치원에서의 활동 참여가 어렵고 학습 문제를 동반하는 등의 여러 기능상 제한을 나타내는 경우 진단받을 수 있습니다.
3. 증상은 발달의 초기 단계부터 발현되며, 뇌성마비, 구개열, 청각 상실, 외상성 뇌손상 등 선천적이거나 후천적인 상태에서 비롯된 문제가 아니어야 합니다.

❶ 아이가 어려워하는 발음 리스트를 만들어주세요

특정 음소를 생략하는 경우 발음에 문제가 생깁니다. 잘못된 발음은 보통 일정한 패턴을 갖기 때문에 아이가 어려워하는 발음이 고정되어 있을 가능성이 높지요. 따라서 반복적으로 어려워하는 발음 목록을 모두 적어보고, 같은 발음이라도 단어의 어떤 위치에서 제대로 발음되지 않는지(첫마디에서 어려워하는지, 단어 중간에서 어려워하는지 등) 기록해둡니다.

❷ 아이가 어려워하는 음소가 들어간 의성어, 의태어를 반복해주세요

제대로 발음되지 않는 음소를 활용한 의성어, 의태어를 반복해서 연습시켜주세요. 예를 들어 지연이처럼 ㅅ 발음이 어렵다면 '샤샤샤', '소곤소곤', '슛', '살금살금', '슝~' 등의 재미있는 표현으로 아이와 함께 놀이 상황을 만들어줍니다. 그 단어들을 발음하는 데 익숙해지면 '살금살금 아빠가 방으로 들어왔어요' 등의 간단한 문장을 연습시켜봅니다.

❸ 받침소리를 잘 내는지 확인해주세요

한국어 문장에서 받침이 갖는 중요성은 무엇보다도 크다고 할 수 있습니다. 한국어에서 받침소리를 제대로 내지 못할 경우 문장 자체가 전부 깨져서 다른 사람이 의미를 파악하기가 극히 힘들어지죠. 아이가 말을 할 때 받침을 제대로 발음하는지 유심히 살피고, 만일 생략하거나 부정확한 받침이 있다면 직접 발음을 지도하는 것이 필요합니다.

3

학교생활을 위한 언어 발달 솔루션

말을 잘하는 아이가 자존감도 높다

"유준이는 초등학교 1학년 남자아이인데, 감정 조절이 어렵습니다. 분노를 잘 다스리지 못해 또래 사이에서 트러블이 반복되고 있어요. 어린이집 시기에도 예민함과 짜증으로 주로 감정을 표현했었는데 동생이 태어나고 관심받고 싶은 마음이 더해졌는지 폭력성과 분노 폭발이 더욱 심해졌습니다. 성격이 급하고 ㅅ이나 ㅊ 발음이 잘 되지 않아 엄마인 저도 제대로 못 알아듣거나 여러 번 질문을 하기라도 하면 아이가 너무 답답해하고 화를 냅니다. 또 지는 거나 틀리는 것을 매우 못 견뎌하고 화를 냅니다. 상대방의 기분을 살펴 이야기하거나 기다리고 듣는 일도 잘되지 않고요. 하지만 누구보다도 사랑받고 싶어 하고, 낯선 사람과도 어울리려고 하고, 특히나 어른인 경우 처음 보는 사람이라고 해도 안기려고 하거나 기대고 싶어 합니다. 어떻게 해야 좋을까요?"

사회생활을 시작하는 첫 단추로서 초등학교 진학은 아이에게도, 부모에게도 큰 의미를 갖습니다. 하지만 말이 좀 늦게 트여서, 감정 조절을 하기 힘들어해서 친구들과 자주 다투게 된다거나 놀림을 받게 되는 건 부모로선 상상도 하기 싫은 상황이지요. 초등학교 1학년 유준이는 언어 발달 지연으로 인해 감정 조절에 심각한 어려움을 갖게 된 전형적인 사례라고 할 수 있습니다. 하지만 여기서 더 중요한 문제는 아이의 낮은 자존감이 엿보인다는 것이지요. 흔히 낯선 사람에게도 스스럼없이 다가가는 '붙임성 좋은' 사람이 사회성이 좋은 사람이라고 생각하지만, 정말 사회성이 발달한 사람은 적절한 사회적 거리를 유지할 수 있는 사람입니다. 우리가 반가운 친구를 만났다고 하더라도 얼굴을 바로 앞에 들이밀거나 무턱대고 안기려고 하지 않는 것처럼, 적절한 사회적 거리를 알고 상황에 맞게 행동하는 것이 사회성 발달의 핵심입니다.

낯선 사람에게도 대뜸 안기려 하고, 지는 상황을 받아들이지 못하고 화를 내는 유준이의 행동은 자존감이 떨어진 모습으로 볼 수 있어요. 지적을 받거나 놀이, 게임에서 지는 것이 곧장 자신에 대한 공격이라고 받아들이고 감정적으로 대응하는 것입니다. 이런 반응의 핵심에는 자존감 결여가 있습니다. 자존감이 높은 사람은 상황을 있는 그대로 인정하고, 자기 자신과 상황을 분리할 수 있습니다. 그런데 유준이에겐 자신과 상황을 분리할 수 있는 자존감이 제대로 자리 잡지 못한 것으로 보입니다. 그 이유는 무엇일까요?

만 2세 무렵부터 아기에게는 '자아 개념'이 생기기 시작합니다. 당황, 부끄러움, 질투, 기쁨, 행복, 자랑스러움, 분노, 가여움 등의 다양한 감정이 나뉩니다. 엄마가 다른 집 아이를 안으면 아이는 질투를 느끼며 엄마를 때리거나 팔을 잡아당기기도 하지요. 세밀한 감정의 분화는 아이의 의사소통에 변화를 가져옵니다. 문장에 감정을 담고 어휘를 익히며 단순한 언어 습득이 아니라 언어의 정서적, 사회적 기능이 수반되는 의사소통이 시작되는 것이지요. 그런데 유준이는 조음 문제가 있습니다. 이 문제는 최근의 문제가 아니라 영아기부터 지속되어온 문제였고, 그 결과 유준이가 담아내야 할 감정의 세밀한 분화 역시 제대로 이루어지지 못했을 가능성이 높지요. 그 결과 자기주장을 위한 수단이 화를 내거나 고집을 피우는 것으로 한정되어버린 것이라고 할 수 있습니다.

사례에서도 나오듯 유준이는 ㅅ과 ㅊ 발음을 정확하게 하지 못해서, 실제 상담실 안에서도 "사과 좋아해요?"라고 물었을 때, "하과 좋아해요"라고 정확한 발음을 하지 못했습니다. 일상에서 자주 사용되는 자음 표현을 정확하게 하지 못하고 자꾸만 "뭐라고, 유준아?"라는 반복적인 질문을 받게 되니 아이는 아이대로 스트레스를 받고, 듣는 사람 역시 곤혹스러운 상황에 처하게 됩니다. 어른들이야 그러려니 이해하고 귀 기울여주는 데 반해, 또래 친구들에게 유준이는 불편하거나 매력적이지 않은 친구로 각인되기 때문에 자기 효능감, 즉 자존감이 형성되는 데 부정적인 경험만을 반복할 확률이 높다는 점이 가장 큰 문제입니다.

언어 발달이 빠른 아이는 자신이 이해하고 느끼는 세상에 대하여 언어를 통해 풍부한 표현을 할 수 있습니다. 그리고 이 사실은 아이의 자존감에 결정적인 영향을 끼치게 됩니다. 아이가 자신의 생각과 감정을 적절한 말로 표현할 수 있다는 것은 스트레스 없이 의사소통을 할 수 있다는 걸 뜻합니다. 무언가 말했을 때 다른 사람이 몇 번씩 되묻는다거나, 단어 조합을 제대로 하기 힘든 아이들은 의사소통 과정에서 반복되는 좌절감을 경험할 수밖에 없습니다. 반면 유창하게 대화가 가능한 아이들은 대화를 통해 좌절감 대신 성취감을 맛볼 수 있습니다. 사탕을 먹고 싶을 때에도 부모에게 울거나 떼를 쓰지 않고, "사탕 먹고 싶어요"라고 또박또박 말함으로써 자신의 욕구를 스스로 충족시킬 수 있게 되고, 그 과정에서 아이의 성취감과 자존감이 자라게 되는 것이지요.

이처럼 자신의 의사표현을 정확하게 하는 능력은 자신감과 직결됩니다. 부모와 주변 사람들 역시 말을 잘하는 아이에게 좀 더 집중하고 그 아이의 말에 귀 기울여 주기 때문에 아이는 자신이 가치 있는 존재이고 충분한 관심을 받고 있다는 것을 매 순간 실감할 수 있게 되는 것이지요. 이렇게 아이가 체감할 수 있는 행복감과 자존감은 평생의 심리적 자산이 되고, 단단한 내면을 만드는 힘이 됩니다. 또한 자신의 감정을 정확한 말로 표현할 수 있는 아이들은 섬세한 감정의 흐름을 느낄 수 있기 때문에 다른 사람의 감정에 공감할 수 있는 능력까지 확장되어 리더로 자라날 수 있는 면모를 갖게 됩니다. 우수한 언어 능력이 다른 사람과 연결되는 더 큰 세상으로 이어주는 가교 역할이 되는 것이지요. 따라서 아이의 말을 잘 들어주고 소통하는 부모의 노력이 더해지면 아이의 사고는 더 깊고 넓어질 수 있습니다. 언어 발달과 인지 발달은 어느 한순간에 이루어지는 것이 아니라 부모의 노력과 의지로 조금씩 발전해나가는 것이라는 사실을 반드시 기억해주세요.

우리 아이 맞춤 한글 공부법

"초등학교 1학년 남자아이 엄마입니다. 어릴 때 말도 좀 늦게 트였고, 한글을 다 떼지 못한 채 입학해서 한 학기가 훌쩍 지났습니다. 1년 넘게 공부방을 다닌 덕에 그래도 처음보다는 글자를 많이 익혔지만 아직 받침이 있는 글자는 끝까지 쓰지 못해요. '달'을 읽을 순 있지만 쓰라고 하면 '다'를 쓰고 받침을 물어보는 식이에요. 그때그때 알려주면 받아 쓰지만 하루가 지나면 또 잊어버립니다. 책을 읽을 때는 한 글자씩 스타카토 식으로 끊어서 읽고, 방금 읽었던 글자도 다른 단어에 나오면 읽지 못할 때도 많고요. 우리 아이, 난독증일까요?"

초등학교 입학을 앞둔 부모들에게 가장 큰 숙제 가운데 하나는 바로 '한글을 떼고 가야 한다'는 생각입니다. 입학 전부터 한글 읽기와 쓰기를 어느 정도 마친 아이들이 많기도 하거니와, 일선 교사들도 아이들이 어느 정도 수준의 읽기와 쓰기 능력을 갖고 있다는 전제 아래 수업을 진행하는 경우가 대부분이기 때문입니다. 가장 이상적인 상황은 애써 가르치지 않았더라도 아이가 스스로 한글에 호기심을 갖고 적어도 읽기에 관심을 보이면서 자연스럽게 쓰기 단계로 넘어가는 것이지만, 모든 아이가 부모의 기대에 맞춰 한글을 익히는 것은 아니기 때문에 부모의 걱정은 쉽게 불안으로 이어지곤 합니다. 하지만 부모의 조급증은 오히려 아이의 한글 학습에 걸림돌이 되기 쉽기 때문에 차분하게 흥미를 가질 수 있도록 이끌어주는 것이 필요합니다. 또한 말을 담당하는 뇌 영역은 선천적으로 발달하는 반면, 글을 담당하는 뇌 영역은 별도로 존재하지 않기 때문에 아이가 기대만큼의 진전을 보이지 않더라도 채근하지 않고 아이 리듬에 맞춰 학습시키는 것이 바람직합니다.

제일 먼저 한글에 대한 부모의 강박을 버릴 필요가 있습니다. 한글 학습이 급하지 않다는 이야기가 아닙니다. 초등학교 1학년까지는 한글을 완벽하게 읽고 쓰는 것을 목표로 삼을 필요가 없다는 의미입니다. 대략 비슷하게 읽을 줄 안다거나 긴 문장에서 한두 글자 모르는 정도는 허용하고 넘어가는 마음의 여유를 갖는 것이 중요합니다. 맞춤법이 틀리더라도 엄마가 부르는 짧은 문장을 쓸 수 있다면 그것만으로도 좋은 시작이라고 할 수 있습니다.

❶ 호기심을 자극해주세요

그림책을 자주 접하게 해주고, 동화나 옛날이야기를 들려주며 다양한 경험을 통해 사물에 대한 인지력을 키워주었다면 훨씬 빠르게 한글을 익힐 수 있는 동기부여가 주어진 것이라고 할 수 있습니다. 그리고 생각보다 많은 부모가 한글을 익히는 데 아이가 너무 큰 스트레스를 받을까 우려되어 개입을 주저하는데, 심리학적으로 봤을 때 대부분의 아이는 인정 욕구와 함께 동조 효과를 가지고 있기 때문에 글자를 줄줄 읽는 또래 친구들을 보며 자신도 한글을 유창하게 사용하고 싶다고 생각하는 마음을 갖고 있습니다. 그렇기 때문에 아이의 스트레스를 우려해 한글 학습 시기를 늦추거나 지나치게 천천히 개입한다면 오히려 아이 자존감에 독이 될 수 있습니다.

❷ 이론적인 접근을 피해주세요

자음과 모음의 소리, 조합 원리, 둘을 결합시켜 만들 수 있는 말 등과 같이 너무 이론적으로 접근하는 방식은 한글에 대한 아이의 흥미를 떨어뜨리는 요인이 됩니다. 아이에게 친숙한 단어나 간단한 문장으로 편하게 알려주세요. 받아쓰기 시험을 일주일 앞두고 있어서 반드시 과제를 백 퍼센트 완성해서 익혀야겠다는 마음에 아이를 다그치는 것은 매우 곤란한 방식입니다. 호기심만으로도 놀이처럼 접근할 수 있었던 한글 학습이, 아이에게 지겨운 공부처럼 여겨지게 되는 순간 학습 효과는 훨씬 반감되기 때문이지요. 또한 매일 집에서 받아쓰기 시험을 보고 일일이 틀린 맞춤법을 지적하는 것은 아이의 자존감을 떨어뜨릴 수 있고, 그 과정에서 엄마와의 정서적 교감의 질도 떨어지게 됩니다. 그림책이나 광고 전단지, 간판, 학습지 등 다양한 교구와 교재를 통해 아이가 재미를 느낄 수 있도록 다양한 실용적 접근을 해주세요.

❸ 그림과 글자를 일대일로 대응시켜주세요

우리의 뇌가 글자를 이해하는 방식은 시각 자극과 소리를 연합하는 방식으로 이루어져 있습니다. 크게 보면 세 가지 요인이 서로 연결되어야 글자 학습이 가능한데, 시각적인 대상이 되는 사물과 글자, 그리고 소리가 결합되어야 합니다. 따라서 그림을 직접 활용하여 글자와 연합시켜 소리 내어 읽게 하는 반복 훈련이 큰 도움이 됩니다. 받침이 없는 비교적 쉬운 단어부터 시작해서 받침이 있는 표현으로 천천히 아이의 템포에 맞춰 발걸음을 옮겨주세요.

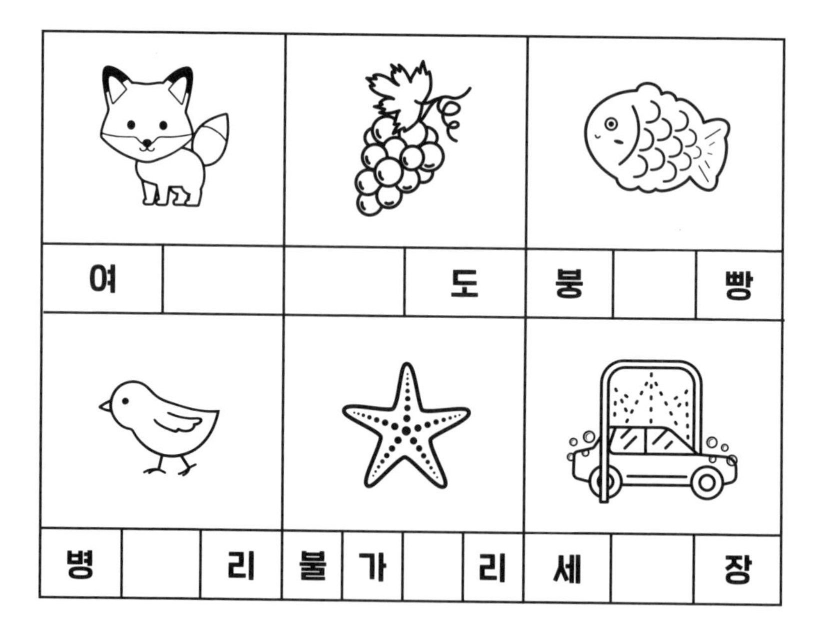

❹ 맞춤법보다는 이해가 중요합니다

많은 부모가 맞춤법 자체에 집중하는 경향을 보입니다. 하지만 글자에 대한 학습은 소리를 그대로 옮겨 적는 것부터 시작해도 괜찮습니다. 맞춤법은 그다음에 바로잡아도 됩니다. 글은 말 그대로 소리를 시각적인 기호로 옮겨 적는 수단이기 때문에 학습 초기 단계에서 아이들은 당연하게도 소리 나는 대로 쓰게 되는 것이 자연스러운 과정입니다.

예를 들어, 아이가 그림일기에 '신비아파트를 일거서 오늘은 기분이 조아씁니다'라고 적었다고 해도 나무랄 일이 아닙니다. 관점을 바꿔 보면, 아이의 표현은 '발음기호'라는 측면에서는 정답이기 때문이지요. 따라서 발음을 옮겨 적는 것과 맞춤법에 따라 다르게 적어야 하는 이유를 아이에게 설명해주고, 발음기호대로 적었다고 해서 그것이 틀렸다고 지적하지 않는 것이 중요합니다. '숟가락' 같은 표현도 왜 받침에 ㄷ이 들어가야 하는지 성인도 이유를 모르는 경우가 많듯이, 한국어 받침 표기는 관습적인 암기의 영역이 많기 때문에 시간이 해결해주는 경우도 많습니다.

초등학교에서 요구되는 한글 학습 수준은 어느 정도일까?

초등학교 1년 동안 아이들은 한글의 기초를 쌓아가는 과정을 거치게 됩니다. 국어와 수학을 포함한 모든 교과서는 글자를 최소화해서 듣기와 말하기 중심으로 구성되어 있기 때문에 한글을 몰라도 수업을 이해하는 데 큰 지장이 없도록 수업이 구성되어 있습니다. 초등 1학년 첫학기는 사실상 학습보다는 학교 적응에 초점이 맞추어져 있고, 국어에 대한 친밀감을 높인 후에 점차적으로 자음과 모음을 배운 뒤, 재미있는 동시나 일상적인 짧은 대화로 한글의 조합 원리를 익히게 됩니다.

특히 영어나 일본어, 중국어와 달리 한글은 조합되는 원리를 깨우치기만 하면 무한대로 단어와 문장을 표현할 수 있다는 특성이 있습니다. 많은 언어학자가 손꼽는 한글의 최대 장점은 '말을 할 줄 아는 사람이라면 누구나 쉽게 글을 배울 수 있게' 만들어져 있다는 점이지요. 그래서 발달적으로 특별한 이유가 없는 한 모국어로서 한국어에 일정 기간 노출되어 왔던 아이들은 대부분 1년 이내에 한글을 배울 수 있습니다.

한글은 소리 나는 대로 적으면 되는 글자이기 때문에 소리가 어떻게 나는지 가르치는 게 가장 중요합니다. 그렇기에 자음과 모음이 결합되는 원리를 이해하기 전에 '통글자'로 한글을 가르치는 건 그 점에서 조금 맞지 않지만, 어떤 아이들은 시각적인 이미지로부터 패턴을 만들어내는 능력이 뛰어나기 때문에 하나의 접근법보다는 다양한 방식으로 글자에 대한 호기심을 유발하는 것이 좋습니다. 다만 한글 학습은 모음과 자음의 소리가 어떻게 나는지 터득하고 조합해나가는 것이 시작이기 때문에 단순히 모양을 외우는 것보다는 소리가 나는 원리를 알 수 있게끔 가르치는 것이 제일 중요합니다.

초등 1학년 아이의 한글 학습에서 반드시 잊지 않아야 하는 점은, 국어 능력이 단순히 읽고 쓰기만으로 완성되는 것은 아니라는 점입니다. 글에서 무엇을 말하는지 맥락을 파악하는 능력뿐 아니라 그 내용을 정리해서 말이나 글로 표현하는 능력이 학교에서 요구되는 핵심적인 언어 능력이기 때문입니다. 이런 언어 능력은 그저 학교나 학원에서 국어 교과목을 배우는 것만으로 향상되는 것이 아니라, 다양한 책을 읽고 경험을 하면서 생각하고 느끼는 것을 표현하고 상대방의 감정에 공감해야 쌓을 수 있습니다. 초등학교에 입학하면 다양한 모둠 활동과 표현 훈련을 중심으로 수업이 시작되는 만큼, 지금 당장 한글을 완벽하게 떼야 한다는 조급한 마음은 버리셔도 좋습니다.

입학 전 한글 체크 가이드

국어 능력을 높이기 위해서는 소리를 잘 구별하는 것부터가 중요합니다. 틈틈이 아이의 발음을 되새겨보면서 정확한 발음으로 소리 구별을 잘할 수 있도록 해주세요. 한국어는 영어처럼 억양이 풍부하지 않고 상대적으로 높낮이가 없다는 특성이 있습니다. 입술을 다물고도 발음할 수 있는 게 한국어입니다. 그래서 입술을 정확하게 움직이지 않더라도 어느 정도 소통이 가능해서 조음 문제가 방치되는 경우가 생길 수 있기 때문에, 아이의 발음 중 불분명한 표현이 느껴지는 경우 곧바로 잡아줄 필요가 있습니다. 특히 특정 자음이나 받침을 발음하는 데 어려움을 보인다면 입 모양을 교정해주기만 해도 큰 효과가 납니다. 한글은 직선과 사선, 점, 동그라미로 이루어져 있습니다. 본격적으로 글씨를 쓰기 전에 도형 그리기 연습을 하는 것으로도 한글 학습의 준비로 충분하고, 아주 어린 시기부터 글자에 호기심을 갖는 경우가 아니라면 초등학교 입학 1년 전부터 가르치는 게 효율적입니다.

손 놀이를 통해 운필력 길러주기

"한 주 숙제로 일기 쓰기를 해야 하는데 우리 아이는 글씨 쓰는 걸 제일 싫어해요. 그래서 '일기를 다 쓰면 동영상을 조금 더 볼 수 있다'는 보상을 약속하고 숙제를 시키는 중인데, 아이가 이리저리 왔다 갔다 할 뿐 영 진도가 안 나갑니다. 그래서 제가 아이 옆에 자리 잡고 앉아서 연필 놓지 못하게 하고 한 문장 끝낼 때마다 스르르 딴 데 팔리는 정신을 되돌려서 다음 문장을 쓰도록 붙잡아주고 있어요. 지난번엔 아이가 마지막 문장을 쓰고 '끝났다!' 하고 외치길래 '기분이 어땠는지도 써야지'라고 했더니 순간 당황한 얼굴을 하면서 눈물을 뚝뚝 흘리기 시작하는 거예요. 글씨 쓰는 게 스트레스인 우리 아이, 어떻게 해야 할까요?"

부모라면 누구나 한번쯤 글씨를 쓰는 게 스트레스인 아이 때문에 고민해 본 경험이 있습니다. 생각이 떠오르지 않아서, 혹은 문장을 만드는 게 어려워서 아이가 글씨 쓰는 걸 힘들어한다고 생각할 수 있지만, 사실은 소근육 발달 문제로 쓰기를 피하고 투정을 부리는 경우도 많습니다. 아이 입장에서 보면, 말하기는 큰 노력을 들이지 않아도 되지만 쓰기는 두정엽과 소뇌, 후두엽 등 다양한 뇌 영역이 움직여야 하는 복잡한 활동입니다. 그 결과 크레파스나 연필을 쥐기도 싫어하는 아이, 숟가락이나 젓가락 다루는 게 서툰 아이, 가위질을 잘하지 못해 매번 실수하거나 짜증만 내는 아이, 글씨를 또박또박 쓰기 어려워하는 아이 등 유난히 손으로 하는 활동이 서툰 아이들이 있습니다. 글을 쓰는 게 쉽게 되지 않으니 금방 싫증을 내거나 포기해버리고, 그런 아이를 보는 부모의 한숨은 깊어만 가지요. 심지어 손을 자주 사용해야 뇌 발달이 수월하다는 이야기까지 들으면, 우리 아이한테 정말 문제가 있는 건 아닌지 걱정이 되기도 합니다.

무작정 아이에게 색칠하기 워크북이나 가위질 연습을 시키는 방법은 오히려 아이의 소근육 발달에 독이 될 수 있습니다. 손을 사용하는 것이 왜 서툴고 싫은지 아이의 입장에서 먼저 생각할 필요가 있어요. 이럴 땐 그리기, 쓰기, 가위질하기처럼 잘하거나 못하는 티가 명백히 나는 활동을 하는 대신, 재미있게 즐길 수 있는 손 놀이를 통해 운필력을 조금씩 길러주는 것이 좋습니다. 손을 사용하는 걸 발달시킨다는 건 단순하게 연필을 쥐는 힘을 길러준다거나 손가락을 세밀하게 움직이는 것을 의미하는 것이 아닙니다. 여러 신체 부위의 고른 발달이 반드시 전제되어야 하는 것이지요. 손으로 하는 활동 능력이 수월하게 발달하려면 몸통, 어깨, 손목처럼 손과 연결된 부분의 근육이 안정되어야 합니다. 보통 발달은 신체의 코어에서 시작해서 끝 부분으로 차례차례 이루어지기 때문에, 몸의 중심이 잘 발달해야 몸의 끝에 있는 손가락도 발달하게 되는 것이지요. 또한 눈으로 보이는 것을 손으로 만지고 원하는 대로 다루기 위해서는 눈와 손의 협응 능력도 중요합니다. 따라서 손가락 운동 제어뿐 아니라 눈과 손의 협응 능력이나 대근육 발달이 안정되어 있는지 확인해봐야 합니다. 그다음에 다양한 촉각 감각과 손가락의 움직임으로 입력되는 고유 수용 감각을 많이 경험하는 것이 필요합니다. 예를 들어, 여러 가지 손 동작으로 사물을 잡아보거나 쥐면서 자기 몸이 어디에 있는지 느끼고,

어느 정도의 힘으로 연필을 쥐어야 오래 글을 써도 아프지 않고 안정적으로 유지되는지 감각을 익힐 수 있습니다. 이런 과정을 통해 손가락의 세밀한 움직임이 발달하게 됩니다.

시지각과 소근육 발달에 도움 되는 몇 가지 놀이를 알려드릴게요.

❶ 테니스공 인형에 밥 주기

테니스공과 검은콩, 커터칼과 유성 매직을 준비해주세요. 보호자는 아이의 쥐는 힘에 맞게 테니스공에 칼집을 냅니다. 테니스공에 눈과 코를 그려 얼굴을 만들어주면 역할 놀이를 하듯이 즐길 수 있어요. 테니스공을 힘껏 눌러 입을 벌리고 그 속에 검은콩이나 작은 구슬을 하나씩 집어넣도록 해주세요. 쥐는 힘이 강한 아이라면 칼집을 조금만 내어서 최대한 힘을 쓰게 해주고, 쥐는 힘이 약한 아이라면 칼집을 많이 내어 작은 힘으로도 쉽게 입이 벌어지도록 만들어줍니다.

❷ 마녀 손가락 놀이

10~15센티 길이의 마분지를 고깔 모양으로 말아서 아이 손가락에 끼워줍니다. 다양한 색상의 종이라면 아이가 더 좋아할 거예요. 고무로 된 탱탱볼 여러 개를 바닥에 두고 고깔을 끼운 손으로 잡습니다. 공의 크기가 다양할수록 좋습니다. 고무찰흙으로 다양한 모양을 만드는 것도 좋아요. 정해진 시간 안에 고무공을 많이 집어서 통에 넣는 시합을 해봅니다. 고깔을 손가락에 끼워 물건을 잡으면, 손가락에 자연스럽게 힘을 주게 되어 소근육을 발달시킬 수 있습니다.

❸ 연필 쥐는 법 연습하기

- **연필을 잡고 나머지 손가락을 반복해서 펼치는 경우**: 양말을 활용해서 손 전체 모양을 잡고, 엄지와 검지 위치에 맞게 구멍을 내주세요. 자른 구멍으로 엄지와 검지만 나오게 한 뒤 연필을 쥐게 해서 쥐는 법을 익숙하게 만들어줍니다.
- **손가락 힘이 부족해서 연필이 미끄러지는 경우**: 바르게 연필을 쥘 수 있지만 힘이 없어서 연필이 미끄러지는 경우에는 고무로 된 교정기를 구입해서 연필에 끼워주거나 고무줄로 연필을 감아서 마찰력을 올려주세요.

창의수학을 위한 최소한의 한글 학습법

2015년 개정된 교육부 정책에 따라 초등 교육 과정이 다양한 응용과 창의력을 강조하는 방향으로 진행되면서, 수학 역시 단순 연산이 아닌 응용력을 요구하는 글밥이 늘어나 지문을 정확하게 이해하는 능력이 중요해졌습니다. 저학년 수학 교과는 기본적으로 수의 개념과 원리를 이해하고, 합리적인 사고를 통해 문제를 해결하는 법을 목표로 구성되어 있습니다. 하지만 문제 해결 과정에서 요구되는 제시문이 아이들뿐 아니라 학부모들까지 상당히 난처하게 하지요. 창의수학에서 다루는 영역이 일상생활에서 살펴볼 수 있는 문제를 다루다 보니 친숙하기도 한 반면, 응용을 해서 수 개념을 적용하거나 독해 능력이 아직 성숙하지 않은 아이들에겐 큰 숙제로 다가오기도 합니다. 그렇다면 수학을 어려워하는 우리 아이 인지 발달에 뭔가 문제가 있는 걸까요?

수에 대한 발달은 생애 초기부터 나타나기 시작합니다. 따라서 '많다', '적다', '크다', '작다'와 같은 양적 개념은 생후 16~18개월 즈음만 되어도 충분히 구별할 수 있습니다. 발달 심리학자들은 수 개념이 선천적으로 타고나는 것이라고 보고 있지요. 숫자를 세는 능력은 아이가 말하기를 시작하면서 늘기 시작합니다. 만으로 3~4세 무렵이 되면 대부분의 아이가 손가락을 사용해서 정확하게 숫자를 셀 수 있고, 6세부터는 10까지 간단한 덧셈이 가능합니다.

초등 1~2학년 아이들은 간단한 덧셈을 암산으로 할 수 있게 됩니다. 보다 추상적인 능력이 발달하게 되면서 더 이상 손가락으로 물건을 세지 않아도 되는 것이지요. 수에 대한 지식이 늘어나면서 아이들은 더 간단한 형태로 수의 형태를 바꾸는 '분해 전략'을 사용할 수 있게 됩니다. 예를 들어, '13+3'과 같은 문제를 보면 '13+3'이 아니라 '10+3+3'으로 십의 자리 수를 따로 떼어두고 일의 자리 수만 더해서 16이라는 답을 계산할 수 있게 되는 것이지요. 간단해 보이지만 이런 수 세기 전략이 가능하기 위해서는 수에 대한 확고한 개념이 잡혀 있어야 합니다. 분해 전략을 할 수 있어야 '26+17'과 같은 덧셈 역시 '(20+10)+(6+7)'로 나누어 암산을 손쉽게 할 수 있기 때문입니다.

따라서 초등 1~2학년 수준에서 수학 개념이나 연산 능력은 오히려 큰 걱정을 하지 않아도 자연스러운 발달 과정에서 학습할 수 있는 반면, 아이들에게 걸림돌로 작용하는 부분은 바로 일상생활에 적용되는 응용 파트와 한글이라고 할 수 있습니다. 초등 1~2학년 수학 교과의 구성을 살펴보면, 여기서 요구되는 개념은 크게 네 가지로 나누어볼 수 있습니다. 수 개념 확장하기, 도형을 다루며 공간지각능력과 측정하기, 연산 능력 넓혀가기, 패턴 파악하며 규칙 추론하기입니다.

❶ 생활 속에서 사칙연산 지도하기

- **1학년 1학기**: 9까지의 수 → 여러 가지 모양 → 덧셈·뺄셈 → 비교하기 → 50까지의 수
- **1학년 2학기**: 100까지의 수 → 덧셈 · 뺄셈 → 여러 가지 모양 → 시계 보기와 규칙 찾기
- **2학년 1학기**: 세 자리 수 → 여러 가지 도형 → 덧셈 · 뺄셈 → 길이 재기 → 분류하기 → 곱셈
- **2학년 2학기**: 네 자리 수 → 곱셈 구구단 → 길이 재기 → 표와 그래프 → 규칙 찾기

초등수학 1~2학년 학습 내용을 살펴보면 사칙연산과 100까지 셀 수 있는 능력을 중점적으로 익히게 되어 있습니다. 기본적인 수 개념을 가지고 도형의 길이를 재고 무게를 가늠하는 추상적인 능력까지 배움으로써 사물에 대한 추상적 지식을 높이게 되어 있습니다. 일상생활에서도 비슷한 상황을 경험할 수 있도록 마트에서 물건 고르기, 계산하기, 역할극(점원과 손님) 등으로 실생활과 연결해준 지도가 필요합니다.

❷ 바늘 시계 보는 법 지도하기

1학년 2학기 마지막 파트에서 바늘 시계 보기를 배우게 되는데, 시침과 분침을 구분하면서 단위 개념까지 이해가 되어야 하기 때문에 생각보다 시계 읽기를 어려워하는 아이가 많지요. 1학년 여름방학을 이용해, 짧은 길이의 한글로 쓰인 문장을 이해하는 데서부터 시침과 분침을 시각적으로 연결하는 작업부터 차근차근 잡아주세요.

'긴 바늘이 9, 짧은 바늘이 4에 있으면 몇 시 몇 분인가요?'와 같은 문장과 시계 그림을 매칭해보면서 시각(시침과 분침)과 청각('네 시 사십오 분'이라는 음성), 문장을 반복적으로 연합해주어야 합니다.

특히 일반적인 연산에서 다루는 숫자와 다르게, 시계 읽기에서는 똑같은 3이라 하더라도 시침과 분침의 위치에 따라 '3시'가 되거나 '15분'이 되기도 하기 때문에 시곗바늘이라는 상징을 이해할 수 있도록 숫자가 다양한 의미를 담을 수 있다는 것을 부모와 함께 배워가야 합니다.

❸ 시간 단위 개념 확실하게 잡아주기

하루, 한 달, 1년에 대한 개념을 확실하게 잡아주세요. 시간의 반복, 계절의 순환과 변화와 묶어서 다양한 시각적 자료를 활용하는 것이 좋습니다. 학교와 학원 스케줄에 맞추어 시침과 분침의 위치를 반복해서 각인시켜주세요. 상징에 대한 초기 발달에 가장 큰 도움이 되는 것은 시각 자극에 익숙해지는 것입니다. 또한 초등학교 저학년 시기의 아이들은 인지적으로 시지각적인 패턴을 읽는 능력이 발달하는 과정에 있기 때문에 반복 노출만으로도 충분한 학습 효과를 기대할 수 있습니다. 아이들에게는 분침에 대한 학습이 훨씬 어렵습니다. 2시 45분에서 30분이 흐르면 3시 15분이 된다는 개념은 일반적인 연산의 자릿수와는 전혀 다른 것이기 때문이지요. 마치 십진법에 익숙한 사람이 처음 이진법 연산을 배우면 당황하게 되는 것과 같습니다. 따라서 직접 학습용 바늘 시계를 구입해서 천천히 분침을 돌리며 시침의 변화가 어떻게 되는지 아이에게 반복해서 보여주세요. 때로는 복잡한 연산보다 한 번의 직관적인 관찰이 아이들의 이해를 돕기도 합니다.

시간적 선후 관계를 다양한 문장으로 표현해주는 것도 중요합니다. "오후 2시에 피아노 학원을 마치고 나면, 2시 30분까지 엄마랑 마트에 가는 거야"와 같이 하루 일정에 대한 내용을 반복해서 아이와 공유해주세요. 그리고 조건문에 대해 확실한 이해가 되었는지 확인해주세요. "3시까지 숙제 마치면, 그때부터 엄마하고 놀이터 갈 수 있는 거야"라는 단순한 조건문에서도 아이들은 '놀이터 간다'는 정보만 기억하는 경우가 많습니다. 엄마는 3시까지 숙제를 마친다는 조건에 포인트를 둔다고 해도 조건문의 의미를 정확하게 이해하지 못한 아이들은 이런저런 이유를 들어 엄마와 실랑이를 벌이곤 합니다. 불필요한 감정싸움으로 번지는 경우가 많기 때문에 조건문에 대한 이해가 확실하게 되었는지 확인하고, 시간적 선후 관계 개념도 잡아주세요.

4

언어 능력의 잠재력을 깨워주고 싶다면

한글 학습을 위한 시지각 발달 체크

초등학교에 입학해서 본격적으로 학습을 시작하기 전에 아이의 전반적인 신체 발달, 인지 발달이 제대로 준비되었는지 확인해주세요. 아이마다 제각기 다른 발달 속도를 놓치고 그저 다그치기만 하며 반복 학습만 시키다 보면 아이는 학습에 대한 흥미를 잃기 쉬워질 뿐 아니라 부모와의 관계도 악화될 수 있습니다. 초등학교부터 중학교, 고등학교까지 이어지는 12년 동안 아이의 학습 능력을 이끌어주고 싶다면, 기초적인 감각 통합 능력을 향상시켜주는 것이 큰 도움이 됩니다. 특히 정교한 언어 표현과 글자 처리 능력에는 청지각 능력뿐 아니라 시지각 능력이 핵심적으로 필요하기 때문이지요. 시지각 능력은 읽기와 쓰기에도 깊은 관련이 있기 때문에 공부한 시간에 비해 아이의 학습 효율이 떨어지거나 글자 읽기를 너무 어려워하면 전반적인 감각 통합 능력이 잘 발달되어 있는지 한번 점검해볼 필요가 있습니다.

책을 읽기 위해서는 많은 글자 가운데 순서에 맞게 읽어야 할 글자에 집중하는 능력이 필요합니다. 이를 위해 먼저 안구 운동이 미세하게 조절되어야 하고, 시야가 확보된 뒤에야 비로소 시각 집중력을 유지하고 글자를 정확하게 변별해낼 수 있습니다. 이 과정에서 아이는 시각적인 패턴을 파악하고 뇌에 입력된 시각 정보를 조직화해서 글자를 분간할 수 있게 되지요. 다음 표를 통해 아이의 시지각 발달 상황을 체크해보세요.

□ 눈과 손을 함께 움직여야 하는 활동(공 주고받기, 공기놀이 등)을 유독 힘들어한다.

□ 형태적으로 비슷한 글자(ㅂ, ㅍ/ㅁ, ㅇ)를 구별하는 걸 어려워한다.

□ 모음의 방향(ㅏ, ㅓ/ㅑ, ㅕ)을 자주 헷갈린다.

□ 퍼즐이나 보드게임을 보면 어지럽다고 하거나 반복해서 놀이를 피한다.

□ 계단을 오르내리면서 발을 잘못 내딛어 다친 적이 있다.

□ 다양한 물건이 들어 있는 서랍에서 물건 찾기, 단체 사진에서 친구 얼굴 알아보기가 어렵다.

□ 곡선을 그리는 게 어렵고 사람을 머리, 몸, 다리로 나누어 그리는 데 미숙하다.

※ 네 가지 이상의 특이 사항이 발견된다면 전문적인 검사가 필요합니다.

시각 운동 협응력을 알아볼 수 있는 검사

레이-오스테리스 복합도형검사ROCF, Rey-Osterrieth complex figure test는 복잡한 도형을 체계적으로 이해하고 처리할 수 있는 능력이 얼마나 되는지 정확하게 평가할 수 있는 신경심리학 검사입니다. 대학병원이나 전문 심리센터에서 받아볼 수 있으며, 시지각과 시각 운동 협응 발달 상태를 객관적으로 살펴볼 수 있습니다. 특히 이 검사를 통해 시공간 능력, 기억력, 주의력, 계획, 작업 기억 및 실행 기능과 같은 다양한 기능을 평가할 수 있기 때문에 정확하게 문제를 파악하고 대처하는 데 도움을 줄 수 있습니다.

감각 통합과 학습 능력

우리는 다섯 가지 감각으로 세상을 느끼고, 이해하고, 움직입니다. 결국 공부를 한다는 것도 생물학의 눈으로 보면 다섯 가지 감각으로 적절하게 세상을 이해하고 문제를 해결하는 과정을 익히는 것이라고 할 수 있지요. 그런데 이 다섯 가지 감각은 다른 신체 기관과는 달리 서서히 발달하게 됩니다. 그 이유는 바로 뇌의 발달 속도 때문에 그렇습니다. 태어날 때부터 심장은 완성된 형태로 태어나고 성장하면서 점차 크기만 커질 뿐인 반면, 우리의 뇌는 예외입니다. 대뇌의 발달은 엄마 배 속에 있을 때 기초가 연결되고 멀리 있는 신경과 연결이 되면서 신경망으로 만들어진 고속도로가 만들어지는 과정으로 설명할 수 있습니다. 거기서 처리하는 정보가 들어왔을 때 좀 더 빠르고 효과적으로 몸을 움직이거나 정교한 동작

처리가 되는 것이지요. 이처럼 대뇌 신경회로가 연결되려면, 그 회로에 길이 닦이는 수많은 경험이 필요합니다. 예를 들어 우리가 등산을 가면, 사람들이 많이 걷는 길이 생기고 거기에 길이 닦입니다. 그 길로 가면 덜 힘들고, 지름길에 가깝고 돌도 없고 다리를 접지를 확률도 적어지는 등 이점이 많지요. 마찬가지로 신경회로에 길이 닦이려면 다양한 자극과 정보를 줘야 합니다. 그런데 외부 자극과 정보가 들어와서 뇌로 입력될 때 첫 단계가 감각이에요. 성장하면서 아이들은 자신의 신체에 대한 정교한 지도를 뇌에 그려놓게 되는데, 이것을 전문적으로 '고유 수용성 감각', '체성감각 경로'라고 부릅니다. 감각은 눈과 코, 피부와 귀를 통해 자연스럽고 무의식적으로 뇌로 흘러들어옵니다. 끊임없이 들어오는 감각을 안정적으로 정돈하고 조직화하는 과정, 즉 내 몸과 환경을 적절하게 맞추면서 적응해가는 신경학적인 처리 과정을 바로 '감각 통합'이라고 부릅니다. 감각 통합은 단계적으로 뇌의 지도에 통합됩니다. 반드시 감각 통합 과정을 거쳐야 수많은 자극들 가운데 무엇에 집중해야 할지 구별하고 선택할 수 있습니다. 예를 들어 시끄러운 파티에서 누군가 내 이름을 부르는 경우, 이름을 부르는 소리만 또렷하게 귀에 입력되면서 들려온 방향으로 고개를 돌려 바라보게 되지요. 이것이 감각 통합의 결과입니다. 마찬가지로 감각 통합 능력이 잘 발달된 아이들은 수업 시간 중에도 선생님의 말소리, 칠판에 적히는 글자와 같은 시각 자극에 더욱 잘 집중하고 불필요한 자극은 무시할 수 있게 되지요. 집중력, 자존감, 학습 능력과 같은 고차원적인 능력 역시 감각 통합의 결과로 나타납니다.

그런데 감각 통합 발달이 느린 아이들은 다양한 어려움을 보입니다.

청각이 예민한 아이들은 어릴 때부터 소리에 엄청 예민합니다. '귀가 밝다'고 표현되기도 하는 아이들이지요. 조금만 소리가 들리면 "무슨 소리지?" 하거나, 문이 꽝 닫히면 우는 아이들입니다. 조금씩 커가면서 환경으로부터 오는 소리 자극에는 약간 익숙해지지만, 정말 익숙해지지 않는 게 사람의 목소리 톤, 말투입니다. 예를 들어 "빨리 와~" 하고 친절하게 말하면 괜찮은데 "빨리 와, 빨리!"라고 조금이라도 재촉하는 뉘앙스가 담긴 말투를 들으면 "왜 화를 내요!"라고 반응하는 아이들이 있습니다. 한편, 시각은 눈으로 보는 거니까 특정 얼굴 표정에 예민하게 반응합니다. 그래서 엄마가 무표정하게 앉아 있으면 화가 난 것으로 오해하는 아이들도 있습니다. 그 외에도 촉각이 예민해서 닿는 것, 만지는 것에 민감한 아이들이 있고요. 낯선 곳에 갔는데 모래가 발로 들어오면 기절초풍하는 아이, 새로 산 옷이 몸에 닿는 촉감이 싫다고 투정 부리는 아이가 촉각에 예민한 아이입니다. 이 아이들은 사람이 가까이 다가오는 것도 촉각으로 감지하기 때문에 누가 스윽 다가오면 몸을 뒤로 빼거나 움츠리는 모습을 보이게 됩니다.

이처럼 감각 통합 능력이 느리게 발달하면서 환경에 맞게 적응하는 게 어려운 아이들의 경우, 일상에서 마주하는 소소한 문제들을 해결하는 데 예상치 못한 어려움을 겪을 수 있습니다. 학교에서도 수업에 집중하지 못하고 불필요한 감각 자극 때문에 쉽게 산만해지기도 하지요. 이렇게 주어진 문제나 어려움을 완벽하게 이겨내지 못하는 경험이 쌓이면 아이의 자존감은 점차 줄어들게 됩니다. 따라서 부모는 하루라도 빨리 아이의 성장과 발달에 부족한 부분을 파악하고 보완할 수 있도록 도와주어야 하지요.

여기서 감각 통합 훈련이 큰 도움이 됩니다. 특히 6~7세 사이에 감각 통합과 운동 능력이 질적으로 크게 향상되기 때문에 적극적인 개입이 필요한 시기라고 할 수 있습니다. 다양한 감각을 뇌에서 받아들이면서 조직화할 수 있고 배우고자 하는 동기도 높아서 적극적으로 배우려고 합니다. 수학, 국어뿐 아니라 체육이나 미술, 음악과 같은 예체능 과목을 고루 접하면서 아이는 기초적인 감각 운동의 조절 능력이 반드시 필요합니다. 예를 들어 만 7세 아이라면 한 발로 서서 오래 균형을 잡을 수 있고, 8세 무렵이 되면 보조바퀴 없이 두발 자전거를 탈 수 있어야 하지요. 아이의 감각 훈련은 어떻게 도와줘야 할까요?

아이와 함께 산과 바다로 가서 다양한 자연 속 사물을 만져보고 맨발로 촉감을 느끼는 감각 통합 여행을 해보세요.

매트와 짐볼을 이용해 집에서도 간단한 감각 운동을 함께 해주세요. 짐볼 위에 아이를 앉히고 쓰러지지 않도록 균형을 유지하도록 유도해주세요. 혹은 전정 감각이 조율되고 근육의 긴장도를 조율하는 능력을 돕기 위해 짐볼 위에 아이를 엎드리게 하고 빠르게 몸을 앞으로 기울이게 해서 균형을 잃게 해주세요. 이때 아이가 양손을 뻗어서 얼굴을 보호할 수 있는지 반복해서 체크해주세요. 그 외에 매트 위에서 멀리뛰기를 하거나 한 발 뛰기, 제기차기 등의 활동이 큰 도움이 됩니다.

매일 새로운 활동을 해야 한다는 부담감은 내려놓아주세요. 아이에게는 어제 집에서 했던 활동과 오늘 한 활동을 모두 다르게 느끼고 받아들입니다.

감각 통합 전문 기관을 통해 도움을 주는 것도 좋습니다. 또래에 비해 발달이 현저히 느린 아이는 전문 기관의 도움을 통해 보다 빠르게 발달을 향상시킬 수 있습니다. 다양한 감각 통합 훈련 프로그램 장비를 통해서 체계적인 도움을 받아보세요.

범주를 배우면 세상이 보인다

마트에 가면 다양한 사물의 개념을 만날 수 있습니다. 식품 코너에 가면 고기류, 생선, 채소, 과일 등 다양한 하위 개념으로 다시 물품이 분류되어 있지요. 초등학교 저학년 아이들에게 사물의 다양한 분류를 체계적으로 조직하는 범주 개념은 핵심적인 학습 요소입니다. 일상생활뿐 아니라 국어나 사회 과목의 일상적인 표현부터 추상적인 개념까지 연달아 이해하기 위해서는 반드시 범주 개념을 익혀야 하지요. 생물과 무생물 같은 기초적인 범주 개념은 생후 9개월 된 아이들도 갖고 있습니다. 돌 무렵의 아기들 역시 겉모습이 비슷한 물건들은 공통된 특성이 숨어 있다는 사실을 이해하게 되지요. 발달 심리학 실험을 통해 돌 전후의 아기들이 어떤 상자를 건드려서 소리가 난다는 사실을 알고 나면 비슷하게 생긴 다른 상자도 똑같은 소리가 날 것이라고 기대한다는 사실을 알아내기도 했지요.

범주를 통해 사물들 사이의 관계를 추론하는 것은 국어나 사회 과목뿐 아니라 수학에서도 필수적인 지적 능력입니다. 언어 능력은 단순히 어휘의 양을 늘리는 것에 그치지 않고, 체계적으로 세상을 정돈하고 목적에 맞게 선택적으로 주의를 기울일 수 있는 범주 개념을 바탕으로 확장됩니다. 따라서 일상 속 사소한 물건을 분류함으로써 언어 발달을 촉진해주세요.

일주일에 한 번 마트에 가서 아이와 함께 심부름 놀이를 해주세요. 반드시 구입해야 할 물품을 이야기하고 범주에 맞게 물품 코너를 정확하게 찾아갈 수 있도록 지켜봐주세요. 여기서 물품의 종류는 최소한 두 개 이상의 코너로 구성해주시고, 물품의 종류는 일곱 개 이내로 정해주세요. 심부름 놀이를 통해 아이의 작업 기억력과 범주 정돈 능력, 단어 기억 전략 등 다양한 언어 발달이 이루어집니다. 처음엔 제한 시간을 두지 않고 시작하다가 아이가 점차 익숙해지면 제한 시간을 두는 것도 좋습니다.

범주 개념은 공통적인 속성을 추상적으로 사고하는 능력의 발달과 함께 이루어집니다. 가정 내 활동으로 부족한 경우 언어 발달 센터나 전문 심리 센터의 도움을 받는 것도 좋습니다.

들리는 만큼 말할 수 있다

만 6세에서 10세 사이의 아이들은 폭발적인 어휘 발전 속도를 보입니다. 연구 결과에 의하면 여섯 살 정도가 되면 1만 단어 정도를 이해할 수 있고, 열 살이 되면 무려 4만 개의 단어를 이해하게 됩니다. 이 시기의 초등학교 저학년 아이들은 미묘한 말의 뉘앙스나 숨겨진 의미와 의도를 파악할 수 있는데, 이 모든 발달의 기초에는 소리에 대한 변별 능력이 놓여 있습니다.

아이들의 소리 변별 능력을 '음운 인식phonological awareness'이라고 하는데, 우리의 뇌에서 청지각을 담당하는 측두엽 발달과 밀접한 관련이 있습니다. 유아기의 아기는 폭넓은 음역대의 말소리를 들을 수 있는데, 모국어 표현의 고유한 음역대에 반복 노출되는 과정에서 자주 사용되는 청지각 영역을 제외한 나머지 영역은 서서히 퇴행이 됩니다. 그 이유는 모국어에 특화된 소리 민감도를 갖기 위한 것이지요. 예를 들어 한국어를 모국어로 들으며 자란 사람은 어른이 되어 영어의 P, F 발음을 듣고 구별하는 데 어려움을 겪게 되는데, 그 이유는 한국어 소리에서 P와 F 사이의 소리민감도가 아동기를 거치며 무뎌졌기 때문이지요. 게다가 제대로 듣지 못하는 경우, 발음에도 큰 영향을 미치게 됩니다. 받침소리를 배우지 않은 일본인들이 한국어의 '김치'를 '기무치'라고 발음하는 것처럼 말이지요. 따라서 아동기 다양한 말소리에 노출된 아이들은 비교적 다양한 음역대의 억양과 톤의 민감도를 유지할 수 있기 때문에 다양한 언어에 노출시켜주는 것이 도움이 됩니다.

한편 6~10세 아이들이 보이는 폭발적인 어휘력 증가는 자연스러운 발달적 흐름이기 때문에, 이 시기에는 또래 친구들과의 의사소통도 중요하지만, 어른들의 대화나 뉴스에서 나오는 표현에 자주 노출시키는 것만으로도 어휘력이 늘게 됩니다. 예를 들어 '부동산 세제 혜택', '무상 지원 정책 공시'와 같이 어려운 한자 용어가 섞인 시사 용어를 자주 들은 아이들은 문맥을 통해 그 의미를 추론하게 되는데, 이는 무의식적인 학습 과정을 거치기 때문에 이후 언어 발달에 큰 도움이 됩니다. 이를 '상위언어 능력meta-linguistic awareness'이라고 하는데, 듣기와 언어 활용 능력 사이의 발달에 가장 핵심적인 요인은 그저 맥락을 파악할 수 있는 대화에 적절한 시간 동안 노출해주기만 해도 언어 능력이 향상된다는 점에 있습니다. 아동용 애니메이션부터 시사 뉴스까지 다양한 난이도가 섞인 대화에 노출시켜주는 것만으로도 말하기 능력에 큰 영향을 준다는 것이지요.

언어 이해력과 학습 지능 알아보기

표준화된 지능 검사인 웩슬러 지능 검사는 '언어 이해', '시공간', '유동 추론', '작업 기억', '처리 속도'라는 다섯 가지 핵심 영역으로 지능을 측정하고 있습니다. 이 가운데 언어 이해와 관련된 지능 영역은 후천적으로 크게 발달하는 능력이기 때문에, 부모의 적절한 개입이 이루어질 경우 추론 능력이나 공간지각 능력과 같은 선천적인 능력에 비하여 놀라운 향상을 보일 수 있는 영역입니다. 특히 언어 이해 지표의 세부 검사 항목들이 '사물 사이의 공통점 찾아내기', '또래 아이들 수준의 어휘력 평가', '사회적 상황에서의 맥락 이해 능력'과 같은 부분을 중심으로 평가되기 때문에, 아이들의 학습 능력과 학교생활에 필요한 사회성을 객관적으로 파악해볼 수 있습니다. 지능 검사 결과로 나온 숫자보다는 아이의 언어 이해력 발달 상황, 청각 기억력 발달 상황, 상황에 대한 이해와 처리 속도 능력 등 다양한 인지적 강점과 약점을 체크함으로써 초등학교 적응이나 학습 효율을 높이는 데 활용될 수 있습니다.

3부

배움, 지금 중요한 건 능력이 아니라 태도입니다

느린 학습자 선별 체크 리스트

학령기 이전(만 5~6세)

- □ 동화책이나 드라마, 애니메이션 스토리를 순서대로 말하지 못하고 뒤죽박죽 전달한다.
- □ 발음이 불분명해서 두세 번 확인해야 알아들을 수 있다.
- □ 왼쪽과 오른쪽을 구분하는 걸 힘들어하고 자주 헷갈려한다.
- □ 계단을 올라가거나 평균대를 걸을 때 또래보다 어색한 동작을 자주 보인다.
- □ 풍경을 묘사하는 표현을 듣고 그림 그리는 것이 어렵다.
- □ 친구들과 규칙이 있는 놀이(술래잡기, 무궁화 꽃이 피었습니다)를 하는 데 어려움을 보인다.
- □ 시간에 대한 감각이 떨어지고 딴짓을 하거나 멍하게 시간을 보내는 일이 잦다.
- □ 동시에 여러 활동을 하지 못하고 주의 전환이 느린 편이다.
- □ 스스로 옷을 챙겨 입는 게 힘들고 외투를 입어야 하는 상황을 자주 잊는 편이다.
- □ 봄, 여름, 가을, 겨울 개념이 잡혀 있지 않고 달력을 보는 법이 익숙하지 않다.

※ 위 항목에서 다섯 가지 이상 해당될 경우 즉각적인 전문 검사(지능검사 및 주의력 검사)가 필요하며, 세 가지 이상 해당될 경우 전문 검사를 권장합니다.

초등 1~3학년(만 7~9세)

- □ 또래 아이들에 비해 구구단이나 한글을 떼는 데 1~2년 이상의 시간이 더 필요하다.
- □ 웩슬러 지능 검사 결과 71~84 사이의 전체 지능지수를 보인다.
- □ 문제가 조금만 어려워져도 '모르겠다'는 말을 습관적으로 한다.
- □ 스스로 생각하는 걸 힘들어하지만, 부모나 교사가 정해주면 잘 따라가는 편이다.
- □ 연필을 쥐는 힘이 유난히 약하거나 가위질이 서툴다.
- □ 머리로 알고 있는 말을 표현하는 게 서툴고 말수가 적은 것처럼 보인다.
- □ 왼쪽과 오른쪽을 구분하는 걸 힘들어한다.
- □ 암기하는 방법을 몰라서 반복해서 가르쳐도 진전이 없다.
- □ 추상적이고 개념적인 사고를 하는 데 어려움을 보인다.
- □ 기계적인 계산은 잘하지만 똑같은 문제를 문장으로 제시하면 풀기 어려워 한다.
- □ 다른 사람의 말을 끝까지 귀 기울여 듣는 것을 힘들어한다.
- □ 풍경을 묘사하는 표현을 듣고 그림 그리는 것이 어렵다.
- □ 종이접기처럼 순서에 따라 활동해야 하는 과제를 수행하지 못한다.
- □ 동시에 여러 활동을 하지 못하고 주의 전환이 느린 편이다.
- □ 시간에 대한 감각이 떨어지고 딴짓을 하거나 멍하게 시간을 보내는 일이 잦다.

※ 위 항목에서 여덟 가지 이상 해당될 경우 즉각적인 전문 검사(지능검사 및 주의력 검사)가 필요하며, 네 가지 이상 해당될 경우 전문 검사를 권장합니다.

※ 이 리스트는 느린 학습자(경계선 지능)를 확진하는 도구는 아니므로 간단한 점검 용도로 확인해주세요.

1

학습 지능보다 중요한 학습 태도 키우기

아이가 학교 적응을 어려워할 때

"초등학교 2학년 아들 엄마입니다. 학교 보내는 게 힘들단 소리는 많이 들었지만 이렇게까지 힘들 줄은 미처 몰랐어요. 작년 입학하고 나서 잘 적응하고 친구들과 어울리는 데 문제가 없어 보여서 한시름 놓고 있었는데, 2학년 개학한 지 일주일도 안 된 지금 상황이 180도 달라진 것 같아요. 어제도 학교 가기 싫다고 집에서부터 징징거리더니 정문에서부터 쭈뼛쭈뼛 울음 터지기 일보 직전이었습니다. 타일러도 보고 알아듣게 몇 번을 이야기해도 못 알아들어서 아이를 거칠게 낚아채며 '저기로 들어가라고!' 하고 짜증스럽게 소리쳤어요. 아이는 떠밀리듯 학교 안으로 들어갔고요. 오는 내내 좀 더 부드럽게 말해줄걸 하고 후회했어요. 불안도 높고 예민한 아들이 오늘 하루를 잘 보낼 수 있을지. 요즘 식욕도 없어서 급식 시간도 아이에겐 힘들겠지요. 낯설고 새로운 환경에 주눅 들어 있을 생각하니 너무 힘드네요. 불안감에 토는 하지 않을까, 쉬는 시간에도 소변을 마냥 참고만 있진 않을까 걱정만 됩니다. 부디 빠르게 새 학년에 적응하고, 아들이 밝은 얼굴로 집에 와서 '학교 잘 다녀왔습니다~' 인사하면 너무 좋을 것 같아요. 어떻게 도와줘야 할까요?"

막 입학한 아이를 둔 부모들은 기대 반, 걱정 반으로 아이를 지켜보게 됩니다. 특히나 기질적으로 예민하고 불안이 높은 아이를 둔 부모라면 학교에 보내야 하는 매일 아침이 전쟁처럼 느껴지기도 하지요. 불안이 가라앉아야 새로운 선생님과 친구들과도 적응하고 편안한 환경에서 올바로 된 학습 태도를 익힐 수 있을 텐데, 이처럼 학교에 가는 일이 너무 힘든 아이들에게는 어떤 어려움이 숨어 있는 걸까요?

심리학적으로 보았을 때 등교 거부는 아이가 불안이 너무 높다거나 공부를 피하려고 한다는 단순한 문제를 넘어서는 심각한 문제로 볼 수 있습니다. 학교 가는 것을 힘들어하는 아이는, 발달 과정에서 익혀야 할 다양한 사회성 기술, 인지 발달을 체계적으로 돕는 학습 기술을 배우는 기회를 놓칠 뿐 아니라 친구들과 달리 자신만 적응에 어려움을 겪는다는 심리적 고립감까지 더해져 자존감 문제로 번질 수 있기 때문입니다. 따라서 소아청소년 정신과에서 이 같은 등교 거부는 '정신과적인 응급 상황'으로 이해하기도 하지요. 생각보다 쉽지 않은 문제라는 뜻입니다.

최근엔 이러한 등교 거부 현상을 가리켜 '새 학기 증후군'이라는 말로 표현을 하기도 합니다. 물론 이는 공식적인 진단명은 아닙니다. 다만 다양한 정서, 행동 문제로 나타날 수 있는 증후군으로서, 시대에 따라 '무단결석', '학교 공포증', '분리 불안' 등 다양한 용어로 표현되어왔습니다. 대개 무단결석은 고의적이고 반사회적인 반항심으로 학교에 가는 것을 거부하는 것을 말하는 반면, 등교 거부나 학교 공포증은 불안 때문에 학교에 가지 못하는 것을 의미합니다. 따라서 등교 거부, 새 학기 증후군은 일종의 적응 장애라 이해하고 정확한 원인에 따른 적절한 개입이 필요한 문제입니다.

우선, 부모들이 꼭 명심해야 할 것은 새 학기 증후군은 꾀병이 아니라는 점입니다. 눈에 보이는 몸의 상처엔 화들짝 놀라면서도, 마음에 난 상처는 제대로 보이지 않기 때문에 아이 마음을 알아주는 일은 너무나 어렵지요. 학교 갈 준비만 하면 힘들고 배 아프다고 호소하는 아이가 꾀병을 부리는 게 아니란 걸 믿는 데서 시작해야 합니다.

그렇다면 어떻게 도와주어야 할까요?

❶ 자녀의 증상을 이해해주세요

아이가 이야기하는 배앓이, 어지러움, 두통은 1차적으로 신체 질환일 가능성을 배제하지 않아야 합니다. 따라서 가까운 소아과에서 진찰을 받고 점검해볼 필요가 있습니다. 하지만 불안이 높은 아이들의 경우 '신체화 증상somatic symptom'이라는 것이 나타날 수 있어요. 신체화 증상이란, 뚜렷한 내과적 원인 없이 스트레스에 의해 발생하는 신체적 불편감을 이야기합니다. 두통이나 현기증, 배앓이부터 시작해서 경련에 이르기까지 다양한 증상을 보일 수 있지요. 따라서 병원에 다녀왔다고 해서, 내과적 원인이 발견되지 않았다고 해서 아이의 증상을 가볍게 넘겨서는 안 됩니다. 대화를 하면서 통증의 원인이 무엇인지 잘 살펴야 합니다.

❷ 사소한 변화도 아이에겐 스트레스가 될 수 있어요

대부분의 초등학교에서 1학년의 경우 한 달여간의 생활 적응 기간을 거칩니다. 이 기간 동안 교실과 화장실의 위치, 도서관, 급식실 가는 길 익히기까지 다양한 내용을 배우게 되지요. 그뿐 아니라 챙겨야 할 학용품도 늘어나고 스스로 사물함 정리도 해야 하는 등 아이 입장에서는 급격한 환경 변화로 인해 스트레스가 늘어나게 됩니다. 그 과정에서 유치원과 초등학교의 차이를 실제보다 더욱 크게 느끼는 아이들도 생겨납니다. 특히 수업 중 화장실을 가고 싶어도 어떻게 이야기를 해야 할지 몰라서 대소변을 참는 아이들도 있다는 점을 기억해주세요. 수업 시간 중에 화장실을 가야 하는 상황이라면 손을 들고 선생님께 의사 표현하는 방법을 집에서 연습을 시켜주시는 것도 학교에 대한 불안감을 낮추는 데 큰 도움이 됩니다. 따라서 변화된 환경에 적응하고 학용품 사용하는 법을 집에서 차근차근 짚어주세요.

❸ 힘들어하더라도 학교는 반드시 보내주세요

아이의 거부가 반복된다고 해서 순간 약해진 마음으로 학교에 보내지 않는 것은 결코 좋은 해결책이 아닙니다. 게다가 등교 거부를 원해서 정말 학교에 가지 않는 상황을 아이는 심리적 보상으로 받아들이게 되지요. 이를 심리학적으로 '이차적 이득secondary gain'이라고 합니다. 예를 들어 우울하고 불안한 감정을 표현했더니 가족과 친구들이 평소보다 세심하게 자기를 보살펴주었다면, 우울함을 통해 보살핌이라는 심리적 이득을 취한 것으로 볼 수 있지요. 혹은 자주 화를 내는 사람의 경우 '분노를 통해 다른 사람을 내 의도에 맞게 움직일 수 있다'는 이차적 이득을 얻게 되지요. 마찬가지로 등교 거부와 불안이라는 행동과 감정을 통해 편안한 집에서 엄마와 함께 시간을 보낼 수 있는 심리적 이득까지 더해진 아이는 새 학기 증후군을 이겨낼 동기가 줄어들게 되는 문제가 생길 수 있습니다. 따라서 아이는 계속 '불안'을 유지함으로써 이차적 이득을 얻으려는 부정적인 감정 습관을 형성하기 때문에 반드시 학교를 보내는 것이 개선의 시작입니다.

❹ 부모의 언어 습관을 점검해주세요

새 학년 새 학기가 되면 부모의 마음까지 덩달아 조급해지게 마련입니다. 그에 따라 자기도 모르게 아이에게는 부정적인 표현을 습관적으로 반복하게 되기 십상이지요. 많은 엄마가 한번쯤 아이에게 이런 표현을 해본 적 있을 거예요.

(1학년이 된 아이에게) "너 이제 유치원생 아니야."

(3학년이 된 아이에게) "너 이제 어린애 아니야."

부정적이고 압박하는 표현들이 아이 내면의 불안과 분노를 가중시킨다는 걸 알면서도, 자기도 모르게 이런 말을 내뱉고 후회해본 경험이 있을 겁니다. 내면의 불안을 잊는 가장 쉬운 방법은 가족에게 표출해버리는 것입니다. 마찬가지로 아이들 역시 자신의 내면에서 올라오는 불안을 견디기 어려울 때 부모와 다투거나 짜증을 부리곤 합니다. 이럴 때는 아이와 맞서지 말고 말없이 안아주세요. 불안 앞에 아이가 정면으로 설 수 있도록 든든한 안전기지가 되어주세요. 정서적으로 여유로운 엄마가 되기 위해, 엄마의 불안과 스트레스를 해소할 수 있는 별도의 창구를 마련해주세요. 엄마로 살아가는 시간과 개인으로 살아가는 시간의 균형을 잡는 것이 그래서 중요합니다.

아이의 불안을 줄여주는 학교생활 적응 돕기

초등학교 1~2학년 아이들의 불안을 가중시키는 생각지도 못한 이유 중 하나가 바로 학용품입니다. 새 학기 증후군을 유발하는 원인이 스트레스인데요, 배워야 할 것이 너무 많으면 소위 '인지 과부하'가 걸려서 스트레스가 가중됩니다. 따라서 매번 머리 쓰면서 고민하지 않아도 될 정도로 학용품 준비만 몸에 익혀주어도 인지 부하량은 현저하게 줄어들게 됩니다. 학용품 마련만 잘 해주어도 불안도를 줄여 아이의 학교 적응을 보다 수월하게 도와줄 수 있다는 사실 알고 계셨나요?

❶ 책가방은 뚜껑 없는 지퍼형이 좋아요

초등 저학년 아이들에게는 책가방을 열고 닫는 일이 생각보다 번거롭고 힘이 드는 일입니다. 또 모양이 잡히지 않고 흐물거리는 가방보다는 네모반듯하게 각이 살아 있는 책가방이 내용물을 확인하기 훨씬 수월합니다. 공간이 분할된 가방을 사용해 책은 등판에, 자잘한 물건은 책 앞에 넣는 식으로 물건을 분류해서 넣는 것을 가르쳐주세요. 선생님이 나눠주는 유인물을 담는 별도의 파일을 가방 안에 상시 넣어주어 정리 습관을 만들어주는 것도 좋습니다. 준비물은 엄마가 챙겨주지만, 물건은 스스로 정리해서 넣어보게 해주세요.

❷ 필기구, 문구류는 최대한 무난한 것이 좋아요

생선 모양으로 생긴 예쁜 필통이나 달그락 소리가 나는 철제 필통, 버튼을 누르면 열리는 자동 필통은 아이의 집중력을 떨어뜨릴 수 있어요. 수업 시간에 집중하지 못하고 하루 종일 버튼을 누른다거나 책상 위에 올려둔 철제 필통을 떨어뜨려서 선생님과 친구의 눈총을 받는 상황은 예민한 아이들에게는 생각보다 큰 스트레스를 유발할 수 있기 때문이지요. 지우개 역시 샤프처럼 꾹꾹 눌러서 사용하는 특이한 지우개는 친구들이 신기하다면서 가져갈 수도 있고 괜한 일로 다투게 만드는 원인이 되기도 합니다. 한편 책상 위에서 데구루루 굴러가 부러지기 쉬운 둥근 연필보다는 육각형 연필이 잃어버릴 염려도 훨씬 적어요.

❸ 셀로판테이프 사용법을 알려주세요

미술 시간에 셀로판테이프를 사용하는 일이 생각보다 흔하기 때문에, 사용법을 미리 알려주어야 수업 시간에 당황하지 않고 진도를 나갈 수 있습니다. 아직 소근육 발달이나 시각-운동 협응력이 느린 아이의 경우 셀로판테이프 뜯는 걸 힘들어해서 길게 늘리다 낑낑거리고 우는 일이 생각보다 빈번하게 일어납니다. 새로운 테이프를 구입해서 처음 한 번은 뜯어서 넣어주고, 틈틈이 집에서 테이프를 뜯는 연습을 시켜주세요.

❹ 책상 서랍, 사물함 사용법을 연습시켜주세요

기질이 급한 아이 혹은 불안이 높은 아이들은 공부한 책이나 공책을 보지도 않고 서랍에 욱여넣는 일이 다반사입니다. 그 과정에서 다른 책 사이로 교과서가 들어가버리거나 다른 책 표지를 찢는 일이 벌어지기도 합니다. 그 후에 다시 찾는 책이 없다고 당황하기도 하지요. 여러 권의 책을 넣을 때 가지런히 탁탁 쳐서 정돈하는 기초적인 방법을 연습시켜주세요. 교실 뒤편 사물함 사용법은 담임 선생님이 가르쳐주지만, 색연필이나 사인펜처럼 납작한 것들은 모아서 쌓고 가위나 풀처럼 자잘한 물건은 사물함 한쪽으로 모아두는 방법을 집에서 습관으로 만들어주면 수업 준비 전 불필요한 불안이 줄어들게 됩니다.

영재로 보였던 아이가 수업에 참여하기 힘들어할 때

"올해 4학년이 되는 딸을 둔 엄마입니다. 지윤이는 말도 빨랐고 혼자서 알파벳을 배웠으며 한 번 들은 노래도 술술 잘 따라 부르는 아이예요. 주변에서 모두가 칭찬할 만큼 똑똑한 아이였습니다. 또래 아이들은 사용하지 않는 어려운 표현들도 척척 해내고 놀이터 가서 노는 것보다는 책 읽는 걸 더 재밌어하는, 공부가 적성인 것처럼 보이는 아이였어요. 초등학교에 들어가고 첫 학부모 상담을 한 날, 담임 선생님에게 뜻밖의 말을 듣고 충격을 받았어요. 지윤이가 선생님 질문에 미묘하게 핀트가 어긋나는 대답을 한다거나 수업과 무관한 이야기를 중얼거리기도 하고 다른 친구들 의견을 잘 듣지 않아서 자주 다툼이 일어난다고 하시더라고요. 처음엔 '친구들에 비해 수업 내용이 너무 시시하게 느껴져서 그렇겠지' 하는 생각이 들기도 했는데, 자꾸 문제가 반복되니 제가 미처 알아채지 못한 심각한 문제가 있는 건 아닌지 걱정이 됩니다."

'공부 잘하는 아이들이 이기적이다'라는 통념을 들어본 적 있을 거예요. 지윤이의 문제 행동은 정말 인성에서 비롯된 문제일까요? 놀랍게도 문제의 원인은 바로 학습 태도에 있습니다. '머리가 좋은 아이'와 '공부를 잘하는 아이'는 명확하게 다릅니다. 따라서 지능지수가 영재 수준이라 하더라도 학습 태도가 나쁘면 당연히 성적에 부정적인 영향을 미칠 수밖에 없습니다.

실제로 아서 젠슨은 『지능 검사의 편견*Bias in Mental Testing*』이라는 책에서 지능지수에 따라 학업 성취도가 달라지는지 살펴보았습니다. 그 결과 지능지수, 즉 IQ가 상위 3~5퍼센트 안에 들면 영재라고 할 수 있는데, 평균보다 약간 높은 수준의 IQ인 115 이상만 되면 지능지수는 성공의 척도나 학업 성취도에 큰 영향을 주지 못한다는 것을 밝혀냈습니다. 통계적으로 보아도 IQ가 학교 성적에 미치는 영향은 15~25퍼센트 정도에 불과한 것으로 나타났고요. 따라서 지윤이가 교실에서 보이는 문제 역시, 지능은 높지만 학업 성취도가 떨어지는 학습 태도의 문제로 볼 수 있습니다. 또한 학교에서 배워야 하는 것 가운데 가장 중요한 것은 친구들과 함께 문제를 해결하고 답을 찾아가는 과정에서 즐거움을 느끼는 것이기 때문에, 아이의 능력이나 결과에 대한 칭찬을 피하는 것이 가장 중요합니다. 아이들에게 칭찬할 때는 반드시 '결과'가 아니라 '과정'에 대한 칭찬이어야 한다는 말, 들어보셨을 거예요. 이 말의 정확한 의미는 아이가 스스로 노력한 시간에 대해 보상을 해야 변화할 수 있다는 심리적 동기가 강해진다는 뜻이지요. 왜냐하면 '능력'은 타고난 것이기 때문에 노력하지 않아도 된다는 생각으로 쉽게 흐를 수 있기 때문입니다.

최근에는 영재 개념이 지능 위주 평가에서 잠재력을 보는 다차원으로 바뀌고 있습니다. IQ와는 상관없이 한 분야에 비범한 재능이 있다면 그 아이는 '음악 영재', '수학 영재'로 불리지만 다른 분야에서는 평범할 수 있지요. 따라서 집요하게 좋아하는 일을 물고 늘어지는, '과제 집착력'이 높은 아이가 될 수 있도록 학습 태도를 잡아주는 것이 가장 중요합니다.

선행 학습이 얼마나 도움이 될까?

"초등학교 2학년 여자아이 엄마입니다. 아이가 주의 집중 시간이 짧아요. 잘한다고 생각하는 건 그래도 집중해서 하려는 아이라서 한글은 그럭저럭 떼고 국어를 좋아해서 제가 공부시킬 수 있겠는데, 수학이 문제네요. 1년을 가르쳤는데도 맨날 숫자 세기에서 멈춰서 반복에 또 반복을 하고 있어요. 반복이 중요한건 알겠는데 앞으로 나아가는 느낌이 전혀 없으니 너무 힘드네요. 선행 학습은 언제까지 해야 하는 걸까요?"

초등학교 저학년 시기에는 선행 학습이 생각보다 큰 도움이 됩니다. 다양한 이유가 있겠지만, 이 시기 선행 학습의 핵심에는 바로 '할 수 있다'라는 자신감 있는 학습 태도를 길러주는 데 있지요. 어떤 과목이든 학교에서 배울 내용을 미리 배우고 가는 것은 안 그래도 학교에 적응하느라 몸도 머리도 바쁜 저학년 시기에 긍정적인 심리적 효과를 가져다줍니다. 특히 아이의 두뇌 발달에 따라 과목별 선행 학습 시기가 달라진다는 점을 알면 보다 효과적으로 아이의 학습 자신감을 키워줄 수 있습니다.

국어의 경우 전두엽에서 언어 발달이 지속적으로 이루어지는 초등 1~3학년 시기까지 타고난 지능보다는 후천적인 학습에 의한 변화가 더욱 크게 작용합니다. 연구에 의하면 초등학교 6학년 과정부터는 교육에 의한 영향이 줄어들고, 지능지수에 의해 학업 성취도가 상승하는 경향을 보입니다. 따라서 초등학교 시기에 기초적인 어휘는 물론 독해력까지 확실히 잡아주면 아이의 잠재 지능을 백 퍼센트 활용할 수 있는 상태로 중학교에 진학할 수 있다는 의미라고 할 수 있습니다. 그뿐 아니라 언어 능력은 학습적인 파급 효과보다는 또래 관계를 보다 원활하게 유지할 수 있게 해주기 때문에 다른 어떤 과목들보다 선행 학습이 강력한 효과를 가져다줄 수 있는 과목이라고 할 수 있습니다.

한편 수학 성취도는 학년기 초기엔 국어와 비슷한 양상을 보이지만, IQ가 수학 발달에 끼치는 영향이 보다 크다는 점에서 차이를 보입니다. 즉, 국어와 달리 타고나는 수학적 역량에는 지능이 중요한 요인이라는 의미입니다. 따라서 초등학교 저학년 시기에 확실한 연산 개념과 도형 개념을 잡아주는 것이 중요하고 선행 학습은 학습 내용이 본격적으로 어려워지는 5학년 내용부터 시작하는 것이 학습 동기를 유지하는 데 도움이 됩니다.

그렇다면 과학은 어떨까요? 과학 성취도는 후천적인 교육의 영향이 국어나 수학에 비해 더욱 오랫동안 지속되는 것으로 알려져 있습니다. 그 이유는 과학 성취도의 발달이 언어 발달, 수학 발달과 함께 묶여서 이루어지기 때문인데, 따라서 후천적인 교육의 영향이 압도적으로 큰 과목이라고 할 수 있습니다. 아이의 호기심을 충족시킬 수 있는 다양한 실험을 체험할 수 있도록 격려하고, 과학적인 개념들에 대한 선행 학습을 하는 것은 학년을 떠나 아이의 성향이나 관심사에 따라 폭발적인 성취를 불러올 수 있습니다.

체계적으로 선행 학습 시키는 법

- **수용적인 지도:** 선행 학습을 하는 가장 중요한 이유는 바로 '공부를 대하는 아이의 자신감을 높여주는 것'입니다. 따라서 선행 학습을 지도할 때는 아이 눈을 부드럽게 바라보며 "틀려도 괜찮아", "잘하고 있어"와 같은 말을 반복해서 해주는 게 좋아요.

- **숙제는 자율적으로:** 기본 개념을 확인하고 응용 단계를 거쳐 심화 단계로 난이도를 올려가주세요. 숙제를 할 때는 반드시 '아이 혼자' 학습하도록 지켜봐주세요. 중간중간 부모나 선생님이 개입하는 것은 절대적으로 주의해야 합니다. 개입하는 순간부터 아이는 엄마의 눈치를 보기 시작합니다. 즉, 심리적으로 잘못된 신호를 읽고 보상과 처벌을 익히게 되는 셈이지요.

- **학습량은 아이에게:** 아이가 스스로 감당할 수 있는 분량을 정해야 합니다. 아이들마다 소화할 수 있는 학습량이 다르기 때문에 자신이 직접 그 양을 판단해볼 수 있게 맡기는 게 중요합니다. 초등 저학년은 한 번 집중했을 때 평균적으로 15~20분 정도 집중력을 유지할 수 있기 때문에, 컨디션이 좋은 날 아이가 20분을 꽉 채워 할 수 있는 문제의 양을 가늠해서 기준을 삼는 것이 좋습니다.

- **틀린 문제 대응:** 틀린 이유를 정확하게 아는 것이 가장 중요합니다. 초등 저학년들은 많은 경우 문제의 내용보다는 지시문을 이해하는 과정에서 실수하는 경우가 많기 때문에 지시문이 의도하는 것을 정확하게 이해했는지 체크해주세요. 그다음 문제의 내용을 이해한 대로 말하게 하고 스스로 답을 찾아갈 수 있도록 유도해주세요. 절대 아이를 다그치지 않아야 합니다. 아이의 능력을 믿고 기다려주세요.

숨겨진 학습 장애, 학습 결손을 막는 법

요즘 아이들은 TV나 스마트폰의 영상 콘텐츠에 익숙한 세대입니다. 하지만 과도한 영상 시청은 학습이나 뇌 발달에도 영향을 미칠 수 있고, 특히 학습 장애를 유발할 수 있기 때문에 각별한 주의가 필요합니다. 이처럼 변화된 디지털 환경에 의해 시각 자극에 민감하게 반응하게 되고, 글자를 읽는 것보다 빠르게 변하는 영상을 탐닉하게 되면서 지속적으로 주의력을 발휘하는 데 어려움을 겪을 수 있기 때문입니다.

IT 미래학자인 니콜라스 카는 『생각하지 않는 사람들』에서 강력한 메시지를 전달합니다. "인터넷이 우리 관심을 사로잡긴 하지만 결국은 우리의 정신을 산만하게 하고 말 것"이라고 말이죠. TV나 스마트폰의 영상을 보는 동안에는 우리 뇌가 정신적인 자극이나 감각에 둔감해집니다. 책을 읽을 때의 뇌와 비교해보면 훨씬 더 수동적인 활동만 하고 있지요. 이런 일종의 마비 상태는 영상 시청을 마친 후에도 장시간 계속되며, 영상에 깊이 몰두하는 아이들일수록 독서나 운동을 포함한 다양한 활동에 덜 참여하게 됩니다.

따라서 전두엽 기능이 충분히 성숙해져서 절제력을 갖출 수 있는 12세 이전의 아이들이 혼자 영상을 보도록 하는 것은 철저하게 유의해야 합니다. 다만, TV나 스마트폰 시청을 물리적으로 막는 데는 한계가 있지요. 그렇기 때문에 부모가 아이들과 함께 영상을 보면서 프로그램이나 장면에 대해서 함께 얘기를 나누며 아이들의 표현력과 창의력을 키우는 것이 더 바람직할 수 있습니다. 무의식적으로 장면을 받아들이지 않도록 중간

중간 대화로써 능동적으로 생각할 '틈'을 만들어주는 것이지요. 또한 교과서 내용과 연계해서 유튜브 등의 매체를 활용하는 건전한 습관을 들이는 것이 현실적으로는 최선의 방법이라고 할 수 있습니다.

하지만 무엇보다 중요한 것은 읽기와 쓰기를 통해 상상력을 키워주는 것입니다. 과도한 영상 시청은 상상력이 끼어들 여지를 애당초 제거해버린다는 점에서 추상적인 사고 능력의 발달을 가로막는 거대한 장애 요인이 될 수 있습니다. 저학년일수록 창의적인 읽기와 쓰기를 많이 할 수 있도록 격려해주세요. 상상력이 발달하기 시작하는 만 6세부터 8세 사이의 아이들은 눈에 보이지 않는 것들을 상상하는 것을 좋아합니다. 예를 들어 귀신을 무서워하기 시작하거나 '엄마가 죽으면 어떻게 하지?'라는 걱정에 기특하고도 귀여운 눈물을 보이기도 합니다.

만일 아이가 학습 장애라면 어떤 도움을 줘야 할까요? 지능지수가 70 이상이고(그 이하인 경우 지적장애 진단), 시각이나 청각 발달 등 다른 발달적 문제가 없음에도 불구하고 또래 친구들에 비해 학업 성취도가 현저히 떨어지면 학습 장애를 의심해볼 수 있습니다. 지적 장애와 달리 적절한 교육 환경이 주어지면 개선될 가능성이 높지만, 그렇지 않은 경우 불안, 등교 거부, 우울 등의 문제가 부가적으로 생길 수 있기 때문에 빠른 검사를 통해 도움을 주는 것이 무엇보다 중요합니다.

실제 학교에서 낮은 IQ 때문에 학습의 어려움을 겪는 아이는 20퍼센트 미만이며, 나머지 80퍼센트 가량은 주의 집중력, 학습 전략, 시험 불안, 학교 적응 및 사회성 등의 문제가 학습 능력 저하의 원인으로 밝혀지고 있습니다. 학습 문제는 크게 세 가지 원인에 의해 비롯되는데, 주의력 저하 같은 인지 능력의 부족, 학교 부적응과 같은 심리-환경적 원인, 읽기·쓰기·셈하기와 같이 학습과 직결되는 특정 뇌기능의 장애가 이에 해당합니다. 따라서 아이의 학습 문제가 어떤 원인에서 비롯된 것인지, 아동의 인지적인 능력 수준은 어떤 상태인지 파악하는 것이 매우 중요하지요. 이를 위해서 웩슬러 지능 검사, 주의 집중력 및 학습 능력 검사, 기억력·문제 해결 능력·전두엽 기능 등과 같이 학습과 직접적으로 연결되어 있는 인지 기능 검사가 필요합니다. 또한 불안 및 우울감, 학습 관련 스트레스, 자신감과 같은 정서적인 부분과, 학교 환경, 또래 관계, 부모와의 관계 및 기타 학습 환경에 대한 평가도 이루어져야 하고요.

학습 장애 진단을 받게 되면 특수교육 대상자로 선정되고, 해당 교육청에서 아이를 위한 개별화 교육을 준비하게 됩니다. 학습 장애를 겪는 아이들에게 가장 필요한 것은 읽기 이해, 어휘 습득 및 학습 전략 세우기입니다. 행정적으로 지원을 받는 것이 가장 빠르고 체계적인 도움이 되므로 지능 검사 및 기초 학습 검사 등을 받은 후 지역 교육청 특수교육 지원 센터에 직접 신청하는 것을 권합니다.

2

뇌과학이 알려주는 인지 발달의 비밀

학습 지능과 뇌의 관계

뇌과학은 우리의 생각과 느낌, 행동에 이르는 모든 과정에 뇌가 있다는 것을 말해줍니다. 따라서 학습과 관련된 일만 전담하는 뇌 영역이 따로 있다는 사실 역시 크게 놀랄 만한 일은 아니지요.

신경과학자 폴 맥린은 인간의 뇌 구조를 설명하기 위해 '삼위일체 뇌 모델'을 제시합니다. 폴 맥린의 뇌 모델은, 인간의 뇌에 대한 통찰과 더불어 교육학이나 심리적인 이론에도 큰 영향을 끼쳤습니다. 삼위일체 뇌란 인간의 뇌가 세 개의 층으로 구성됐다고 보는 견해로, 맨 아래인 1층을 '파충류의 뇌', 2층을 '포유류의 뇌', 가장 바깥쪽인 3층을 '영장류의 뇌'로 분류합니다.

파충류의 뇌는 생명 유지와 공격·도주·방어 등의 활동을 담당하는 영역으로, 도마뱀이나 새, 포유류인 강아지, 영장류인 인간에 이르기까지 공통으로 갖는 부분이며 엄마 배 속에서 완성됩니다. 그렇기 때문에 모체에서 나와 처음 세상의 공기를 마시는 신생아들도 스스로 생명을 유지할 수 있는 기본적인 능력은 갖추고 태어난다고 볼 수 있지요. 태어난 지 얼마 지나지 않은 아기들이 자기를 돌봐주는 사람을 보며 방긋방긋 웃는 이유도 '저를 안전하게 지켜주세요'라는 뇌의 신호를 보내는 것이라고 볼 수 있습니다.

한편 포유류의 뇌는 기분, 감정 등 정서적 측면을 담당합니다. 신생아기부터 2~5세에 이르는 유아기까지, 좋고 싫음에 대한 단순한 감정을 더 세분화해갑니다. 예를 들어 '기분이 좋아', '기분이 나빠'와 같은 단순한 감정에서 시작해 행복감, 상실감, 그리움, 민망함, 설렘 등 복잡하고 다양한 감정을 발달시켜나가는 감정 발달의 중추라고 할 수 있습니다. 이 부분을 담당하는 곳이 변연계인데, 변연계는 기억을 입력하는 역할도 하므로 이곳에 아이의 좋은 경험이 쌓인다고 볼 수 있습니다. 엄마 품에 안겨 잠들었던 기억, 처음 장미꽃을 인식하고 향기를 맡았던 기억처럼 변연계는 감정과 기억을 함께 추억으로 만들어주는 중요한 부분입니다. 특히 단기적인 기억을 장기적으로 저장될 수 있는 기억으로 바꿔주는 기능을 하는 '해마hippocampus'가 있기 때문에 장기적인 학습 효과와 학습 효율성에 큰 영향을 미치는 뇌 영역이라고 볼 수 있습니다.

마지막은 인간을 비롯해 오랑우탄이나 침팬지에게서도 발견되는 영장류의 뇌입니다. 특히 영장류의 뇌는 '대뇌피질'이라고도 불리는데, 아이들이 다른 사람의 이야기를 듣고 의도를 파악하고, 눈치를 보고, 생전 처음 들어보는 말을 재잘거리게 만드는 핵심적인 부분입니다. 고차원적인 상징이라든가 논리적인 추론을 하는 데 반드시 필요한 영역이기 때문에 학습 지능과 가장 직접적으로 관련이 있는 뇌 영역이라고 할 수 있지요. 대뇌피질은 좌뇌와 우뇌로 나뉘어 인지 기능을 하도록 돕습니다. 인간의 좌뇌에는 말하기, 이해하기와 관련된 언어 중추가 있고 주로 논리적 일관성이나 세부 사항에 대한 분석을 담당합니다. 반면 우뇌는 오감을 통해서 들어온 감각 정보를 통합하고 맥락을 파악하는 기능을 합니다. 한마디로 좌뇌는 나무를 보고, 우뇌는 숲을 보는 셈이지요. 그뿐 아니라 대뇌피질은 크게 네 부분, 전두엽과 두정엽, 측두엽과 후두엽으로 나뉩니다. 뒤통수에 있는 후두엽은 눈으로 들어온 시각 정보를 구체적인 이미지로 만들어주는 역할을 하고, 귀 바로 옆에 있는 측두엽은 소리를 정확하게 분절하거나 기억을 불러오거나 감정 조절 등의 다양한 역할을 합니다. 정수리에 놓인 두정엽은 보고 듣고 만지고 맛본 여러 가지 감각 정보들을 종합하고 조율해서 신체 정보로 바꾸어주는 역할을 합니다.

웩슬러 지능 검사는 이러한 대뇌피질의 고차원적인 기능을 반영하는 검사입니다. 언어성 지능과 동작성 기능을 구분하는 유아용 지능 검사K-WPPSI의 경우 생각과 행동이 또래들만큼 성숙했는지 확인하는 과정이라고 할 수 있지요. 6세 이후부터 받을 수 있는 아동용 웩슬러 지능 검사K-WISC-V 역시 언어, 시공간 추론 능력, 기억력, 처리 속도 등을 점수로 만들어서 대뇌피질이 또래 친구들만큼 성숙한 상태인지 알아봄으로써 지능지수인 IQ를 산출하는 것입니다. 그렇기 때문에 지능지수가 높은 아이들은 대뇌피질의 발달이 또래에 비해 성숙한 것으로 볼 수 있는 것이고, 그 결과 고차원적인 추상적 사고나 정보 처리를 빠르게 할 수 있어서 높은 학업 성적을 받는 데 유리하다고 예측할 수 있는 것이지요. 물론 학습에 대한 동기부여라든가 정서적인 안정이라는 요인이 뒷받침된다는 전제가 필요하기 때문에 개인차가 발생할 수 있습니다.

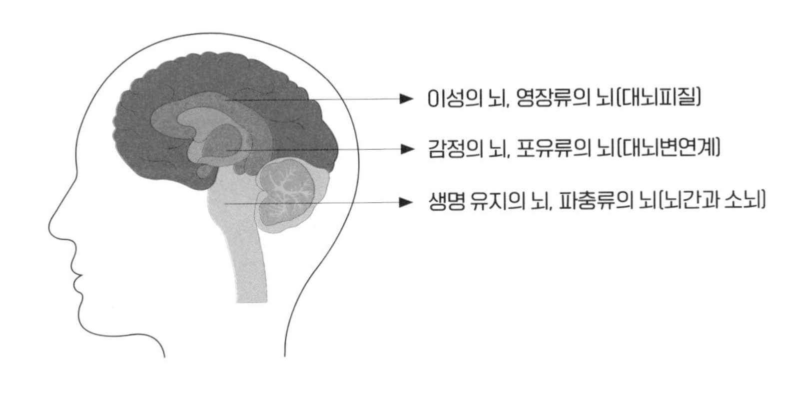

우리 아이 공부는 몇 살부터 가능할까?

'옆집 효민이는 다섯 살인데 벌써부터 덧셈 뺄셈 학습지를 그렇게 잘 푼다던데, 우리 아이는 왜 10분도 앉아 있지 못하는 걸까?'

많은 엄마가 초등 입학 전에도 스스로 학습지를 풀거나 사칙연산을 배우는 지인의 아이에 대한 이야기를 듣고 묘한 불안감을 갖게 됩니다. 그리고 그것이 아이의 초등 학습에 큰 도움이 되리라 짐작하곤 합니다. 하지만 아이의 뇌는 적어도 72개월의 시간을 보낸 후에야 인지적인 학습이 가능할 만큼 발달합니다.

최근엔 워낙 아이들의 교육 시기가 앞당겨진 탓에 아무것도 시키지 않고 놀리자니 마음이 불안한 엄마들이 늘어나는 것도 한편으론 충분히 이해가 됩니다. 하지만 아이의 뇌 발달 과정을 안다면 불안할 필요가 없을 뿐 아니라, 오히려 무리한 학습에 노출시키지 않는 것이 훨씬 좋다는 사실을 알 수 있습니다.

글을 읽기 위해서는 소리와 글자를 대응시킬 수 있는 능력이 기본적으로 필요합니다. 여러 차례 강조했듯, 아이가 글씨를 써가면서 소리와 모양을 익혀나가기 위해서는 소근육 발달이 반드시 전제되어야 합니다. 소근육은 소뇌와 대뇌피질의 두정엽에서 정교하게 조절되고, 만으로 6세가 되지 않은 아이가 삐뚤빼뚤 선을 긋는 것은 오히려 당연한 일이기 때문이지요. 그 밖에, 글을 배우고 읽어가면서 눈에 보이지 않는 이야기를 상상할 수 있는 능력이 발달해야 합니다. 즉, 추상적인 상징을 다룰 수 있어야 이야기책을 재미있게 읽을 수 있는 것이지요. 발달 심리학자 피아제의 인지 발달 단계에 따르면, 아이들은 만 6~7세에 이르러 추상적 개념에 대한 이해와 논리적 사고가 가능해지는 '구체적 조작기'에 도달합니다. 그래서 이 시기의 아이들은 눈에 보이지 않는 귀신을 무서워하거나 가족의 죽음에 대해 걱정하는 것입니다. 이런 모든 인지적 발달이 이루어지는 시점이 바로 공부를 할 수 있는 시기라고 할 수 있지요.

그렇다고 해서 무조건 만 6세를 넘긴 아이가 공부를 할 수 있다는 이야기는 아닙니다. 아이마다 뇌 발달 속도가 다르기에 모든 아이가 비슷한 수준의 학습 능력을 갖추는 것은 아니기 때문이지요. 사람이 발달하는

데 가장 기본적인 원리 가운데 하나가 '발달의 순서는 같지만 속도는 다르다'는 점이에요. 그 이유는 아이들이 선천적으로 지닌 기질적 특성과 뇌의 발달 속도, 양육 환경이 모두 다르기 때문입니다. 따라서 "우리 아이는 언제 뭘 시켜야 좋을까요?"라는 물음을 마주하면, 전문가라고 해도 바로 답을 하기 어려워지는 것이지요. 「금쪽같은 내 새끼」 같은 프로그램이 기획될 수 있었던 이유 역시, 일반적인 양육 솔루션보다는 해당 아이의 기질과 환경을 세심하게 들여다보고 아이에게 딱 맞춘 솔루션을 얻을 수 있다는 점이었을 거예요. 그래서 아이에게 무엇을 시킬지 고민하는 엄마들이라면, 가장 먼저 아이의 기질과 뇌 발달 수준을 살펴보는 것이 중요합니다.

학습에 반드시 필요한 4가지 주의력

"무척 활발해서 제 몸은 힘들지만, 그래도 너무나 사랑스러운 7세 남자아이 엄마입니다. 걷다가 뜬금없이 꿀렁꿀렁 웨이브를 추기도 하고, 수없이 채널을 돌려가면서 TV를 보고, 대화가 길게 이어지지 못하고 대화 주제가 본인 관심사로만 흐르고 생각나는 대로 이리 튀고 저리 튀어도 활발한 남자아이의 특징이겠거니 넘겨온 게 몇 년이에요. 2년 넘게 다닌 학원에서 아이가 수업 시간 동안 돌아다니고 싫어 하고 주의력이 떨어진다며 조심스럽게 주의력 검사를 권유하더라고요. 놀랍고 당황스럽기보다 '아, 올 게 왔구나'

라는 생각이 들었습니다. 검사도 해보긴 할 텐데, 집에서는 어떻게 도와줘야 할까요?"

흔히 '주의력이 부족하다', '주의가 산만하다'라는 표현을 정말 자주 사용합니다. 하지만 실제로 '주의력'이라는 말 속에 네 가지 유형이 있다는 사실을 잘 알지 못하지요. 실제로 주의력을 연구하는 심리학자들은 '인간의 뇌가 한순간에 처리할 수 있는 정보의 양이 제한되어 있기 때문에 소수의 중요한 자극만이 선택되어 뇌에서 처리되는 과정'을 주의력으로 정의 내리고 있습니다. 그리고 이렇게 주의력을 발휘하는 데 네 가지 유형이 있다는 사실을 알면, 아이가 가진 어려움을 보다 효과적으로 파악하고 도와줄 수 있습니다.

❶ 각성

가장 기본적인 주의력의 요소입니다. 아침에 막 깨어나서 멍한 상태를 '저각성 상태'라고 부릅니다. 만약 마취 상태에서 우리의 의식이 제대로 깨어 있지 않거나 비몽사몽한 채 침대 속에 있을 때, 우리는 환경으로부터 오는 자극에 적절하게 반응하지 못하게 됩니다. 대개 피곤하거나 졸음이 올 때 각성 수준이 낮아지는데, 이때에는 중요한 정보를 놓치거나 잘못된 결정을 내리는 등의 실수를 하기 쉽지요. 각성 수준이 낮은 아이들은 주의력을 발휘하는 것 자체를 너무나 힘들어하기 때문에 행동도 느릿느릿하고, 과제를 할 때에도 또래보다 몇 배 이상의 시간을 필요로 합니다.

이런 유형의 아이들은 도파민 부족으로 인해 각성 수준이 낮을 수 있기 때문에 아이가 흥미를 보이는 일 위주로 성취감을 높여주고, 단기적인 보상을 반복해주는 것이 도움이 됩니다. 특히 우리의 뇌는 달콤한 맛에 즉각적으로 반응하고 도파민을 분비하기 때문에 단기적인 보상으로 적당한 양의 초콜릿을 아이에게 주는 것도 좋습니다. 뇌는 포도당을 주된 연료로 사용하므로 달콤한 초콜릿이 각성도를 유지하는 데 도움이 되지요.

❷ 지속 주의력

지속 주의력은 일정 시간 동안 각성 수준을 유지하는 능력입니다. 한순간도 책상 앞에 진득하게 앉아 있지 못하는 아이들의 경우 지속 주의력이 부족하다고 표현할 수 있습니다. 지속 주의력이 부족한 아이들은 시작은 곧잘 하지만 과제를 끝까지 마무리하지 못한 채 중도에 포기하는 경우가 많지요. 그래서 성취감을 느끼는 경험이 적고, 그 결과 동기부여도 잘되지 않는 악순환에 빠지기 쉽습니다. 이런 특성을 알지 못하면 다른 아이들과 비교하면서 비난을 하거나, 아이의 지능이나 학습 능력까지 의심하면서 잘못된 해결책을 찾으며 더욱 아이를 궁지로 몰아세울 수 있습니다.

이런 아이들은 성향에 맞게 학습 시간 디자인을 해주는 것이 필요합니다. 보통 만 6~8세의 아이들은 15분에서 20분 정도의 시간 동안 집중력을 유지할 수 있습니다. 지속 주의력이 약한 아이들의 경우 10분 단위로 끊어서 휴식 시간을 주되, 반드시 주어진 시간 동안 해야 할 학습량을 끝낼 수 있게 학습 간격을 조정해주면 효율이 올라갈 수 있습니다.

❸ 분리 주의력

우리의 뇌는 제한된 용량을 가지고 있기 때문에 동시에 두 가지 일을 해야 할 필요가 있을 경우 각각의 일에 일정한 양의 주의력을 할당하게 됩니다. 그런데 우리의 인지 기능, 예를 들어 시각·청각·촉각 등은 각각 다른 주의력 영역을 사용합니다. 따라서 TV를 보고, 듣는 것은 각각 시각과 청각 기능을 필요로 하지만 담당 주의력 영역이 달라서 큰 어려움이 없습니다. 하지만 TV를 보면서 책을 읽는 경우, 두 가지 일 모두 시각 주의력이라는 동일한 자원을 요구하기 때문에 집중하는 데 어려움을 겪게 되는 것이지요. 분리 주의력은 휴대폰에 오랫동안 노출된 아이일수록 취약합니다. 휴대폰을 사용하면서 동시에 주변 상황을 파악하는 패턴이 반복될수록 뇌에서 사용할 수 있는 주의력 용량이 쉽게 소진되고, 이러한 현상을 '디지털 치매'라는 말로도 표현합니다.

따라서 전반적인 뇌의 발달이 자리 잡아가는 중학생 이전에는 휴대폰 사용 시간을 줄이고, 학습 환경을 차분하게 정돈해주는 것이 가장 중요합니다. 분리 주의력이 부족한 아이들은 충동성이 높고 단기적 보상에 집착하기 때문에 2~3개월 정도의 장기적인 목표를 세우고 이를 실천하는 방법을 익힐 수 있도록 함께 고민하는 것이 필요합니다.

❹ 선택 주의력

다양한 감각 정보 가운데 필요한 정보를 선택하는 데 필요한 주의력입니다. 지하철 안에서 책을 읽을 때 너무나 몰입해서 내려야 할 정거장을 지나치는 경우, 선택 주의력이 좋은 사람이라고 할 수 있지요. 실제로 지하철 안내 방송이 청각 기능을 통해 처리되어도 주의력이 청각 정보를 무시하고 시각 정보에 강력한 초점을 두는 경우 이런 일이 발생하게 됩니다. 선택 주의력이 부족한 아이들은 시선이 분산되기 쉽고 방을 정돈하는 일도 어려워합니다. 주변을 정리 정돈할 수 있도록 반복해서 가르쳐주어도 크게 변하지 못하는 모습을 보이기도 하지요.

선택 주의력이 부족한 아이들은 감각적으로 예민한 경우가 많기 때문에, 주기적으로 조용한 산책로에서 호흡을 안정되게 가져가며 아이와 대화하면 큰 도움이 됩니다. 밤공기의 온도에만 집중하면서 느껴보는 연습을 한다든가, 산책로에서 들리는 곤충들의 다양한 소리에만 집중해보는 연습을 반복하는 것이지요. 특히 시각적인 산만함이 문제되는 경우, 밤하늘을 올려다보며 물끄러미 달을 바라본다거나 북극성을 찾는 활동을 함께 하는 것도 좋습니다.

주의력에 관여하는 뇌 영역들

- **뇌간:** 각성에 중요한 뇌 구조는 뇌간과 중뇌, 전뇌 등 다양한 영역에 걸쳐 있습니다. 뇌간은 호흡과 수면 주기 등에 중요한 기능을 하기 때문에, 이 부분에 심각한 손상을 입게 되면 혼수상태에 빠지게 되고 살아 있다 하더라도 외부 자극에 전혀 반응을 보이지 못하게 됩니다. 신진대사에 이상이 있거나 티아민과 같은 비타민이 부족한 경우, 혈액 내 독성 물질이 있을 경우에도 제대로 기능하지 못할 수 있습니다.
- **전두엽:** 주의력을 발휘하는 전체 과정을 통제하는 가장 중요한 영역입니다. 특히 추상적인 반응의 선택, 예를 들어 상황에 맞는 단어를 고르는 일, 행동으로 나타나는 반응을 선택하거나 억제하는 브레이크 역할을 하기도 합니다. 또

한 주의력에서 중요한 역할을 하는 눈 운동 통제에도 관여합니다. 즉, 전두엽은 주의력을 발휘하는 실행 과정을 종합적으로 제어하는 관제 센터라고 할 수 있습니다. 따라서 전두엽의 기능적 어려움이 있는 경우 ADHD로 진단받기도 하는 것입니다.

- **두정엽:** 시각·청각·후각·촉각 등 다양한 정보가 모여들면서 통합되는 과정에 관여합니다. 다시 말하면 선택적 주의력에 중요한 역할을 하며, 신체의 감각을 전반적으로 조율하고 안정된 상태를 유지할 수 있도록 기능합니다.

학습 효율을 올리기 위한 뇌과학적 기법

사람은 상황에 맞게 생각하고 기억을 저장할 수 있습니다. 길을 걷다 우연히 아는 사람을 만나면 우리는 그 사람과 나눈 대화, 표정들을 기억할 수 있습니다. 그리고 며칠 후, 아는 사람을 만났다는 사실을 까맣게 잊고 지내다가 또다시 그 거리를 걸어가면 불현듯 '아, 여기서 그때 지인을 우연히 만났었지!'라고 깨닫게 되지요. 왜 그럴까요? 우리의 뇌는 보고 들은 모든 것을 그 자체로 기록하고 저장하지 않고 상황과 맥락에 맞게 기억하기 때문입니다. 이렇게 기억을 저장할 때 중요한 맥락까지 함께 저장되는 현상을 '맥락 부호화'라고 부릅니다.

1975년 영국의 심리학자 던컨 고든과 앨런 배들리는 이와 관련한 유명한 실험을 발표합니다. 이들은 잠수부들에게 몇 가지 단어를 암기하도록 했는데, 어떤 단어는 땅 위에서 외우게 하고 다른 단어는 물속 깊이 들어가서 외우게 했습니다. 그리고 지상과 물속 두 곳에서 단어 시험을 보았는데 잠수부들은 땅에서 외운 단어는 지상에서, 물속에서 외운 단어는 잠수한 상태에서 더욱 잘 기억해냈습니다. 이와 비슷한 실험은 이후로도 계속 이어졌습니다. 학생들을 절반으로 나누어 시끄러운 환경과 조용한 환경에서 공부를 시킨 다음, 다시 시끄러운 환경과 조용한 환경에서 시험을 보게 했습니다. 그 결과 시끄러운 환경에서 공부한 학생들은 시끄러운 시험장에서 시험을 더 잘 보았고, 조용한 환경에서 공부한 학생들은 조용한 환경에서 시험을 더 잘 보았습니다.

실험이 의미하는 것은 명확합니다. 우리가 기억을 입력할 때와 기억을 떠올릴 때의 상태나 환경이 비슷할수록 기억이 더 잘 떠오른다는 것이지요. 마찬가지로 공부를 할 때 효과적으로 기억을 하는 방법 역시 맥락 효과를 이용하면 효과적입니다. 같은 내용을 물어보더라도 시험 문제의 '형식'이 공부할 때 나왔던 '형식'과 비슷할수록 성적이 더 좋고 더 많은 양을 암기할 수 있습니다. 그래서 학습량이 늘어나는 고학년 시기에 대비하기 위해서는 교실과 유사한 환경에서 공부하도록 만들어주거나 기출 문제를 중심으로 '형식'에 익숙해지도록 돕는 것이 학습 효율을 높이는 데 굉장히 중요합니다.

맥락 부호화 현상은 단순히 공부하고 기억을 잘 저장하는 데만 적용되지 않습니다. 좋은 습관을 만들거나 나쁜 습관을 고치는 데도 활용할 수 있지요. 예를 들어, 침대에서는 잠만 자고 휴대폰을 들여다보거나 다른 것을 하지 않는 습관을 들이면 '침대'라는 장소와 '잠을 잔다'라는 행위가 일대일로 대응되고 잠들기까지 오랜 시간이 걸리는 문제가 생기는 것을 예방하는 데 활용할 수 있습니다. 반대로 책상 앞에서 노는 습관이 붙으면 공부하려고 앉아도 놀 생각을 하게 되기 때문에, 아예 나가서 노는 편이 더 낫습니다. 공간에 따라 자연스럽게 따라오게 되는 행동 습관을 분리시키는 것이 중요하지요. 그렇기에 집 안에서 공부 공간과 생활공간을 구분해주는 것은 기억력을 향상시키는 효과적인 방법이 됩니다.

복습을 잘하는 아이가 결승선에 먼저 도달한다

심리학에서 기억을 분류하는 방법은 다양하지만, 일반적으로 '장기 기억'과 '단기 기억'이라는 큰 줄기로 나눌 수 있습니다. 장기 기억이란 가족의 이름이나 사건에 대한 기억 등 오랜 기간 저장되어서 언제든지 활용할 수 있고 꺼내어 쓸 수 있는 기억으로, 저장할 수 있는 내용이 굉장히 큽니다. 반면 단기 기억은 지속 시간도 짧고 한꺼번에 저장되는 용량도 7~8개 남짓 되는 기억이지요. 심리학적으로 보면, 공부를 한다는 것은 순간적으로 주어진 단기 기억을 장기 기억으로 전환시켜주는 과정이라고 할 수 있습니다. 최근에는 단기 기억의 특성으로 '현재 사용 중이면서 강하게 활성화되고 있는 기억'이라는 의미에서 '작업 기억력working memory'이라는 용어로도 표현하고 있습니다. 예를 들어, 인터넷 본인 인증 과정에서 휴대폰으로 전송된 여섯 자리 인증 번호를 기억해야 할 때 사용하는 것이 바로 작업 기억입니다. 작업 기억은 당장 해야 할 일을 위해서 단기적으로 활용하기 때문에 금방 머릿속에서 사라집니다. 마치 한 시간 전에 잠깐 암기했던 휴대폰 인증번호 여섯 자리를 다시 기억해내는 게 불가능한 것처럼 말이지요.

이처럼 쉽게 증발되는 작업 기억을 붙들어두는 법은 단순합니다. 증발되어버리기 전에 같은 내용을 반복하는 것입니다. 심리학자 에빙하우스는 인간의 망각을 연구하면서 놀라운 결과를 내놓았습니다. 새로운 내용을 배운 뒤 공부한 내용이 얼마 동안 유지되는지 실험을 통해 알아냈던 것이지요. 이를 정리한 그래프를 '에빙하우스 망각 곡선'이라고 부릅니다.

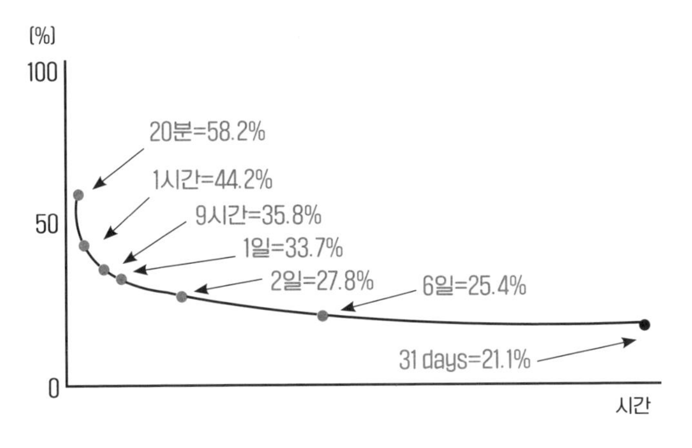

에빙하우스에 따르면, 슬프게도 대부분의 사람은 공부를 시작하자마자 배운 내용을 잊기 시작합니다. 뇌의 기능에 아무런 이상이 없다고 해도 배운 내용의 절반 가까이를 잊고 시작하는 것이 일반적인 과정이라는 이야기입니다. 불과 20분 만에 41.8퍼센트의 내용이 증발해버리고 마는 것이지요. 따라서 공부한 내용을 오래 기억하고 학습 목표를 세우기 위해서는 '반복 학습'과 시간 간격을 두고 규칙적으로 여러 번 같은 내용을 공부하는 '분산 학습'이 효과적입니다. 예습은 앞으로 배우게 될 내용을 준비하고 숲을 보게 해주는 것이고, 복습은 나무를 볼 수 있게 해주는 역할을 합니다. 따라서 암기 과목이나 기초적인 개념을 이해하기 위해서는 예습과 복습이 적절하게 섞여 있어야 합니다. 특히 예습 시간은 상대적으로 짧고 굵게, 복습 시간은 아이가 소화할 수 있을 만큼의 긴 시간 동안 반복하는 것이 효과적입니다.

느린 학습자로 불리는 아이들은 글을 읽는 속도뿐 아니라 연산 속도도 느린 경우가 많습니다. 그렇기 때문에 한 번에 받아들일 수 있는 학습량도 또래 아이들에 비해 절대적으로 부족한 상황에서 (망각곡선에서 나타나듯이) 그마저도 공부한 내용의 반 정도를 잊고 시작하기 때문에 좀처럼 효율을 올리기 힘든 것이 사실입니다. 이때 가장 중요한 것은 절대로 아이에게 실망하는 기색을 보이거나 꾸지람을 하지 말아야 한다는 것입니다.

느린 학습자라고 해서 이해력이 뒤처진다거나 지능이 떨어지는 것은 아닙니다. 오히려 또래 친구들에 비해 더욱 뛰어난 인내심과 착실함으로 열심히 공부할 수 있는 강점을 갖고 있습니다. 느린 학습자에게 필요한 것은 오로지 아이를 기다려주고 격려하는 부모의 따뜻한 시선뿐입니다. 아이들은 언제나 부모의 인정과 칭찬을 갈망하기 때문에, 일관된 정서적 지지가 함께한다면 충분한 복습과 분산 학습을 통해 목표 지점에 도달할 수 있습니다. 더군다나 초등부터 중등까지의 학습은 누적된 지식이 점차 얽히고설키며 점진적으로 확장해나가므로 비록 느린 학습자라고 하더라도 초등 저학년 시기부터 반복 학습을 해나가면, 고학년이 되어서는 배경 지식을 바탕으로 학습 효율을 더욱 올릴 수 있습니다. 이를 '스노우볼 효과snow ball effect'라고 할 수 있는데, 마치 언덕 위에 있던 작은 눈덩이가 언덕을 구르며 어느 순간을 지나면 걷잡을 수 없이 불어나는 것처럼 누적된 학습의 힘 또한 결코 무시할 수 없습니다.

아이의 기억력을 향상시키는 팁

캐나다의 심리학자 툴빙은 사람의 기억을 체계적으로 분류한 학자입니다. 툴빙은 장기 기억을 서술 기억과 절차 기억으로 구분하는데, 서술 기억이란 '미국의 수도는 워싱턴이다'와 같은 사실에 대한 기억이고 절차 기억은 자전거 타는 법처럼 운동이나 기술에 대한 기억을 의미합니다. 서술 기억은 의식적으로 떠올리는 과정을 반드시 거쳐야 하기 때문에 '명시적 기억'이라고 부르고, 우리 뇌의 '해마'라는 영역에서 기능을 담당하고 있습니다. 학습에서 중요한 역할을 하기 때문에 해마의 기능을 올려주기 위해서는 여덟 시간 정도의 충분한 수면이 반드시 필요합니다. 한편 절차 기억은 여러 차례 반복되면서 체화된 기억으로, 무의식적으로 발현되기 때문에 '암묵적 기억'이라 불립니다. 절차 기억의 특징은 자율 주행을 하는 자동차처럼 반복되는 일을 힘들이지 않고 별다른 생각 없이 할 수 있게 떠받쳐준다는 점입니다. 마치 의식하지 않고 걸으면서 음악을 듣거나 계단을 올라가지 않는 것처럼 말이지요. 유아기에는 걷기 위해서 의식적인 노력이 필요했지만, 걷는다는 운동이 반복되면서 절차 기억으로 저장되고 뇌의 자원을 더 이상 걷는 데 사용하지 않아도 되는 것입니다. 따라서 절차 기억은 일종의 습관이라고 할 수 있고, 습관의 장점은 보다 어려운 과제를 서술 기억으로 받아들일 수 있도록 배경 지식이 되어준다는 점입니다. 글을 읽을 때에도 관용적인 표현이나 조사 등은 절차 기억으로 자동 처리되고, 어려운 단어나 낯선 자극이 나타났을 때 비로소 서술 기억을 활용하면서 의식적으로 고민하고 주의력을 발휘하게 됩니다. 그렇기 때문에 책을 빠르게 읽고 이해하기 위한 바탕에는 절차 기억과 서술 기억의 적절한 활용법이 필요하고, 절차 기억을 쌓아가기 위해 저학년 시기부터 독서량을 늘려가는 것이 도움이 됩니다.

산만한 아이는 모두 ADHD일까?

올림픽에서 금메달만 무려 열여덟 개를 따낸 미국의 국가대표 수영 선수 마이클 펠프스는 어릴 때 심한 주의력 결핍과 산만함 때문에 9세에 ADHD로 진단받아 약을 복용했습니다. 오랫동안 교사로 근무했던 펠프스의 어머니는 학교에 적응하기 힘들어하던 마이클이 집중할 수 있는 것을 찾아주기 위해 다양한 활동을 시도했고, 에너지를 발산하고 좋아하는 것에 집중할 수 있는 수영을 찾았다고 하지요. 마침 수영에 엄청난 잠재력을 가지고 있던 마이클의 흥미를 끈 것은 어머니의 독특한 목표 설정 방식이었습니다. 수영을 좋아하는 아들을 위해 수학 공부를 할 때에도 "1초에 3미터를 수영할 수 있다면 600미터 가는 데 몇 초가 걸릴까?"와 같이 아이의 관심사에 맞춰 가르쳐주었고, 6학년이 되었을 때 마이클은 약물 치료를 중단하고도 학교에 무난하게 적응하게 됩니다. 마이클 펠프스는 역사에 남는 수영 선수가 되었고, 이후 선수 생활 중에도 미시간대학교 스포츠 마케팅을 전공할 정도로 두 가지 일을 모두 잘해내는 성인으로 성장했습니다.

산만하고 충동을 참기 힘들어하는 아이의 증상은 물론 다루기 힘든 부분입니다. 하지만 증상을 '문제'가 아니라, '문제를 해결할 단서'로 혹은 '출발점'으로 바라보면 아이를 바라보는 시선 역시 달라질 수 있지요. 산만하고 행동이 큰 아이를 단순히 문제아이자 학습 부진아로 여기면 아이의 자존감에도 치명적인 영향을 주고 무엇보다 아이의 심리적·인지적 발달에 큰 지장을 초래하게 됩니다. 학습에 필요한 최소한의 주의력을 발휘할 수 있는 효과적인 수단을 찾아주면 증상이 있는 아이라고 할지라도 학교생활을 충분히 즐겁게 할 수 있습니다.

현대사회에 적응하고 목표를 성취하는 데 매우 중요한 능력 가운데 하나가 한 가지 일에 집중하는 능력입니다. 특히 공부를 할 때는 주변 상황과 무관하게 깊고 오래 집중할 수 있는 '지속 주의력'과 더불어 주변 자극을 배제하고 원하는 일에 집중하는 '선택적 주의력'이 매우 필요하지요. 집중력은 전두엽을 중심으로 서서히 발달하며, 특히 집중력을 유지하는 데는 뇌의 모든 영역이 골고루 활성화되어야 합니다. 뇌의 20퍼센트를 차지하는 전두엽은 발달적으로 늦은 시기부터 서서히 자라나기 시작합니다.

인간의 뇌는 오랜 시간에 걸쳐 느릿느릿 진화한 결과물입니다. 그런데 지난 100여 년간 사회의 변화 속도는 그 이전보다 지나치게 빨라졌고, 같은 나이의 인간에게 요구되는 시간당 학습량도, 기억해야 하는 것도 모두 확연하게 늘어났습니다. 이 과정에서 뇌의 기능을 주어진 대로 발휘하지 못하고 적응하기 힘들어하는 아이들을 '환경 적응에 실패한 ADHD'라고 진단하고 질환의 범주에 포함시킨 것 또한 신중하게 되짚어볼 필요가 있습니다. 정신의학에서는 행동을 객관적으로 평가하고 일정 기간 동안 주관적인 괴로움을 느끼고 사회적 적응에 분명한 문제가 생기는 경우 정신질환으로 진단을 내립니다. 바로 그 점에서 조직 검사로 암을 진단하거나 X-ray로 폐렴을 알아내는 것과 같은 방식으로 진단이 내려지는 것이 아니기 때문에 모호하고 자의적이라는 비판을 받기도 하지요. 또한 사회적이고 문화적인 요인이 진단에 깊숙하게 영향을 미치기도 합니다. 이런 관점에서 ADHD라는 특성은, 아이에게만 문제가 있는 것이 아니라 사실은 주변 환경의 압력이 너무 높고 동시에 집중을 흐트러뜨리는 자극이 지나치게 많아서 상대적으로 집중력을 발휘하기 어려운 것일 수 있습니다. 따라서 아이에게 나타난 문제 증상들에 집중하기보다는 그것을 어떻게 해결해줄 것인지 전문가와 함께 고민하는 것이 중요합니다. 부모는 아이의 문제를 '당장' 해결해주는 사람이 아니라 다소 시간이 걸리더라도 '결국' 해결해주는 사람이어야 하기 때문이지요.

3

느린 학습자를 위한 성장 솔루션

책상에 오래 앉아 있는데 성적이 안 나온다면

"초등학교 3학년 아이 엄마입니다. 학교 진도 따라가는 걸 너무 힘들어해서 집에서 틈틈이 국어랑 사회만 제가 봐주고 있어요. 아이가 예습을 해서 수업을 가면 그래도 절반 정도는 수업 내용을 이해하고 오는 것 같아서 꾸준히 공부하고 있는데, 글을 읽는 속도가 너무 느려서 보고 있기 안쓰러울 정도입니다. 엄마인 제가 보기에도 정말 노력하는 모습이 보이는데 수학도 전날 공부한 내용을 그때는 이해하는 것처럼 보이다가도 학교에서 단원 평가만 하면 맞출 수 있는 문제들을 모두 틀려서 오더라고요. 특히 쓰기 부분이 들어가고 나서부터는 너무 어려워하는데 생각해서 쓰는 걸 요구하는 문제는 아예 답을 외우다시피해서 학교에 보내는 상황입니다. 저녁 먹고 예습하고 연산 좀 더 같이 공부하다 보면 밤 10시를 훌쩍 넘깁니다. 초등 3학년 아이에게 이렇게 하는 게 맞는 걸까 고민도 되지만, 그래도 아이가 학습을 아예 못 따라가는 건 아닌 것 같아서 손 놓고 기다려주는 것도 힘든 상황입니다."

고학년 진학을 앞둔 자녀의 부모들은 아이의 학업 능력이 크게 뒤처지지 않는 경우라면 최선을 다해서 지원해주고 싶어 합니다. 엄마와 함께 꾸준히 예습도 하고 책상에 앉아서 몇 시간을 공부할 수 있는 아이인데 노력한 만큼 성과가 나오지 않는 경우, 엄마 마음도 안타깝지만 아이 마음 역시 '나는 부족한 아이일까?' 하는 생각에 자존감마저 떨어질 수 있습니다. '느린 학습자' 유형의 아이들은 누구보다도 공부를 잘하고 싶은 욕구를 갖고 있기 때문에, 아이를 가르치는 부모와 선생님 역시 효과적으로 아이를 돕고 싶은 마음이 들게 마련입니다. 이를 위해서는 가장 먼저 느린 학습자에 해당하는 아이의 특성을 꼼꼼하게 살펴보아야 합니다.

❶ IQ 71~84점 사이의 지적 능력을 가진 경우

웩슬러 지능 검사 결과를 기준으로 전체 지능지수FSIQ 71~84점 사이의 지적 능력을 가진 경우인지 확인해보는 것이 좋습니다. 또한 전체 평균이 100점 이상이라고 하더라도, 다섯 가지 지표점수(언어·시공간·유동 추론·작업 기억·처리 속도) 간의 차이가 현저하게 많이 나는 경우에도 인지적인 불균형 상태로 인해 학습에 어려움을 겪을 수 있습니다. 지적 장애로 진단받을 정도는 아니지만, 평균적인 지적 능력을 발휘하기엔 어려움이 따를 수 있기 때문에 한 번에 배울 수 있는 양이 적고, 배우는 속도도 느린 양상을 보이게 됩니다.

❷ 대근육 · 소근육 발달이 느린 경우

느린 학습자들은 미세한 근육을 조절하는 데 또래 아이들보다 많은 노력을 필요로 하는 경우가 많습니다. 그 결과 연필을 잡거나 쓰는 것에 거부감을 갖는 아이도 있고, 간단한 문장을 쓰는 데도 10여 분 정도의 시간이 필요한 아이도 있습니다. 특히 도형을 그릴 때에도 연령에 맞지 않게 직선을 긋지 못하고 삐뚤빼뚤 표현하거나 곡선을 그리는 데 어려움을 보이는 경우가 빈번합니다. 그래서 악필인 경우가 많지요. 또한 의자에 앉아 있는 자세도 자주 흐트러지는 모습을 보이곤 합니다.

❸ 시각 운동 협응력이 부족한 경우

시각 운동 협응력이란 말 그대로 시각적인 자극을 바라보면서 동시에 시각적 이미지를 몸으로 이해하고 움직이는 능력, 즉 칠판에 쓰여 있는 글자를 보고 공책에 옮겨 적는 과정에서 요구되는 능력입니다. 종합 심리 검사를 받아본 경우라면, 결과지에서 벤더-게슈탈트 검사BGT, Bender-Gestalt Test, 시각-운동 통합 검사VMI, Visual-Motor Intergration, 레이 복합 도형 검사ROCF, Rey Osterrieth Complex Figure 등의 평가 내용을 참고하는 것이 도움이 됩니다.

이러한 세 가지 주요 문제가 두드러지게 보이는 경우라면 느린 학습자에 속할 가능성이 굉장히 높습니다. 가정 내에서 도움을 주기 위해서는 시간제한을 분명하게 두고 아이의 학습 성과에 대해 단기적인 보상을 주는 것이 효과적입니다. 느린 학습자는 학습 시간을 무작정 길게 가져간다고 해서 결과가 잘 나오는 것은 아니기 때문에 15~20분 간격으로 끊어서 아이가 수월하게 풀어갈 수 있는 난이도의 문제를 반복적으로 연습시키는 것이 도움이 됩니다. 그 과정에서 아이는 '나도 잘할 수 있어'라는 자신감을 갖게 되고, 공부를 봐주는 부모 역시 아이의 능력에 대하여 불필요한 의심이나 부정적 시선을 줄여갈 수 있습니다.

여기서 가장 중요한 것은 부모의 머릿속에 있을지 모를 가상의 아이들, 예를 들어 '3학년이라면 이 정도는 당연히 할 수 있어야지'와 같은 평균적인 기대치를 아이에게 투사하지 않아야 한다는 점입니다. 모든 아이는 각자 타고난 능력과 기질, 환경이 다르기 때문에 이 세상 하나뿐인 소중한 존재라는 걸 머리로는 알지만, 공부를 시키는 그 순간만큼은 평균적인 가상의 기준점에 아이를 맞추기 위해 부모와 아이 모두 스트레스를 받기 쉽습니다.

많은 부모가 이야기합니다.

"우리 아이는 제가 이렇게 닦달하지 않으면 아무것도 하지 않으려고 하니 이 정도는 해야 하지 않을까 싶어요."

정말로 부모의 개입으로 좋아진 것 말고는 아무것도 진전된 것이 없다면, 오히려 그 순간 멈춰 서야 합니다. 그리고 생각해보아야 합니다. 부모가 지나치게 개입하고 가르치며 아이에게 생각할 틈을 주지 않는 건 아닌지 말이지요. 아이에게 빈 시간은 그저 텅 빈 시간으로 남지 않습니다. 혼자서 배우고 천천히 곱씹어보며 학습의 터전을 마련하는 시간입니다. 아이의 템포를 기다려주세요.

아이의 강점 지능과 약점 지능 올리는 법

"얼마 전 종합 심리 검사(풀배터리 검사)를 받고 나서 마음이 착잡하네요. 주의력도 좋지 않은 것 같고 특히나 지능이 예상보다 너무 낮게 나와서 밤새 울기도 하고 힘든 일주일을 보냈습니다. 점수에 연연하기 싫지만 아무래도 객관적 수치가 결과지로 찍히다 보니 신경을 쓰게 되는 것 같아요. 엄마 마음으로는 나중에 크고 나서 다시 검사하면 조금은 점수가 오르지 않을까, 하는 희망회로를 놓지 않을 수가 없네요. 희망을 갖고 키우고 싶은데, 제 욕심인 걸까요?"

건강한 양육의 핵심은 '완벽함'보다 '균형'에 있습니다. '엄마의 기대', '머릿속에 있을 완벽한 아이의 모습'보다는 '균형 있게 발달하는 아이의 능력'이 단연코 중요합니다. 물론 또래보다 다소 느린 아이의 모습, 만족스럽지 않게 나온 지능지수 결과들이 마음을 심란하게도 하지만, 결국 이런저런 검사를 하는 가장 큰 이유는 아이를 효과적으로 돕기 위한 지름길을 찾기 위해서가 아닐까요?

효과적으로 아이들을 돕기 위해서는 전반적인 지적 능력을 살펴볼 수 있는 웩슬러 지능 검사를 통해 아이의 인지적 강점과 약점을 파악하는 것이 무엇보다 중요합니다. 생각보다 많은 부모가 지능 검사를 하고 나면 아이가 얻은 '지능지수 점수'에만 집착하는 모습을 보이곤 합니다. IQ 점수가 90점이 나왔다고 해서 정말로 아이의 지적인 능력이 현저하게 떨어지는 것이 아님에도 불구하고 '우리 아이 지능이 두 자리가 나오다니'라는 생각에 사로잡혀 밤잠을 못 이루는 경우가 부지기수입니다. 그 결과 정작 아이에게 필요한 것을 놓치기 쉽습니다. 지능지수에 지나치게 마음을 쓰면 자기도 모르게 아이의 행동을 부정적으로 해석하고 평가하기 쉽습니다. 그리고 어느새 아이는 자신을 바라보는 부모의 눈길을 기가 막히게 알아채고 말지요.

지능 검사의 진짜 목적은 아이의 전반적인 지적 능력이 균형 잡혀 발달하는지 확인하고, 아이의 강점 지능과 약점 지능을 파악해서 그에 맞는 솔루션을 찾는 데 있습니다. 이를 파악하기 위해서는 웩슬러 지능 검사 결과 나타난 아이의 다섯 가지 능력을 꼼꼼하게 살피고, 전문가에게 검사 결과를 세세하게 묻는 능동적인 부모의 태도가 굉장히 중요합니다.

한국 웩슬러 아동지능 검사 5판(K-WISC-V, Korean Wechsler Intelligence Scale for Children-Fifth Edition)의 경우 학령기 아이들인 만 6세부터 16세까지의 아이를 대상으로 지적인 능력을 평가하기 위해 개발된 검사입니다. 특히 인지 발달, 신경 발달 수준을 정확하게 측정할 수 있도록 선별된 검사들로 이루어져 있기 때문에 아이의 강점과 약점을 확인할 수 있지요. 크게 다섯 가지 기본 지표 점수로 아이의 능력이 평가됩니다.

- 언어 이해 지표 : 공통성 검사, 어휘 검사
- 시공간 지표 : 토막 짜기 검사, 퍼즐 검사
- 유동 추론 지표 : 행렬 추리 검사, 무게 비교 검사
- 작업 기억 지표: 숫자 검사, 그림 기억 검사
- 처리 속도 지표: 기호 쓰기 검사, 동형 찾기 검사

언어 이해 지표는 후천적으로 누적되는 지식 습득 능력과 언어를 개념화하는 능력, 말로 자기 생각을 표현할 수 있는 능력을 측정합니다. 다른 지표들에 비해 언어 이해 지표가 낮게 나온 경우라면 독서량을 늘려주거나 일기를 쓸 때 사용하는 어휘를 다양하게 쓸 수 있도록 유의어·반의어 등을 추가로 알려주는 것이 도움이 됩니다. 특히 가능한 한 설명을 단순하게 해주고 새로운 용어나 개념을 설명해주는 시간을 길고 자세하게 반복해주며 아이가 이미 알고 있는 개념과 연관 지어서 공부하는 것이 좋습니다. 또한 마트에 가서 사야 할 물품을 알려주고 어느 코너에 가야 살 수 있는지 언어적 범주를 확인하는 놀이도 큰 도움이 됩니다.

시공간 지표는 눈으로 들어오는 시각 정보를 체계적으로 분석할 수 있는지, 공간 개념과 시공간 관계를 이해하는 추론 능력, 도형을 머릿속으로 회전시켜볼 수 있는 능력 등을 평가합니다. 다른 지표들에 비해 시공간 지표에서 낮은 점수를 얻은 아이라면 시각 운동 협응력을 올려줄 수 있는 솔루션을 찾아주는 것이 큰 도움이 됩니다. 특히 빠르게 움직이는 물체를 타이밍에 맞춰 쳐내는 배드민턴이나 탁구 등의 구기운동을 하는 것도 시각 운동 협응력을 향상시켜줍니다. 또한 방향감각이 부족하거나

기억력, 암산 능력에서 어려움을 보일 수 있기 때문에 이를 보완할 수 있는 활동을 중점적으로 봐주는 것이 큰 도움이 됩니다. 예를 들어 손으로 직접 만질 수 있는 교구를 활용해 이해를 돕는 방법을 사용하거나, 수학 문제를 풀 때 여백이 많은 연습지를 가지고 활용하도록 하면 학습 효율이 개선될 수 있습니다.

유동 추론 지표는 학교에서 배운 지식이나 독서 등으로는 풀 수 없는 창의적인 문제를 얼마나 잘 해결할 수 있는지를 평가합니다. 유동 추론 지표가 낮게 나오는 아이들은 교과서에 나오거나 익숙한 문제들은 잘 풀어갈 수 있지만, 조금만 응용이 되어서 꼬인 문제를 보면 당황하는 모습을 보일 수 있습니다. 이를 돕기 위해서는 언뜻 보기에 연결되지 않을 것 같은 두 상황을 연관 지어 생각해보는 비유하기 놀이나, 속담 등을 이해하고 표현하는 것을 반복해주는 것이 좋습니다.

작업 기억 지표는 주의력을 발휘해서 짧은 시간 동안 시각·청각 정보를 입력하고 유지할 수 있는 능력을 측정합니다. 특히 숫자 검사는 경청 능력을 많이 반영하기 때문에 작업 기억 지표에서 낮은 평가를 받은 아이의 경우 수업 내용을 자주 놓치기 쉽고 다른 사람과 대화하면서도 누락되는 정보가 많아서 멍하게 수업 시간을 보내기 쉽습니다. 또한 작업 기억의 결함이 있는 경우 ADHD 혹은 학습 장애와도 밀접한 관련이 있기 때문에 주의가 필요합니다. 이를 돕기 위해서는 짧고 간단하게 반복적으로 지시하고, 아이가 방금 들은 내용을 반복해서 말하도록 유도해주세요. 이 과정에 익숙해지면 다섯 가지 이상의 품목을 말로 전달해서 심부름을 시키거나 집안일을 잘게 나누어 순서를 알려주고 제대로 수행하도록 반복 연습을 시켜주는 것이 좋습니다.

처리 속도 지표는 시각 정보를 빠르고 정확하게 처리하는 능력을 측정하며, 시각적 변별 능력이나 주의 집중력, 소근육 운동 능력, 글씨 쓰기 능력과 관련이 있습니다. 특히 처리 속도 지표는 읽기와 수학에서의 학업 성취도와 관련이 있는 것으로 알려져 있고, 처리 속도 능력이 저조한 아이의 경우 정해진 시간 안에 수업 과제를 끝마치는 것이나 기계적인 암산에 어려움을 겪을 수 있습니다. 이 경우 같은 시간 동안 배우는 양이 현저하게 적거나 오랜 시간이 걸리고, 정신적으로 더 쉽게 지칠 수 있습니다. 그래서 느린 학습자의 전형적인 모습이 가장 두드러지게 반영되는 지표이기도 합니다. 따라서 학업 스트레스가 높을 수 있고 정신적으로 부담이 되는 복잡한 과제는 시작도 해보지 않고 포기해버리는 안타까운 모습을 반복해서 보이기도 합니다. 처리 속도가 늦은 아이들을 도우려면 일차적으로 충분한 과제 수행 시간을 줘서 시간 압박을 줄이는 것이 좋고, 쉬운 문제를 짧은 시간 안에 가능한 한 빠르게 해결하는 연습을 해야 합니다. 예습이나 복습을 하고 난 다음에는 O/X 퀴즈나 빈칸 채우기 등의 형식으로 평가하는 것이 아이들이 받아들이기에 훨씬 효율적입니다.

IQ는 지능이 아니다

너무나 착실하고 수행평가에서도 좋은 점수를 받고 모둠 활동에서 아이들과 사이좋게 지내는 학생인데 수학능력시험에서 낮은 점수를 받았다면, 이 아이는 학습 능력이 떨어지는 학생일까요? 당연히 아닙니다. 이 학생은 수학능력시험이라는 '형식'의 평가에서 다소 낮은 점수를 받았을지언정 다양한 학교생활 적응 능력, 내신 성적에 대한 관리 능력은 탁월한 아이입니다. 이처럼 한 사람의 능력을 평가하려면 다각적인 접근이 필요하다는 점은 우리 모두 잘 알고 있습니다. 부모 역시 살아가면서 시험의 성격에 따라 성적이 갈리는 친구들을 봐온 경험이 있으니까요. 그런데 단 하나의 검사 결과임에도 크게 실망하고 아이를 과소평가해버리는 실수를 가장 흔히 저지르는 것이 바로 웩슬러 지능 검사입니다.

흔히들 지능과 IQ를 동일한 것으로 생각하고, 그렇기 때문에 IQ 점수가 낮게 나오면 지적인 능력 역시 낮다고 오해를 하곤 합니다. 하지만 IQ 점수가 곧 아이의 지적 능력을 의미하는 것은 아닙니다. IQ 점수는 말 그대로 '지능 검사 결과'에 불과합니다. 수능 점수가 아이의 학습 능력 전체를 반영하는 것은 아니듯, IQ 점수 역시 웩슬러 지능 검사라는 형식의 검사 결과로 나온 수치일 뿐입니다. 물론 수능 점수가 잘 나오는 아이일수록 학습 능력도 우수할 가능성이 높은 것은 사실입니다. 마찬가지로 지능지수가 높은 아이일수록 실제 보유하고 있는 지적 능력이 탁월한 가능성이 높은 것도 맞고요. 하지만 내신 성적과 수능 점수 사이의 갭이 큰 아이들이 존재하는 것처럼, 지능 검사 역시 지적인 능력 전체를 완전하게 반영할 수 있는 것은 아닙니다. 그렇기 때문에 아이가 가진 다양한 능력을 평가하기 위해서 '감성지능EQ'이라는 개념도 개발되고, '다중 지능MIQ'이라는 개념 역시 등장하는 것이지요.

따라서 부모 역시 지능지수 결과를 받아들이는 마음을 유연하게 가질 필요가 있습니다. 비록 느린 학습자라고 하더라도, 첫 단추를 끼우는 데 조금 더 많은 시간이 걸릴 뿐입니다. 그리고 웩슬러 지능 검사를 통해 알게 된 아이의 인지 발달 수준을 실제 생활과 비교하고, 아이의 강점과 약점을 파악하는 것이 훨씬 유익한 태도라고 할 수 있지요. 아이를 키우는 과정에서 마주하게 되는 다양한 일들을 아이와 함께 맞서고 기다려주는 것이 무엇보다 아이의 내면을 단단하게 성장하도록 돕는 데 큰 힘이 된다는 점을 기억해주세요. 어려운 일을 곁에서 지켜봐주며 시간을 공유하는 것이 부모입니다. IQ가 찍혀 나온 결과지에 갇히지 않는 것이 중요합니다. 세심하게 결과를 살피고 아이 곁에서 손을 잡아주면, 느리지만 단단하게 자라날 아이가 바로 우리 눈앞에 있습니다.

학습 지능 효과적으로 향상시키기

지능지수가 낮다고 걱정하는 것보다 아이의 지능지수를 올릴 수 있는 환경을 만드는 것이 중요합니다. 특히 초등 입학 전에 학습 결손을 막기 위해 할 수 있는 여러 방법 가운데 추천할 수 있는 것은 책에 대한 막연한 거부감이나 두려움을 없애도록 돕는 것입니다. 5세 이하 유아들에게는 상호 작용식의 읽기를 하는 것이 가장 효과적입니다. 상호 작용식 읽기란, 부모가 아이와 함께 책을 읽으면서 아이에게 열린 질문을 던지고 답을 생각하도록 아이를 격려하며 책에 흥미를 보이도록 유도하는 방법입니다. 이 학습은 반복할수록 효과가 커서 유아의 경우 전체 지능지수가 6점 이상 상승했다는 연구 결과도 있습니다.

상호 작용할 수 있는 환경에 자주 노출될수록 지능지수 향상에 도움이 됩니다. 그래서 아이에게 줄 수 있는 다양한 환경 자극을 반복적으로 시켜주면 실제로 신경학적인 뇌기능의 변화가 뒤따르게 됩니다. 그 결과 자라는 아이의 뇌에서 이루어지는 정보의 타이밍 처리, 운동 계획, 순차적인 정보 처리 능력이 향상되어, 학습이 부진하거나 산만한 아이들이 잠재된 능력을 발휘할 수 있도록 돕게 됩니다. 특히 오메가-3 지방산이 함유된 식품을 고루 섭취하면 두뇌의 고속도로 역할을 하는 백질의 신경로 시스템을 조정하여 두뇌 연결성을 높이고, 전반적인 인지 기능과 작업 기억, 실행 기능이 향상될 수 있습니다.

❶ 박물관이나 놀이공원에서 아이가 직접 지도를 보게 해주세요

박물관이나 놀이공원 지도를 보고 스스로 찾아갈 수 있도록 지도해주세요. 아이의 동기가 충분한 상태에서 지도 찾기를 하면 공간 지능이 향상되는 일석이조 효과를 누릴 수 있어요.

❷ 장기나 체스 게임을 가르쳐주세요

만 7세를 넘어서면서부터 아이들은 눈에 보이지 않는 추상적인 내용을 생각할 수 있습니다. 이 시기 아이들에게 장기나 체스와 같은 다양한 보드게임을 가르쳐주세요. 특히 체스는 아이들이 쉽게 흥미를 가질 수 있고, 복잡한 움직임을 상징적으로 변형한 보드게임이기 때문에 공간 지능뿐 아니라 추상적인 개념화 능력, 전략 능력까지 북돋을 수 있습니다. 특히 체스 말의 움직임과 그 결과를 예상하는 능력은 인과 관계뿐 아니라 시각적 상상력을 자극하는 데 큰 도움이 됩니다. 실제 체스의 대가들은 시각적 심상을 머릿속에서 조작하는 능력이 뛰어나고 특별한 종류의 시각 기억력을 가지고 있다고 알려진 바 있습니다.

❸ 가정에서 학습 시간을 연습시켜주세요

많은 아이가 30~40분가량 진행되는 수업에 주의를 기울이고 집중력을 유지하는 것을 힘들어합니다. 초등학교 저학년 아이들은 이제 막 전두엽이 발달되는 단계에 있기 때문에 평균적으로 15~20분 정도의 시간 동안에만 제한적으로 주의를 집중할 수 있습니다. 따라서 아이의 주의 집중 시간을 늘릴 수 있도록 하나의 주제를 길게 이야기하면서 경청 능력을 올려주세요. 예를 들어 저녁밥을 먹기 전에 20분 동안 반찬, 식재료에 대한 이야기를 나누거나, 어떤 과정을 거쳐 식물과 동물이 식탁에 오르게 되었는지 알려주면서 세상의 여러 가지 것들이 서로 연결되어 있다는 점을 이야기해주는 것도 좋은 방법입니다.

우리 아이, 주의력 결핍일까?

"초등학교 입학 후 4개월 정도 되는 남자아이 엄마입니다. 오늘 처음으로 담임 선생님과 상담을 했는데, 부정적인 이야기를 잔뜩 해주셔서 상처만 입고 집으로 돌아왔네요. 학기 초엔 그래도 아이가 열심히 하려고 하고 집중은 잘하지 못해도 선생님이 부르면 환기하는 모습을 보여주었는데, 요즘 들어 자기 고집이 강해지고 규칙 지키는 것도 힘들어하고 선생님 말씀을 못 들은 척한다고 합니다. 정리정돈을 하지 못하고 모둠 활동에서 혼자만 맡은 역할을 하지 않으니 다른 친구들도 불만을 표한다고 하고요. 그렇다고 돌발 행동을 하거나 문제를 일으키는 것까지는 아니지만 매일 학교 가기 싫다고 응석을 부립니다. 어떻게 도와줘야 할까요?"

새 학기가 시작되는 3~4월이 되면 센터 상담이 몰립니다. 어린이집이나 유치원, 학교 등 새 학기가 시작되고 내 아이만 무언가 도드라진다고 느끼거나, 선생님의 직접적인 권유로 찾아오는 경우가 많습니다. 여기저기 이빨 자국으로 가득한 연필로 채워진 필통을 들여다보며 다른 아이들도 그러겠거니, 조금 더 크면 괜찮아지겠거니 마음 놓던 엄마들의 마음이 가장 심란해지는 시기이기도 하지요.

ADHD는 매스컴을 통해 널리 알려져서 이제 더 이상 낯선 질환이 아닙니다. 하지만 텔레비전에 나오는 ADHD 아이들은 대부분 과격하고 폭력적인 성향을 보이기 때문에, 많은 부모가 '우리 아이는 좀 산만하지만 저 정도로 심각하진 않으니 ADHD는 아닐 거야'라고 생각하기도 합니다. 방송에서는 실제 임상에서 관찰되는 것보다 훨씬 심각하고 극적인 사례 위주로 보여주기 때문에 부모들이 ADHD에 대해 오해할 여지가 있습니다. 그래서 많은 부모가 텔레비전에 나오는 이미지를 기준으로 ADHD 여부를 자의적으로 판단하기도 하지요. 하지만 이런 판단은 아이가 치료를 필요로 하는 병적인 상황이 아니길 바라는 부모의 희망뿐일 수 있습니다. 하루빨리 검사를 통해 아이의 문제 행동을 해결할 실마리를 찾아야 합니다. 유치원이나 학교에서 친구들 혹은 선생님과의 문제 상황이 반복되면 학교에 적응하는 데 어려움을 겪게 되고, 등교 거부로 이어지기도 합니다. 문제가 누적되면 학습 결손으로도 이어질 수 있기 때문에 아이의 주의력이 제대로 발휘되고 있는지 꼼꼼하게 살펴본 후 전문적인 심리 평가를 받는 것이 도움이 됩니다.

ADHD 아이와 부모의 양육 효능감 문제

ADHD 기질이 있는 아이를 키우는 부모라면 다른 자녀들에게 효과적이었던 양육 방법이 듣지 않아 실망한 경험이 있게 마련입니다. 다른 형제들과 똑같이 키웠는데 잘못된 점을 아무리 알려주고 매까지 들어도 문제 행동이 전혀 나아지지 않아 두 손 두 발 다 들었다는 이야기도 자주 듣습니다. 알아들을 때까지 반복해 타이르고, 칭찬 스티커를 모으면 비싼 장난감을 사주겠다고도 해보지만 어떤 방법도 통하지 않습니다. 결국 부모의 인내심은 바닥나고 아이와의 감정 싸움으로 하루를 마무리하게 되는 날도 많습니다.

결국 산만한 아이를 키우는 부모는 아이를 더 강하게 훈육하는 경향을 보이지만, 아이가 긍정적으로 변화하고 있다는 생각은 좀처럼 들지 않게 마련이지요. 심지어 문제 상황이 반복되면 지금까지 해왔던 자신의 양육 방법에 대한 의문을 품게 됩니다. 스트레스가 심해지면 터널 시야에 갇혀 아이를 바로잡아줄 다른 대안을 떠올릴 수 없고, 체벌만이 유일한 수단이라고 여기게 될 수도 있습니다.

1990년 미국의 심리학자이자 의사인 마리엘렌 피셔는 ADHD 아동을 키우는 부모들이 양육 효능감은 낮고 스트레스는 극단적으로 높다고 보고한 바 있습니다. 연구 결과 그들의 양육 스트레스 척도와 양육 효능감 점수는 모두 비관적이었는데, 아이와 말이 통하지 않는다고 대화 자체를 포기하는 비율과 부모로서 아이를 망쳐버린 게 아닐까 하며 자책감과 우울감에 빠지는 비율이 상당히 높았습니다. 하지만 아이의 산만함은 전두엽 발달과 관련된 특성 때문이지 부모의 양육 방식 때문이 아닙니다.

산만한 아이에게 가장 필요한 것은 아이의 속마음을 알아주는 것입니다. 미국의 정신과 의사 윌리엄 도슨 박사에 따르면, 산만한 아이들은 일반 아이들보다 자신을 향한 부정적인 언어를 평생 2만 번 이상 더 듣는다고 합니다. 자연히 그 아이들은 부정적인 언어에 민감해질 수밖에 없습니다. 친구나 선생님 또는 가족들이 별다른 의도 없이 내뱉은 말에도 쉽게 상처받고 자존감도 낮아질 수 있지요. 특히 가장 믿고 의지하는 부모에게 부정적인 말을 들으면 아이는 더 큰 상처를 받습니다. 누구도 자기 편이 아니라고 느끼는 아이에게 부모의 체벌은 그래서 씻을 수 없는 상처로 남게 됩니다.

부모는 아이에게 사회적 관계의 롤 모델입니다. 부모의 체벌이 더 강해지고 잦아질수록 아이는 불안, 분노, 절망의 감정을 반복적으로 느낍니다. 그러면서 아이는 자주 혼내는 부모의 모습을 사회적 모델로 학습

합니다. 이때 생긴 부정적 감정이 적절하게 해결되지 못하고 감정 조절에 실패하면, 아이는 욕구를 풀 때 폭력적인 행동이 유일한 해결책이라고 믿고 품행 문제나 적대적 반항 장애와 같은 좀 더 심각한 문제를 일으킬 수 있습니다.

체벌만큼 독이 되는 양육 방식은 또 있습니다. 많은 부모가 숙제나 공부 시간을 늘리는 것으로 벌을 주곤 합니다. 이 과정이 반복되면 아이는 '숙제하는 것은 벌을 받는 것이다'라고 여길 수 있고, 심한 경우 책상에 앉는 것조차 거부할 수도 있습니다. 게다가 대충 앉아서 시간만 채우거나 체벌 자체에 익숙해져서 어떤 방식으로도 부모의 말을 듣지 않는 악순환에 빠질 수도 있습니다.

그렇다면 아이가 수월하게 공부하고 집중할 수 있도록 집에서 어떻게 도울 수 있을까요?

❶ 정돈된 환경을 만들어주세요

산만한 아이는 말하기 좋아하고 혼자 있어도 크게 떠들며, 새로운 걸 좋아하는 만큼 지루함도 쉽게 느낍니다. 산만한 아이가 좀 더 집중할 수 있는 환경을 만들어 지루함을 견딜 수 있는 힘을 키워주어야 합니다. 집 안 환경은 되도록 깔끔하게 정리하는 게 중요합니다. 산만한 아이는 시각적 자극을 받으면 편도체 활성이 높아집니다. 즉, 주변 시야에 민감하게 반응해서 시각적 자극이 많을수록 쉽게 주의 집중력이 떨어지고 더 산만해집니다. 특히 책상 위나 공부방에 너무 많은 물건을 두지 않도록 신경 써주세요.

❷ 아이의 기질을 인정해주세요

산만한 아이는 지루한 상황을 못 견뎌합니다. 학교에서 실용적이고 실제적인 문제, 쓸데없는 것에만 관심이 있다고 지적받는 일이 보통의 아이들보다 잦을 겁니다. 아이가 위축되지 않게 집에서만큼은 창의성을 키워갈 수 있게 도와주세요. 아이가 편안히 있을 수 있는 공간을 만들어주세요. 아이의 방 안에 작은 텐트를 쳐서 그 안은 온전히 자기만의 세상으로 느낄 수 있도록 공간을 구분해주는 것도 좋습니다.

❸ 복습보다는 예습에 더 투자하세요

대부분은 반복 학습을 하는 것이 효과적이지만 산만한 아이들은 반복적인 일, 틀에 박힌 형식을 싫어해서 금세 싫증을 냅니다. 그날그날 배운 것을 빠짐없이 복습하거나 여러 번 반복해서 완벽하게 알아야 한다고 지도하면, 부모와 아이 사이에 실랑이만 반복될 수 있습니다. 산만한 아이는 새로운 것을 좋아하고 뭐든 자기만의 방식으로 시도하는 것을 좋아하므로 잦은 복습을 강요하기보다는 아이만의 방식으로 예습할 수 있게 이끌어주는 편이 효과적입니다.

주의력을 올려주는 비약물 치료법, 뉴로피드백

ADHD는 아동, 청소년 시기 나타나는 대표적인 신경발달장애입니다. ADHD의 치료에는 크게 약물 치료와 비약물 치료가 있으며, 대체로 약물 치료가 우선되지만 심리사회적 개입을 포함한 비약물 치료 역시 동반된 문제를 해결하는 데 도움을 줍니다. 2012년 서울대학교 의과대학에서 나온 논문에 따르면 약물 치료 시 중추신경 자극제 계열의 약물이 주로 사용되며, ADHD로 진단받은 아동의 70~80퍼센트 정도가 효과를 보였다고 보고된 바 있습니다.

하지만 약물 적응 과정에서 나올 수 있는 부작용(수면장애, 섭식장애, 틱장애 등)에 대한 제한점과 더불어, 치료가 중단되면 원래의 상태로 돌아가는 경우가 많다는 점이 한계로 지적되면서 이에 대한 대안적 치료법으로 제시된 것 가운데 하나가 뉴로피드백Neurofeedback입니다.

비약물 치료 방법으로서 뉴로피드백은 ADHD가 '중추신경계의 저각성 문제에서 비롯된 전두엽 기능저하' 때문이라는 가설을 바탕으로 개발되었습니다. ADHD 문제로 어려움을 겪는 아동들을 대상으로 한 뇌파 연구 결과, 뉴로피드백을 받은 그룹이 약물 치료를 받는 그룹에 비해 가정 및 학교에서 보이는 행동 문제 및 집중력 문제의 개선이 더 많았다고 보고되기도 했습니다. 또한 뉴로피드백을 받은 그룹에서는 치료를 중단한 후에도 증상의 호전이 지속적으로 유지되었다고 보고된 바 있습니다. 약물 치료와 달리 부작용이 전혀 없다는 점에서 강점을 보이기도 했고요.

뉴로피드백은 자신의 뇌파를 측정하는 센서를 붙이고 화면을 통하여 주의력 상태를 확인함으로써 스스로 자극과 이완의 상태를 조절하는 훈련을 합니다. 반복 조절 훈련을 통하여 뇌파를 자기주도적으로 변화시키는 방법을 터득함으로써 환자는 행동이나 주의력, 지능 측면에서 긍정적인 효과를 경험할 수 있습니다. 특히 게임하듯이 진행되기 때문에 환자가 재미있게 치료 과정에 참여할 수 있다는 점에서 적극적 참여를 유도할 수 있으며, 경우에 따라 약물을 부분적으로 혹은 완전히 대체할 수 있습니다.

4

과목 편식을 없애고 자기 주도력을 키워주려면

생각에도 연료가 필요하다

"4학년 남자아이를 키우고 있습니다. 형제만 둘이라 주변에선 힘들지 않냐고 걱정도 많이 해주시지만 아이가 기질적으로 얌전한 편이라 행동상으로 큰 문제는 없는 것 같아 안심하고 키워왔어요. 그런데 고학년에 오르면서 아이가 과목에 따라 성적이 너무 들쭉날쭉해서 고민입니다. 우리 아이는 역사를 아주 좋아해서 역사 탐방하듯 박물관이나 민속촌 등 국내 여행은 웬만한 곳은 다 가보았거든요. 경주는 지금도 아이의 최애 플레이스입니다. 문제는 역사는 스스로 공부하고 책도 찾아 읽는 반면 수학이나 국어는 아예 손을 놓은 상태예요. 수학만 안 하는 거라면 그러려니 하겠는데, 국어는 충분히 잘할 수 있을 것 같은 아이가 말도 안 되는 고집을 피우면서 사회 과목만 파고들어요. 남들은 배 부른 소리라고 할 수도 있지만 저에겐 너무나 큰 고민입니다. 우리 아이 왜 그럴까요?"

특정 과목만 편식하는 아이들이 있습니다. 물론 아이의 타고난 재능이나 환경적 여건 등 다양한 요인이 아이 행동에 영향을 주겠지만, 인지심리학의 눈으로 보면 주의력을 발휘할 수 있는 '인지적 자원'이 부족한 경우에도 이런 모습이 종종 발생할 수 있습니다. 우리가 무언가를 기억하고 주의력을 발휘하기 위해서는 생각보다 많은 에너지가 필요합니다. 뇌기능 연구에 따르면 성인 기준으로 1.4킬로그램 정도의 무게를 가진 우리의 뇌가 하루 세끼 식사로 얻는 에너지의 25퍼센트 가까이를 써버린다는 게 밝혀졌는데, 정말 의외의 사실 아닌가요? 마치 람보르기니나 페라리 같이 기름을 잡아먹는 슈퍼카 엔진처럼 우리의 뇌 역시 엄청난 에너지를 먹어치우고 있습니다. 그렇기에 주의력이나 기억력을 사용하는 건 '하루 세끼'라는 제한된 에너지 범위 안에서 가능한 일이고, 따라서 인지 심리학자들은 '인지적 자원이 고갈되면 주의력이나 기억력을 제대로 발휘하지 못한다'고 설명하고 있지요. 그렇다면 특정 과목만 편식하는 아이와 인지적 자원은 무슨 상관이 있을까요?

우리의 뇌는 패턴을 만들어놓길 좋아합니다. 자주 사용하는 정보라면 큰 에너지를 들이지 않고 손쉽고 빠른 해결책만 가지고 활동하기를 선호하지요. 우리는 이것을 '습관'이라고 부릅니다. 습관을 만들기 전에는 행동하기 위해서 많은 에너지가 들지만, 습관이 된 후에는 뇌에서 사용하는 에너지가 줄어들게 됩니다. 예를 들어, 처음 걸음마를 막 떼기 시작한 아기는 균형도 잡아야 하고, 근육을 미세하게 조절하는 순서, 발을 앞으로 내딛기 위해 바라봐야 하는 시선 등 동시다발적으로 일어나는 다양한 정보를 처리해야 하기 때문에 뒤뚱뒤뚱 걷게 되고, 뇌에서도 다양한 세포가 한꺼번에 비상 상황을 대비해야 하므로 에너지 소모량이 많아집니다. 그런데 걷는 연습을 반복하면서 자주 연결되는 뇌세포들 사이의 연결이 점차 굳어지고 일종의 지름길을 만들어서 불필요한 다른 뇌 영역은 사용하지 않으면서 에너지 소비량도 줄어들게 되지요. 그 결과 행동은 정교해지고 오히려 에너지 소비량은 감소하게 됩니다. 그리고 남은 여분의 에너지, 즉 인지적 자원을 가지고 또 다른 활동에 주의를 기울이게 되는 것이지요.

역사 과목을 편식하는 아이의 뇌를 들여다보면, 기존에 가지고 있던 역사 지식을 배경지식으로 유지한 채 거기에 새로운 사실만 덧붙여가면 되기 때문에 최소한의 에너지로 공부할 수 있다는 이점이 있습니다. 아이 입장에서는 적은 에너지만 사용하고도 새로운 정보를 알아갈 수 있으니 심리적 만족도, 학습 효용감이 극대화될 수 있지요. 문제는 그다음부터 생겨납니다. 다양한 과목을 골고루 공부하는 아이들은 여분의 인지적 자원이 풍부하기 때문에 지속적으로 다양한 과목을 공부할 수 있는 반면, 인지적 자원이 제한된 아이들은 다른 과목에 쏟을 에너지가 부족하기 때문에 더 이상 생각을 하지 않으려고 하지요. 그 결과 자기가 잘할 수 있는 것에만 집중하는 경향을 보이게 됩니다.

인지적 자원이 풍부한 아이와 제한된 아이의 차이는 전두엽 기능에서 비롯됩니다. 전두엽은 지속적으로 주의력을 유지하고 고차원적인 사고를 할 수 있도록 만들어주는 핵심적인 뇌의 중추라고 할 수 있습니다. 그런데 전두엽 기능에 문제가 생기면 주의력을 오랫동안 유지하는 데 어려움이 생기고, 심한 경우 ADHD 진단을 받는 경우도 발생하지요. 전두엽 기능을 올려주고 지속주의력 발달을 돕는 방법으로는 뭐가 있을까요?

❶ 먼저 아이의 집중 시간을 파악해주세요

주의 집중력을 기르기 위해 부모는 아이가 집중할 수 있는 시간이 얼마나 되는지 파악해야 합니다. 특히 아이의 발달 연령에 따라서 집중할 수 있는 시간이 달라지기 때문에 무조건 정해진 시간을 강요하는 것은 피해야 합니다. 이때 주의할 점은 게임이나 놀이 등 아이가 선호하는 활동을 할 때 집중하는 시간이 아니라 지루하고 하기 싫지만 해야 하는 일을 할 때 집중하는 시간을 파악하는 것입니다. 예를 들어 여섯 살 아이가 「뽀로로」를 한 시간 동안 집중해서 본다고 해서 주의 집중력이 높다고 말할 수는 없습니다. 자신의 호불호와 무관하게 해야 할 일을 얼마나 오래, 일관되게 집중할 수 있는지 살펴봐야 합니다. 보통 만 7~9세 아이들은 25분 전후의 시간 동안 주의력을 유지할 수 있습니다.

❷ 약속된 시간에 할 수 있는 과제를 내주세요

아이의 집중 시간을 파악했다면, 그 시간 안에 완료할 수 있는 과제를 설정해주고 약속한 시간 안에 주어진 과제를 해결하는 경험을 하게 해주세요. 꼭 학습과 관련한 과제가 아니어도 괜찮습니다. 장난감을 정리하거나 그림책을 보는 일, 동생과 놀아주는 것도 좋습니다. 아이가 과제를 끝낸 뒤에는 대화를 통해 과제 하는 동안 느꼈던 기분이나 소감 등을 나눠보고, 아이가 얼마나 밀도 있게 과제를 수행했는지 점검하는 노력도 필요합니다.

❸ 집중 시간을 점점 늘려가며 보상해주세요

훈련을 통해 특정 시간 동안 아이가 충분히 주의 집중력을 발휘할 수 있다고 판단되면, 과제 수준을 높여가며 집중력을 유지하는 시간을 늘려주세요. 이때 아이가 평소보다 더 오래 참고 집중했다면 칭찬하거나 자신이 하고 싶어 하는 활동을 하게 해주는 등 보상을 통해 동기부여하는 것도 중요합니다. 집중 시간을 단계별로 늘려주면 아이가 학교에서 수업이나 새로운 학습 과제를 하는 데 큰 도움이 됩니다. 생활에서 실천할 수 있는 주의 집중력 훈련을 통해 아이 스스로 능동적으로 학습해나갈 수 있는 기본적인 소양을 마련해주세요.

❹ 오메가-3 지방산 등의 섭취를 풍부하게 도와주세요

균형 잡힌 식단과 오메가-3 지방산은 전두엽 기능의 발달과 주의력을 유지하는 데 큰 도움이 됩니다. 매일 적정량의 견과류와 고등어, 청어 등 등푸른 생선의 섭취를 도와주세요. 오메가-3 성분이 함유된 영양제 혹은 건강 보조 식품을 주기적으로 복용하는 것도 뇌기능 발달에 도움이 됩니다.

물론 특정 과목만 편식하는 아이라고 해서 반드시 지속 주의력에 문제가 있는 것은 아닙니다. 정말로 아이가 특정 영역에 타고난 재능이 있어서 유난히 한 과목에만 집중하는 경우에 해당할 수 있지요. 그렇다면 아이의 다양한 재능과 적성을 알아볼 수 있는 방법은 없을까요?

2000년대 중반 '다중 지능 검사'가 한국 사회를 휩쓸었던 적이 있습니다. 다중 지능이란 하버드대학 심리학과 교수인 하워드 가드너가 1980년대 이후 제안한 개념으로, 가드너는 단순 시험 과목과 같은 지필 검사 형식의 지능 검사로 아이 능력을 평가하는 것은 문제가 있다고 생각했습니다. 그는 기존에 광범위하게 사용된 웩슬러 지능 검사로는 아이의 여러 잠재력 가운데 제한된 능력만을 확인할 수 있을 뿐이고, 아이가 살아가면서 필요한 다양한 지능을 확인하고 잠재력을 키우는 게 훨씬 중요하다고 주장했습니다.

가드너가 개발한 다중 지능 검사는 음악 지능, 신체 운동 지능, 논리 수학 지능, 대인 관계 지능, 개인 이해 지능, 자연 이해 지능 등 여덟 개 영역의 70문항으로 구성되어 아이가 지닌 장단점을 두루 파악하도록 설계되어 있습니다. 이 검사를 통해 아이가 가진 적성을 다각적으로 파악할 수 있기 때문에, 어떤 재능을 더 강화하면 아이의 발달을 촉진할 수 있을지 가늠해볼 수 있습니다.

예를 들어 어떤 아이의 경우 음악 지능과 신체 운동 지능이 강점이지만 자연 이해, 논리 수학 지능은 상대적으로 약점일 수 있습니다. 이 아이는 음악을 몸으로 표현하는 직업, 예컨대 체조나 무용이 적성에 맞을 확률이 높고, 여기에 지속적인 주의를 유지하는 힘이나 인내심 등을 길러준다면 탁월한 성과를 낼 수 있습니다. 이렇듯 다중 지능은 한 개인이 지닌 강점과 약점을 두루 살피는 도구가 될 수 있습니다.

다중 지능 이론은 현재까지 다양하게 연구되고 있습니다. 특히 최근 들어 뇌과학이 발달하면서 뇌 영역마다 각각 다른 역할을 한다는 점이 밝혀지고 있는데, 다중 지능 이론이 이런 고유 기능을 잘 측정할 수 있어 더욱 주목받고 있습니다. 그리고 웩슬러 지능 검사와 같은 지필 검사들에 비해 그 결과가 실제 우리 상식에 더 부합한다는 장점이 있습니다. 예를 들어 대인 관계 지능과 신체 운동 지능에 강점을 가진 아이가 있다면, 이 아이는 해당 뇌기능을 관장하는 두정엽이 활성화되어 있고 수학이나 과학보다 체육에 더 뛰어난 역량을 보일 수 있다고 예측할 수 있습니다. 아이의 잠재력과 더불어 약점까지 더 직관적으로 알 수 있는 것입니다.

국어는 잘하는 아이가 왜 수학에서는 헤맬까?

"아이 공부 시키다가 스트레스 때문에 제명에 못 살 것 같아요. 그러지 말아야지 마음먹어도 아이가 나중에 어떻게 사회에서 살아갈 수 있을지, 아직 초등학교 3학년이지만 너무 걱정됩니다. 책도 잘 읽고 지능에도 전혀 문제가 없어 보이는데, 아직도 구구단을 제대로 암기하지 못하고 쉬운 계산도 반복해서 실수해요. 혼내도 보고 구슬려도 보고 정말 안 해본 게 없는 것 같아요. 공부방이랑 학원도 보내다가 수학은 도저히 따라가질 못해서 지금은 전부 그만둔 상태예요. 어떻게 도와줘야 할지 모르겠고, 반복되는 막막함이 이젠 짜증으로 나와서 저도 모르게 아이 문제집 푸는 모습만 바라보면 한숨이 나옵니다. 지능엔 문제가 없는 것 같은데 왜 그러는 걸까요?"

'난산증(계산 장애)'의 경우 난독증과 달리 대중적으로 잘 알려져 있지 않기 때문에 단순히 아이의 의지 부족으로 취급하며 적절한 도움을 주지 못하기 쉽습니다. 난산증을 가진 아동 가운데 절반은 어떠한 형태의 인지적 결함도 갖고 있지 않습니다. 지능의 문제로 인해서 생기는 질환은 아니라서 수학을 제외한 다른 과목의 성적은 좋을 수 있기 때문에 오히려 아이의 의지 부족을 탓하기 쉽지요. 그렇기 때문에 저학년 시기에 아이가 어려워하는 부분이 어디에 있는지 미리 확인을 해야 효과적으로 도움을 줄 수 있습니다.

공부하려는 의지가 부족하다는 생각으로 아이를 나무라다 보면 아이 입장에서는 수학 공부를 한다는 것 자체가 처벌처럼 느껴지게 되고, 부모와 아이 모두에게 발전을 가져다주기는커녕 감정적인 싸움으로 마무리되는 경우가 많습니다. 그렇다면 난산증을 가진 아이들은 어떻게 조기에 발견할 수 있을까요?

난산증을 일으키는 문제는 크게 세 가지로 보고되고 있습니다.

- 구구단과 같이 단순 계산에 필요한 내용을 장기 기억에 저장하고 꺼내 쓰는 과정의 어려움
- 계산하는 절차를 수행하는 속도가 느리고 부정확한 경우
- 공간적으로 수를 떠올리는 능력과 개념을 이해하는 능력이 결여된 경우(숫자감각 부족)

난산증이 있는 아이들은 처음 수학을 배울 때부터 숫자 이름을 잘 기억하지 못하고, 숫자를 세는 것과 쓰는 것 모두 어려워합니다. 어떤 아이들은 더하기, 빼기, 곱하기, 나누기 등의 사칙연산 기호(+, -, x, %)의 의미를 이해하지 못하기도 하고요. 또 숫자들의 크기를 비교하거나 크기 순서대로 숫자를 배열하는 것을 힘들어합니다. 즉, 추상적인 내용을 머릿속으로 이리저리 응용하는 게 익숙하지 않아서 발생하는 문제라고 할 수 있습니다.

발달 심리학자 피아제의 인지 발달 단계에 따르면, 아이들은 만 7~11세 사이에 과학적인 사고와 추상적인 문제들을 이해하고 더 나아가 문제해결 능력이 정교해집니다. 이렇게 추상적인 개념을 이해하고 인지 발달이 고도화되는 시기를 '구체적 조작기concrete operational stage'라고 부릅니다. 그런데 발달이 다소 느린 아이들은 구체적 조작기에 이르는 시기에 도달하는 '과정 중에' 있을 수 있습니다. 그 결과 정말 난산증으로 진단받을 정도는 아니지만 유독 수학 계산에서만 어려움을 겪을 수 있지요. 인지 발달 이론에 따르면 두 돌 이후부터 학교에 들어갈 무렵인 만 5~6세까지를 '전조작기pre-occupational stage'라고 부릅니다. 고차원적인 추상적 사

고를 하기 이전의 예비 단계로, '눈에 보이는 대로만 생각하는 것'이 가장 큰 특징이라고 할 수 있습니다. 이 시기 아이들이 가진 생각의 틀은 어른들과도 완전히 다르고, 초등 고학년 아이들하고 비교를 해보아도 큰 차이가 납니다. 눈에 보이지 않는 것을 상상할 수는 있지만, 추상적으로 비교하는 능력은 미숙하기 때문이지요. 그렇기 때문에 두 사물을 비교해서 판단을 해야 할 때 다양한 성질이나 조건을 종합해서 논리적으로 결론을 내기 힘들어하고, 눈앞에 보이는 한 가지 면에만 집중해서 이야기하는 특성이 있습니다.

예를 들어 두 개의 기다란 유리컵에 같은 높이로 물을 채운 뒤 아이에게 보여주면 "컵에 담긴 물이 똑같아요"라고 대답합니다. 그리고 아이 앞에서 그중 한 컵에 있는 물을 납작하고 넓은 유리그릇에 옮겨 담은 후 다시 물의 양이 같은지 물으면 "기다란 유리컵에 물이 더 많이 담겨 있어요"라고 대답하지요. 전조작기에 있는 아이들은 여러 상황을 종합해서 답하기보다는 눈앞에 보이는 특정한 성질인 '물의 높이'에만 주목해서 판단을 내리기 때문입니다. 높이가 줄어든 대신 넓이가 커졌다는 개념을 추상적으로 생각하기 어려워서 일어나는 오류입니다. 따라서 난산증을 일으키는 문제 세 가지 중 하나, '공간적으로 수를 떠올리는 능력과 개념을 이해하는 능력'에서 아직 미숙한 모습을 보이게 되고 언어 능력과 달리 산수에서만 상대적으로 부진한 모습을 보일 수 있습니다. 이 경우 정말로 수학적 능력이 결핍된 것은 아니므로 조금 더 찬찬히 아이를 관찰하고 기다려줘야 합니다. 발달을 이어갈 수 있도록 집에서 도와줄 수 있는 방법은 많습니다.

❶ 다양한 공간이나 양에 대한 놀이를 자주 해주세요

엄마와 아이가 똑같은 양의 클레이를 갖고 서로 다른 모양으로 만들어보며 '양의 보존 개념'이라는 어려울 수 있는 내용을 놀이를 통해 익히도록 도와주세요.

❷ 숫자와 공간을 연결해서 알려주세요

물시계나 모래시계처럼 눈에 보이는 사물이 점차 쌓이면서 일정한 눈금을 지날 때마다 숫자가 바뀐다는 것을 보여주세요.

❸ 8세 이후라면 인지 발달을 체크해주세요

만 8세가 훌쩍 넘었음에도 숫자를 셀 때 손가락으로 세는 모습이 보인다거나 크기 순서대로 숫자를 배열하는 걸 힘들어한다면 반드시 전문 기관에서 검사를 받고 발달 상황을 점검해주는 게 좋습니다.

연산을 하기 위해서는 절차 기억이 잘 발달되어 있어야 합니다. 따라서 몸을 전체적으로 많이 활용하는 운동을 자주 하면 도움이 되는데요, 이유는 절차 기억을 처리하는 '소뇌'에서 운동 기능도 동시에 처리하기 때문이지요. 우리가 달리기를 하거나 계단을 올라갈 때 그 과정을 모두 의식적으로 생각하지 않듯이, 계산도 사실은 무의식적으로(기계적으로) 풀게 되는 절차 기억의 영향을 많이 받게 됩니다. 그래서 연산 능력에 어려움이 있는 아이들은 운동 능력에서도 저조한 모습을 보이는 경우들이 있습니다.

읽기 능력과 계산 능력에 필요한 뇌 영역

읽기 능력은 다양한 뇌 영역에 걸쳐 일어나는 오케스트라 연주와도 같습니다. 먼저 글을 시각적으로 받아들이는 후두엽이 일차적인 역할을 합니다. 후두엽에서 모양과 색상의 분류가 이뤄진 '글자 이미지'는 다시 좌뇌 전두엽과 측두엽으로 넘겨져서 해석되고, 비로소 '의미'를 얻게 됩니다. 이때 등장하는 전문화된 언어 영역이 '브로카 영역Broca's area'과 '베르니케 영역Wernicke's area'입니다. 좌측 전두엽에 있는 브로카 영역은 단어 분석, 발음 등을 처리하고, 좌측 두정-측두엽에 있는 베르니케 영역은 언어 이해를 담당합니다. 난독증을 가진 경우 글을 읽을 순 있어도 이해하길 힘들어하기 때문에, 브로카 영역은 정상적으로 작동하지만 베르니케 영역에서 뭔가 문제가 발생한 상황이라고 할 수 있지요.

계산 능력이 떨어지는 뇌의 경우 좌측 두정엽과 우반구의 '모서리위이랑 supramarginal gyrus'이라는 곳이 활성화되지 않았고, 수학 능력의 문제를 유발하는 유전 장애로 알려진 터너 증후군 집단과 유사한 모습을 보였습니다. 또한 크기 비교를 어려워하는 경우에는 좌측 두정엽내구와 방추상회의 기능적 문제가 관찰되었기 때문에, 계산 능력에 현저한 문제가 보이는 경우 빠르게 전문가의 도움을 받는 것이 좋습니다. 초등 고학년이 되기 전에 집중적인 훈련을 받는다면 상당한 호전을 보일 수 있지만, 그렇지 못한 경우 일생 동안 문제가 지속되는 경향이 있기 때문입니다. 학업 성취도에 지속적인 영향을 주게 되고 자신이 보유한 실제 지적 능력보다 낮은 성취감을 반복하면서 자존감도 낮아지고 우울감을 겪는 경우도 있습니다.

아는 문제를 자꾸 틀리는 이유

"초등 2학년 딸아이를 키우고 있습니다. 받아쓰기랑 수학 문제 모두 힘들어해서 매일 두 시간 정도씩 아이를 붙잡고 공부를 봐주고 있어요. 그런데 다 익힌 단어이고 문제에서 보고 쓰는 단어인데도 받침을 쓰지 않아서 틀리거나, 수학 문제를 이해는 하는데 항상 꼼꼼히 읽지 않아서 틀리네요. 아이는 침착하고 얌전한 이미지와 달리 덤벙대고 실수도 잦은 편이라 친구들 사이에서 '원래 그런 아이'라는 꼬리표가 붙었습니다. 얼마 전에는 실내화를 신고 운동장에 나갔다가 교무실에 불려 가기도 했고, 7월부터는 하절기 체육복을 입기로 했다는 소식을 들었으면서도 반에서 혼자 긴 체육복을 입고 나가기도 했습니다. 이런 이야기를 아무렇지 않게 하는 딸을 보면 앞으로 남은 학교생활을 어떻게 해나갈지 눈앞이 막막합니다. 게다가 늘 열심히 노력하고 숙제도 꼬박꼬박 하는데 공부하는 시간에 비해 결과가 늘 초라하다 보니, 아이가 점점 주눅 드는 것 같아 안쓰럽습니다. 어떻게 해야 좋을까요?"

집중하는 것 같은데 돌아서면 잊어버리는 아이, 왜 그럴까요? 수업 태도도 좋고 공부도 열심히 하는데 학업 성취도가 떨어지는 아이들이 있습니다. 이처럼 노력에 비해 학업 성과가 떨어지면 학습에 의지를 가지고 있던 아이라도 좌절하거나 풀이 죽어 흥미가 떨어지기 쉽습니다. 왜 열심히 공부하는데도 성과가 좋지 못할까요?

바로 학습 능률이 떨어지기 때문입니다. 이런 유형에 속하는 아이들은 학습 과정에서 두뇌의 종합적인 정보 처리 속도가 보통 아이들보다 느려 많은 시간을 할애해도 실제 이해하거나 습득한 정보의 양이 현저히 적은 것이죠. 아이의 학습 능률은 작업 기억력과 관련이 깊습니다. 작업 기억력은 비단 학습에만 관련된 것이 아닙니다. 정보 입력의 효율성과 직접적으로 관련된 능력이 바로 작업 기억력인데, 여기에 문제가 생기면 방금 들은 말도 잊어버리고 횡설수설하고 엉뚱한 내용만 기억합니다. 그래서 친구들과 놀 때 놀이 규칙을 제대로 파악하지 못해 "쟤는 항상 엉뚱한 이야기만 하고…… 바보 같아"라는 부정적인 반응을 들을 수 있지요. 앞선 사례에서도 볼 수 있듯이 작업 기억력을 활용하는 능력이 부족한 아이는 학교 과제를 제대로 챙기지 못하거나 엉뚱한 복장을 착용해서 놀림당할 수도 있습니다. 심각한 경우 사회적인 활동에서 배제되어 극심한 불안과 외로움에 괴로워할 수 있습니다.

아이가 열심히 공부하는데 성과가 좋지 않다면 무작정 공부 시간을 늘리기보다 작업 기억력을 올릴 수 있도록 도와줘야 합니다. 아이들의 작업 기억력을 올려주기 위해 가정에서 가장 먼저 실천해야 할 것은 양질의 수면을 보장해주는 것입니다. 자는 동안 두뇌 신경세포 간의 연결망이 강화되어 단기 기억을 장기 기억으로 전환하고, 상황에 따라 기억을 꺼내 활용할 수 있는 종합적인 기억 능력이 향상되기 때문입니다. 부모와 함께 놀면서도 아이의 작업 기억력은 향상될 수 있습니다. 대표적인 것이 '말 따라 하기'입니다. 부모가 한 말을 순서대로 따라 하는 놀이로, 작업 기억력뿐 아니라 청지각 능력과 어휘력도 향상시킬 수 있습니다. 처음부터 너무 긴 문장으로 시작하기보다 서너 개의 단어로 된 짧은 문장으로 시작하는 것이 좋습니다. 아이가 순서대로 잘 따라 하면 단계적으로 긴 문장을 따라 할 수 있도록 유도하는 것이 좋습니다.

아이의 두뇌는 '발달 과정'에 있으므로 이처럼 간단한 생활 습관 교정과 놀이를 통해서도 떨어진 작업 기억력을 올릴 수 있습니다. 아이의 학업 성취도가 낮다고 해서 '우리 아이는 머리가 나쁘다'라고 단정 짓거나 무리하게 공부 시간을 늘려 아이에게 스트레스를 주기보다 학습 효율을 높일 수 있도록 도와주는 것이 필요합니다.

잘 잊어버리는 아이는 다음과 같이 지도해주세요.

❶ 충분히 숙면하도록 도와주세요

유아기의 렘수면은 뇌 발달을 촉진시킵니다. 특히 4~7세 아이들은 렘수면의 비율이 전체 수면의 40퍼센트에 달하는 것으로 알려져 있습니다. 렘수면 시간 동안 아이들은 깨어 있는 동안 접했던 새로운 정보들을 기존에 알고 있던 지식들과 대조하고 새롭게 연관을 짓습니다. 잠을 자는 동안 낡은 지식은 버리고, 새로 알게 된 것과 연관성이 깊은 지식은 더 강하게 기억하게 되는 것이죠. 잠은 아이의 기억력을 향상시키는 데 매우 큰 도움이 됩니다. 아이 방이 밤에도 밝다면 암막 커튼을 치고, 이불이 불편해 잠을 뒤척인다면 침구를 바꿔주는 것도 좋습니다. 아이가 밤 10시에 잠들어 최소 여덟 시간은 푹 잘 수 있게 도와주세요.

❷ 매일 급식 메뉴가 어땠는지 물어보세요

점심 급식은 매일 반복되는 상황입니다. 아이에게 급식 때 나왔던 반찬이나 점심시간과 관련된 일상을 묻고 이야기 나눠보세요. 이야기나 상황과 함께 기억을 저장하는 습관을 들이면 단기 기억과 작업 기억을 장기적으로 유지하는 데 큰 도움이 됩니다.

❸ 낱말 이어 말하기 놀이를 해주세요

예를 들어 '곤충 이름 말하기' 게임을 하자고 하면서 아이와 부모가 번갈아가며 곤충 이름을 말합니다. 여기서 중요한 것은 곤충 이름을 말한 후 반드시 앞에서 이야기한 곤충 이름과 함께 새로운 이름을 말해야 한다는 것입니다. 예를 들어 아이가 먼저 '잠자리'를 말하면 부모가 '잠자리, 메뚜기', 아이가 이어서 '잠자리, 메뚜기, 사마귀'와 같이 외울 수 있는 이름을 최대한 늘려나가는 것이지요.

❹ 기억력 트레이닝 애플리케이션을 활용해보세요

온라인이나 애플리케이션 등으로 쉽게 접할 수 있는 간단한 기억력 트레이닝 프로그램을 이용해보는 것도 도움이 됩니다. 'N-Back' 테스트가 가장 보편적인데, 다양한 시청각 정보를 제공하고 정보가 사라진 뒤 해당 정보를 기억해 정답을 제출하는 방식의 프로그램입니다. 단계별로 점점 어려운 것을 기억해내도록 구성되어 있어 아이가 게임처럼 흥미를 느끼고 작업 기억력을 향상시킬 수 있습니다.

5

공부에 대한 거부감 해소시켜주기

학습된 무기력 때문이라고요?

"초등학교 3학년 남자아이를 키우는 엄마입니다. 영어 유치원도 다녔었고 한국어도 워낙 빠르게 트였던 터라 3학년부터 배우는 영어에 거부감이 크지 않을 거라고 생각했는데 저만의 착각이었나 봅니다. 기초적인 알파벳은 물론이고 발음도 힘들어해서 영어 책을 읽을 때마다 아이가 긴장하는 게 눈에 보일 정도예요. 그러더니 두 달 전부터는 아예 책 읽는 것도 거부하고 겨우겨우 책상에 앉혀두면 두 시간 넘게 딴짓만 하다 싸움으로 끝나네요. 이제는 공부고 뭐고 아무것도 안 하겠다고 고집을 부려서 잘 다니고 있던 학원도 다 빼둔 상황이에요. 스트레스가 쌓여서 그렇겠거니 하고 지켜보고 있는데 제가 잘하고 있는 걸까요?"

왜 우리 아이는 공부를 하고 싶다는 생각을 하지 않는지 걱정하는 부모들이 많은데요, 사실 아이에게 보다 필요한 것은 '할 수 있다'는 자신감을 갖는 것입니다. 하고 싶은 게 없는 아이들은 스스로 할 수 있는 게 별로 없다고 생각하는 경우가 많습니다. 이렇게 무기력한 상황에 빠진 아이의 증상을 뜻하는 표현이 바로 '학습된 무기력learned helplessness'입니다. 이는 심리학자 마틴 셀리그만이 만든 개념으로, 극복할 수 없는 환경에 반복적으로 노출된 경험으로 인하여 실제로 자신의 능력으로 충분히 문제를 극복할 수 있음에도 스스로 그러한 상황에서 빠져나오기를 거부하는 것, 즉 자포자기하는 것을 의미합니다. '학습된 무력감'이라고도 하지요.

학교나 가정에서 실패의 경험이 지나치게 쌓여 무력감에 빠지면 연습으로 향상할 수 있음에도 어떠한 시도조차 하지 않을 수 있습니다. 따라서 부모나 선생님은 아이들이 적절한 성취감을 맛볼 수 있도록 고민하고 도와줘야 합니다. 사람은 누구나 자신이 할 수 있다고 생각하는 범위 안에서 '하고 싶다'는 생각이 들게 마련입니다. 스스로 불가능하다고 생각하는 일을 하고 싶다고 생각하는 사람은 없기 때문입니다. 실제로 많은 중·고등학생들이 학습된 무기력을 겪고 있고, 심지어 초등학생들까지 뭔가 하려는 의욕을 잃고 동기부여를 얻지 못하고 있는 것이 현실이지요.

그런데 태어날 때부터 의욕이 없는 아이는 존재하지 않습니다. 대부분의 아이는 매사에 부지런하고 의욕이 넘칩니다. 왜냐하면 '불가능'이라는 개념이 없기 때문이죠. 하지만 초등학교 입학 후 본격적으로 학습을 시작하면서부터 인지 발달이 다소 느린 아이들은 끊임없이 부정적인 피드백에 노출됩니다. 심지어 늘 자기편에서 응원해주었던 부모에게도 상처를 받게 되지요.

"어제 엄마랑 분명히 미리 풀어본 문제인데 왜 실수했어!"

"도대체 몇 번을 말해야 알아들어. 어휴, 답답해."

이런 말과 함께 한숨 소리를 들으면 아이의 마음은 실패에 대한 두려움과 부모에게 인정받지 못했다는 자책감에 빠지게 됩니다. 문제는 많은 부모가 아이들에게 보이는 무의식적인, 혹은 습관적인 부정적 표현을 쉽게 알아차리지 못한다는 겁니다. 사소해 보이지만 매일 반복되는 부정적 피드백을 받은 아이는 점점 의욕을 잃어버릴 수밖에 없지요. 특히 부모나 주변 사람들의 기대치가 지나치게 높은 경우 그것을 충족시킬 수 있는 성과를 내기가 더더욱 힘들기 때문에 아이의 정확한 능력을 평가하는 것이 학습된 무력감에 빠지는 것을 막기 위해 가장 중요합니다.

아이가 학습된 무기력 상태로 빠지게 되는 가장 핵심적인 요인은 아이 스스로 공부를 잘하지 못하는 원인이 자기 자신에게 있다고 믿는 것입니다. 이를 심리학에서는 '내부 귀인'이라고 부르는데, 자신의 능력에 대한 불신으로 가득한 상황이라고 할 수 있지요. 이러한 상태를 벗어나도록 돕기 위해서는 아이가 노력하는 '과정'을 중심으로 격려와 칭찬을 반복해주는 것이 효과적입니다. 스탠포드 대학교 심리학자 캐롤 드웩 교수는 초등 5학년 학생을 대상으로 한 실험을 진행한 적이 있습니다. 먼저 쉬운 문제로 이루어진 시험을 보고난 후 아이들에게 점수와 함께 한마디씩 다른 형태의 칭찬을 해주었습니다. 한 그룹의 아이들에게는 "정말 똑똑

하구나. 머리가 정말 좋아!"와 같이 지능이나 능력에 대한 칭찬을 해주었고, 다른 그룹의 아이들에게는 "그동안 공부하느라 정말 애썼구나. 이렇게 좋은 점수를 받다니!"와 같이 노력이나 과정에 대한 칭찬을 해주었습니다. 그런 다음 두 번째 시험에서는 아이 스스로 쉬운 문제와 어려운 문제 중 하나를 선택하도록 했습니다. 그랬더니 지능이나 능력을 칭찬받은 그룹의 대다수 학생들은 쉬운 문제를 선택했습니다. 두 번째 시험에서 점수가 떨어지면 멍청해 보일까 봐 방어적인 선택을 한 것이지요. 반면 노력이나 과정을 칭찬받은 그룹은 무려 90퍼센트가 어려운 문제를 선택했습니다. 게다가 매우 어려운 세 번째 시험까지 보게 했을 때 많은 아이가 시험을 포기했지만, 노력을 칭찬받은 아이들 몇몇은 문제 풀기에 매우 몰두하는 모습을 보였습니다. 왜 이런 차이가 나타났을까요? 지능을 칭찬받은 아이들은 결과에 따라 자기 능력이 평가된다는 생각에 점수와 자신의 능력을 동일시했던 반면, 노력이나 과정으로 칭찬받은 아이들은 결과보다는 열심히, 최선을 다하는 모습을 보여주는 것만으로도 자신을 증명할 수 있었고 칭찬받으리라는 기대감이 있었기 때문입니다.

아이의 성장을 방해하는 부모의 피드백

아이를 생각하는 마음에 자주 하는 부모의 언어 습관이 있지요. 물론 부모의 성격과 성향에 따라 차이는 있지만, 유독 학습과 관련해서는 아무래도 한국 사회 분위기상 격려보다 질책의 뉘앙스가 강한 표현들이 많습니다. 받아쓰기, 구구단, 연산 등을 집에서 열심히 연습하고도 성적을 만족스럽지 않게 받아 오는 상황을 마주하면 자기도 모르게 "도대체 잘하는 게 뭐니", "어제 몇 시간을 한 건데 왜 하고도 몰라?"라며 아이의 능력을 질책하기 쉽습니다. 이후 아이가 노력해서 백 점을 받아 와도 "이렇게 할 수 있으면서 왜 진작 이렇게 안 했어?"같이 핀잔을 주는 경우가 다반사지요. 부모의 이런 반응을 반복적으로 접하게 된 아이들 입장에서는 노력을 하든, 하지 않든 좋은 피드백을 듣지 못한다면 차라리 아무 노력도 하지 않는 게 합리적이라고 여기게 됩니다.

가정 내에서 아이의 학습 동기부여를 할 수 있는 방법을 알아봅시다.

❶ 휴대폰으로 아이와 함께하는 상황을 녹화해보세요

언어 습관은 무의식적인 부분이 커서 자기도 모르게 툭 튀어나오는 경우가 많습니다. 친밀한 가족 사이에 본의 아니게 상처 주는 말을 하기 쉬운 이유도 바로 그 때문이지요. 습관적인 표현이나 행동을 교정하기 위해서는 반드시 자기 객관화 과정이 필요합니다. 즉 타인의 시선으로 자신을 바라보는 것이 도움 되는데, 가족이 모여 있는 주방 혹은 거실에 카메라를 설치해 주말 동안 30~40여 분 이상 녹화하고 아이를 대하는 자신의 말과 행동을 객관적으로 점검해보는 것을 권합니다. 실제로 저와 상담했던 많은 부모님이 영상 속에 비친 자신의 표정이나 표현을 보고 '그런 의도가 아니었는데 아이들에게는 전혀 다르게 비칠 수 있겠구나' 하는 깨달음을 많이 얻었습니다.

❷ 작은 성공이나 성취를 꾸준히 이룰 수 있도록 도와주세요

기본적으로 사람은 자신감이 높고 부담이 적을 때 도전하고자 하는 의욕이 커지게 마련입니다. 자신감이라는 것은 '할 수 있겠다'라는 생각이 들면 저절로 생겨나는 것이니까요. 아주 작고 사소한 일이더라도 아이가 노력한다는 것 자체에 더 큰 의미를 두고 아이를 바라봐주세요. 아이에 대한 기대가 지나치게 높으면 그 마음이 비언어적으로도 아이에게 전달되기 쉽습니다. 그럴수록 아이의 부담감은 커지고 자신감은 줄어듭니다.

❸ 단기적인 목표로 성취감을 느끼도록 도와주세요

학습된 무기력을 보이는 아이의 의욕을 북돋기 위해서는 단기적인 목표를 통해 아이에게 성공에 대한 기억을 안겨주는 것이 가장 중요합니다.

❹ 게임 시간이 늘어난 경우 서서히 줄여주세요

오랜 기간 무력감에 빠졌던 아이들은 성취감을 느껴본 경험이 많지 않기 때문에 즉각적인 보상을 얻기 위해 자극적인 게임이나 인터넷 채팅 등을 탐닉하기 쉽습니다. 이 경우 '중독'이라는 극단적인 이름으로 아이를 나무라기보다는, 그동안 아이가 얻을 수 있었던 유일한 보상이 게임이었다는 이해로 접근하는 것이 최선입니다. 따라서 무턱대고 게임 시간을 조절하는 건 아이 입장에서는 유일한 보상을 빼앗는 것으로 인식되어 극심한 감정적 거부 반응을 보이기 쉽습니다. 전문가의 도움을 받아 아이 상태를 점검하고 점진적으로 자기 조절 능력을 얻어 게임 외에도 다른 보상을 찾을 수 있는 방법을 고민해주세요.

틀리는 게 무서워 시도하지 않는 아이

저학년 아이를 키우는 부모들이 가장 자주 실수하는 부분이 공부를 봐주다가 아이가 틀리는 것에 크게 반응하며 지적을 반복하는 것입니다. 특히 초등 저학년의 경우 맞춤법이 틀려도 지적하지 않는 것이 매우 중요합니다. 어떤 아이들은 맞춤법이 틀리는 것을 지적받을까 봐 불안한 마음에 글씨 쓰는 것 자체를 꺼리기도 합니다. 그럴 때는 그냥 소리 나는 대로 쓰게끔 지도하는 편이 낫습니다. 발음이 되는 대로 편하게 써보면서 불필요한 두려움을 줄일 수 있기 때문이지요. 소리를 내보고 실수를 반복하며 써보기도 하면서 차츰차츰 맞춤법을 올바르게 쓰는 것도 배우게 됩니다.

아이들의 가장 강력한 학습 동기는 바로 부모의 사랑과 격려입니다. 실제로 학습 장애를 겪는 아이들 가운데 60퍼센트 이상이 우울 장애를 동반하는데, 그중 대부분의 아이가 '공부를 못해서 엄마가 나를 싫어할까 봐' 지적받을 일을 만들지 않기 위해 역설적으로 공부를 하지 않으려고 합니다. 학습 과정에서 아이에게 가해지는 지적과 시간 제약은 매우 큰 부담으로 다가옵니다. 지적을 받으면 받을수록 불안이 차오르게 되지요. 이런 상태에 놓이면 아이는 편안하게 자기를 드러내지 못하고 항상 자기 감정과 욕망을 조절하게 됩니다. 긴장감이 높아지고 불안이 올라오면서 조금만 상황이 어려워져도 부모나 친구에게 의존적인 태도를 보이는 것이 습관화됩니다.

🔍 정서 안정과 공부에 도움이 되는 뇌 안의 호르몬

노르에피네프린은 긴장하거나 스트레스를 받으면 생기는 호르몬입니다. 아이가 적절한 긴장 상태에 있거나 감당할 수 있는 범위의 스트레스를 받게 되면 처음엔 뇌가 맑아지고 집중력이 생깁니다. 특히 자기 능력 이상의 힘을 보이는 경우에도 노르에피네프린이 작용하게 되지요. 하지만 극복할 수 없을 정도의 심한 스트레스는 노르에피네프린의 과다 분비를 유발하여 아이의 면역력을 떨어뜨리거나 집중을 유지하는 데 독이 됩니다.

아세틸콜린은 노르에피네프린의 반대 역할을 하는 호르몬으로, 과도한 흥분을 가라앉히는 역할을 합니다. 아세틸콜린을 만드는 뇌의 부위는 해마와 연결되어 있는데, 해마는 기억, 학습에 핵심적인 역할을 하는 핵심적인 뇌 영역입니다. 따라서 아세틸콜린 분비량이 풍부하면 기억력에 긍정적인 영향을 주는 것으로 알려져 있습니다. 아세틸콜린의 성분인 콜린이 들어간 음식으로는 두유, 달걀, 두부가 있는데, 콩과 달걀은 레시틴을 다량 함유하고 있고, 바로 이 레시틴에 의해 아세틸콜린이 해마로 유입되어 기억력이 좋아지게 됩니다.

완벽주의 성향이 강한 아이의 7가지 특징

- 위생에 지나치게 민감해서 손을 유난히 자주 씻거나 오염에 대한 두려움을 반복해서 표현합니다.
- 모르는 사람이 자기 혹은 부모님을 해코지할까 봐 낯선 곳에 가는 것을 두려워합니다. 몇 번씩 안심시켜줘도 하루에도 수십 번씩 엄마가 죽는 건 아닌지 걱정하는 이야기를 반복하기도 합니다.
- 지나치게 꼼꼼하고 세심해서 마트에서 사 온 물건을 몇 번씩 세어본

다거나 엄마한테 확인을 해야 직성이 풀립니다.

- 집 안 물건을 자기 나름대로의 규칙에 맞춰서 배열해두거나 좌우 균형을 맞춰서 놓으려고 하고 조금만 어긋나도 불같이 화를 냅니다.
- 물건을 오랫동안 간직하면서 잘 버리지 않으려고 하고 학교 운동장이나 공원에서 주운 물건도 서랍 안에 모셔두듯이 보관합니다.
- 교통신호를 지키기나 줄 서기 등의 사회적 규칙에 지나치게 집착합니다.
- 특정 단어나 소리, 음악이 계속 머리에 떠올라서 다른 생각을 제대로 하지 못합니다.

불안과 강박이 공부에 미치는 영향

"초등학교 2학년 딸을 키우고 있는 아빠입니다. 아이가 학교에서 공부하는 것을 너무 힘들어하는데 이야기하는 걸 가만히 들어보면 공부를 하기 싫어서 그런 게 아닌 것 같아요. 어느 날은 '5'라는 숫자가 계속 머릿속에 떠올라서 수업 흐름을 놓쳤다고도 하고, 교과서를 읽을 때에도 두세 문장 정도 잘 따라가다가 앞에 나왔던 내용을 다시 확인하고 싶은 마음이 들어서 진도를 따라가지 못하고, 한 문단만 반복해서 읽다가 수업을 망쳤다는 이야기도 하더라고요. 뭐가 문제일까요?"

주의력에 큰 문제가 없다 하더라도 정서적으로 불안정한 상태에서는 집중력을 유지하기 힘들 수 있습니다. 마음이 심란한 상태에서 안절부절하며 제대로 주의를 기울이는 게 어려운 것은 아이나 어른이나 모두 마찬가지이지요. 이러한 정서적 요인으로 주의력이나 학습 효율성에 문제를 일으키는 원인 중 하나가 바로 불안과 강박입니다.

불안과 강박은 동전의 양면과 같은 관계라고 할 수 있습니다. 주변 환경이나 또래 관계에서 불안감을 상당히 오랜 기간 겪은 아이들은 예측하지 못한 불안을 예방하기 위해 스스로 '관습적인 행동'을 하며 불안을 달래려고 시도하는데, 이 관습적인 행동을 '강박 행동'이라고 합니다. 앞서 보았던 초등 2학년 여자아이의 경우 역시 '5'라는 숫자가 계속해서 떠오른다고 했는데, 어쩌면 그 전에 숫자와 관련된 트라우마 사건이나 지나치게 엄격한 부모의 통제 등이 영향을 주었을 가능성이 있습니다. 문장을 거듭 반복해서 읽는 모습 역시 아이가 가진 성격상의 요인이 주된 원인이라기보다는 주변 사람들의 시선을 과도하게 의식하면서 보상받기 원하는 심리적 요인에서 비롯된 문제로 볼 여지도 있고요.

이렇게 강박 증상과 불안 문제가 계속될 경우 학교에서 공부하는 것에 나쁜 영향을 주는 것은 물론 친구 관계에서도 갈등이 유발될 가능성이 높아집니다. 자신만 알고 있는 규칙을 친구들에게 강요하려다가 다툼이 벌어지기도 하고, 유연하게 상황을 해석하는 능력이 부족해서 사소한 일로도 친구들과 싸우는 경우가 빈번하게 일어날 수 있지요. 심지어 강박 증상이 장기간 지속되는 경우 틱 장애가 함께 나타날 가능성이 있고, 눈에 띄는 틱 증상으로 친구들에게 놀림을 받아서 심적으로 힘들어질 가능성 역시 배제하기 힘들기 때문에 조기에 개입해서 마음을 살펴볼 필요가 있습니다.

물론 연령에 따라서 강박적 사고 혹은 강박 행동을 보이는 경우도 있습니다. 예를 들어 어떤 아이들은 방에 놓인 물건들이 늘 있던 대로 놓여 있어야 한다고 생각하거나, 자기 전에 이불을 똑바로 편 후에 그 안으로 들어가야 잠을 잘 수 있다고 이야기하는 등 루틴화된 일종의 '의식ritual'을 시행하는 것처럼 보이기도 하지요. 이런 독특한 행동은 자기 신체의 조절 능력이 발달하는 과정에서 나타날 수 있는 행동이고, 점차 자라면서 모든 사물을 정돈하는 것이 아니라 자기 관심사에 맞는 물건들만 수집한다거나 취미를 갖는 것으로 대체되기 때문에 단순히 독특한 행동이 한두 번 관찰되었다고 해서 큰 문제가 되는 것은 아닙니다. 하지만 이러한 행위가 일상생활에 지장을 줄 정도라면 정상적인 발달 과정에서 다소 비켜난 것으로 볼 수 있기 때문에 전문가의 도움을 받는 것이 좋습니다. 임상적으로는 강박 행동으로 의심되는 행동의 빈도, 내용 등에 따라 정상 발달 여부를 구분하기도 합니다.

강박 장애가 있는 아이는 미묘한 신경학적 문제가 엿보이기도 합니다. 흔히 언어 발달 수준에 비해 비언어적 기술에서 부족한 모습을 보이기도 하지요. 예를 들어 쓰기를 힘들어하는 모습을 자주 보이는데, 글쓰기 능력이 부족해서 쓰지 못하는 것이 아니라 완벽하게 자음과 모음을 써내지 않으면 심리적으로 만족스럽지 않다고 느끼기 때문에 애당초 시작을 거부하는 경우가 여기에 해당합니다. 따라서 강박적인 사고를 따르려다 이해력이 떨어진 것인지, 쓰기 장애로 인해 이해력이 떨어진 것인지를 구분하는 것이 중요합니다. 강박 증상이 나타나는 대략적인 시기는 남자아이의 경우 9세, 여자아이의 경우 11세 무렵이 많습니다. 이러한 문제는 기질적인 취약성에서 비롯될 수 있기 때문에 미리 아이의 기질을 알고 그에 맞는 양육 방법을 맞추어나가는 것이 매우 중요합니다.

내 아이의 기질 파악하기

낯가림이 없어 누가 안아도 방긋방긋 웃고 잠자리가 바뀌어도 잘 자는 아기. 이런 아이를 '기질이 순한 아이'라고 부릅니다. 반면 젖병이 바뀐 것을 기가 막히게 알아채고, 낯선 사람만 보면 큰 소리로 울고, 매일 같은 잠자리에서도 두어 시간 넘게 보채는 아기를 '기질이 까다로운 아이'라고 부릅니다.

기질은 심리학자들이 처음 사용한 용어로, 어떤 상황에 처했을 때 아이가 보이는 감정적 · 행동적 방식을 말합니다. 심리학자와 신경 과학자들은 기질에 많은 관심을 두는데, 기질은 타고나는 것으로 영아기 때부터 또렷하게 드러나며 어떤 자극과 환경에서 성장하느냐에 따라 향후 다른 양상으로 발전할 수 있기 때문입니다. 다시 말해 기질은 타고나기에 바뀌지는 않지만 아이가 주변으로부터 긍정적인 경험을 더 많이 쌓는지, 부정적인 경험을 더 많이 쌓는지에 따라 더욱 강화되거나 약해질 수 있습니다. 그 결과 특정 상황에 닥쳤을 때 아이가 대응하는 방식이 달라집니다. 심리학자와 신경과학자들이 연구할 거리가 무궁무진한 것이지요.

연구에 따르면 약 75퍼센트에 이르는 대부분의 아이는 순한 기질을 타고나는 것으로 보고되었습니다. 순한 기질의 아이들은 규칙적인 일상생활에 대한 적응력이 높고, 낯선 대상이나 상황에도 긍정적으로 반응하기 때문에 부모와의 관계도 좋습니다. 반면 약 10퍼센트의 아이가 까다로운 기질인 것으로 추산되는데, 이 아이들은 주로 수면이나 식습관 등 일상생활에서 불규칙한 패턴을 보이고 욕구가 좌절되면 격렬한 반응을 보였습니다. 그로 인해 부모들은 육아를 상당히 힘들어하고 부정적인 감정을 자주 느끼기 때문에 아이와 좋은 관계를 맺기 어려울 수 있습니다. 마지막으로 약 15퍼센트의 아이는 느린 기질을 가진 것으로 추산되는데, 낯선 사물이나 사람을 보아도 호기심을 보이지 않고 새로운 환경에서도 활동적이지 않은 경우가 많습니다. 따라서 이 아이들은 상황 변화에 적응이 느리고, 부모는 아이를 자주 재촉하고 채근하고 미리 챙기게 됩니다. 아이들은 부모의 기대를 따라가기 힘들기 때문에 스트레스를 받고 지속적으로 좌절을 경험합니다.

각 기질에는 장단점이 존재합니다. 까다로운 아이라고 다 나쁜 점만 있는 것은 아니고, 순한 아이라고 다 좋은 점만 있는 것도 아니지요. 까다로운 아이는 남다른 예민함이 있고, 순한 아이는 변화의 스트레스에 강합니다. 다만 부모가 어떻게 양육하느냐에 따라 까다로운 아이가 예리한 아이가 될 수도 있고, 까탈스러운 아이가 될 수도 있습니다. 순한 아이가 강인한 아이가 될 수도, 눈치 보는 아이가 될 수도 있는 것이지요. 아이의 기질은 크게 세 가지, 감각 민감도와 적응력, 스트레스 저항력으로 특성을 나누어볼 수 있습니다. 우리 아이는 어떤 모습을 보이고 있나요?

❶ 기질에 따라 달라지는 감각 민감도

까다로운 아이는 감각이 민감합니다. 따라서 맛 변화에 민감하고 특정 냄새를 맡으면 심하게는 구토를 하기도 합니다. 또 소리에도 예민하게 반응합니다. 이런 아이는 이유식 맛이 조금만 변하거나, 늘 자던 곳에서 낯선 소리만 나도 강한 거부감을 보이기도 하죠. 아이를 키우는 부모 입장에서는 도대체 뭐가 문제인지 알아차리기 힘들 때가 많습니다. 뭘 먹일지, 어떻게 재울지가 늘 숙제처럼 느껴지고요. 반면 순한 아이는 규칙적으로 먹고 자고, 편식도 심하지 않아 상대적으로 키우기 쉽습니다.

❷ 기질에 따른 적응력 차이

순한 아이는 성가대 소리로 가득 찬 교회에서도 숙면을 취하고, 오랜만에 보는 친척에게도 거리낌 없이 안겨서 방긋방긋 웃습니다. 이런 성향은 어린이집이나 유치원 같은 보육 시설에서 강점이 됩니다. 담임 선생님의 우호적인 반응을 이끌어내는 경우가 많기 때문이지요. 반면 기질이 까다로운 아이는 새로운 환경에 적응하는 시간이 오래 걸리고, 부모와의 분리를 과도하게 불안해하는 등 주변 상황에 예민하게 반응합니다.

❸ 기질에 따라 달라지는 스트레스 저항력

까다로운 기질의 아이는 작은 자극에도 큰 정서적 반응을 보이며, 불쾌감을 느끼는 빈도도 상당히 많습니다. 반면 순한 기질의 아이는 외부 자극을 수용하는 능력이 뛰어나고 스트레스에 대한 저항력이 강합니다. 그래서 세상을 바라보는 기본적인 정서가 긍정적입니다.

예민한 기질의 아이를 위한 학습 솔루션

예민한 기질의 아이는 부모의 인정에 늘 목말라 있습니다. 얼마 전 상담했던 여섯 살 여자아이의 경우 역시 발레학원을 너무나 다니고 싶어 해서 등록했더니 3개월도 채 되지 않았는데 그만하고 싶다고 투정을 부리거나, 미술학원도 오래 다니지 못하는 등 금방 그만두는 모습을 보이는 예민한 기질의 아이였습니다. 그러면서도 아이는 엄마 아빠나 선생님으로부터 잘한다는 칭찬을 듣고 싶어 한다고 했지요. 이런 경우 어떻게 하는 것이 현명하게 대처하는 것일까요?

아이가 무엇을 하든 금방 그만두면서도 칭찬받고 싶어 한다면 아이의 속마음부터 자세히 들여다봐야 합니다. 먼저 반드시 짚고 가야 하는 것이 있습니다. 아이가 정말 새로운 걸 배우는 것 자체를 좋아하는 것인지, 아니면 새로운 것을 배우기 시작할 때 받게 되는 관심과 격려의 눈길을 통해 인정받길 원하는 것인지를 구분하는 것이지요. 특히 칭찬이나 인정만을 받기 위한 수단으로 새로운 것을 배우려는 태도가 반복적으로 보이는 경우라면 심리적인 문제가 있을 수 있습니다. 아이는 스스로 무언가 부족한 것이 있다고 느낄 때 칭찬으로 보상받으려고 하기 때문입니다. 아이에게 부족한 것이 무엇인지 구체적으로 따져보고 그것을 채워줘도 상황이 개선되지 않는다면, 뭔가 배웠다 그만두는 행동을 단호하게 저지해야 합니다. 학습 자체에 재미를 느끼지 못하고 오로지 칭찬 받기 위해 계속 무언가를 시도하는 것은 결국 아이의 자연스러운 학습 발달을 방해하기 때문입니다. 그렇다면 왜 기질적으로 민감한 아이들이 이런 모습을 보이는 것일까요? 가장 흔한 경우는 부모의 과잉 기대에서 비롯됩니다.

기질적으로 예민하고 사회적 민감도가 높은 아이들은 부모의 표정과 말투만으로도 부모가 자신을 어떤 마음으로 대하고 있는지 귀신같이 알아챕니다. 부모가 교육을 시키며 아이가 잘하기만 바라는 경우 아이들은 심리적 부담을 갖게 됩니다. 그래서 일단 시작은 하지만 부모의 암묵적인 기대에 부응하지 못한다는 생각이 들면 그만두고 싶어 하는 것이지요. 아이가 아무것도 하지 않고 있으면 불안해지는 것이 엄마입니다. 그래서 이것저것 새로운 배울 거리를 아이 의사와 무관하게 제시하게 되고, 엄마의 이런 마음을 아는 아이는 어쩔 수 없이 시작을 하게 되지요. 하지만 그것이 아이의 적성에 맞거나 좋아서 하는 것이 아니라면 조금 배우다 그만두는 악순환만 남게 됩니다. 따라서 처음의 의도와 달리 아이에게는 반복된 실패의 기억만 계속 쌓게 되고, 학습 발달 과정에서 배워야 할 성취감을 익히지 못하게 됩니다. 아이가 먼저 동기를 갖기 전에 미리 부모가 무엇인가를 끊임없이 제공하면, 아이는 하고 싶고 되고 싶은 게 없고 무엇이든 끈기 있게 하지 못할 수 있게 됩니다. 아이 자신의 욕구보다는 부모의 바람에 부응하고 싶은 인정 욕구만 강화되면서 학습 동기는 점차 낮아지게 되지요. 그러므로 아이가 좋아하는 것을 관찰한 후 아이의 마음을 반영하는 것이 가장 좋습니다. 특히 기질적으로 예민한 아이의 경우 스스로 할 수 있는 것과 하기 힘든 것의 범위를 분명하게 구분하기 때문에 적성과 흥미에 맞춰 기다려주는 것이 필요합니다. 일단 아이가 자의로 선택한 것이 있다면 믿고 기다려주는 것이 좋습니다. 계속 격려해주면서 진도를 조율하거나 잠깐 쉬게 하는 등 세심하게 배려하는 것이 중요합니다. 어려운 고비를 잘 넘긴 경험은 아이가 다른 일을 할 때도 자신감을 갖게 하는 약이 됩니다.

특히 아이가 좋아하는 게 있으면 싫어하는 것도 있게 마련입니다. 이때는 무엇을 싫어하며 왜 싫어하는지 살피는 것이 굉장히 중요합니다. 그런데도 대부분의 부모는 아이가 좋아하는 건 금방 알아채지만 싫어하는 것에는 큰 관심을 갖지 않습니다. 왜 싫어하는지, 일시적으로 싫어진 것인지, 아니면 심각한 문제가 있어서 기피하는 것인지 깊이 생각하는 것을 놓치지요. 아이가 싫어하는 것을 파악하는 것은 초등학교 입학 후의 학습에 큰 도움이 됩니다. 아이가 학교에 들어가면 자기가 하고 싶은 것만 하고, 하기 싫다고 안 할 수 없습니다. 싫어하는 것은 미리 그 원인을 찾아 해결해주어야 합니다. 이런 작업은 아이 학습 태도의 기본 바탕을 마련하는 일이기도 하기 때문에 매우 중요합니다.

아이가 뭔가를 싫어한다면 반드시 그럴 만한 이유가 있습니다. 아이의 기질과 맞지 않아서일 수도 있고, 새로운 것을 받아들일 동기나 능력이 되지 않는 경우도 있습니다. 이때는 아이가 어려움을 느끼는 원인을 반드시 찾아서 해결해주어야 합니다. 영어 유치원을 다니는 아이가 갑자기 등원 거부를 해서 고민이었던 사례가 있었습니다. 영어 동요도 너무 잘 따라 하고 좋아해서 영어 유치원을 보냈는데 언젠가부터 영어 하는 것을 싫어하고 학습 거부도 심하다는 것이었지요. 검사와 상담을 한 결과, 아이는 영어 유치원의 원어민 선생님을 무서워하고 있었습니다. 예민한 기질 때문에 낯선 환경에서 모국어 없이 영어만으로 이뤄지는 수업에 적응하기 힘들었던 것입니다. 이렇게 아이가 어려움에 부딪혔을 때는 정확한 이유를 알아야 제대로 된 대응이 가능해집니다. 싫어하는 이유를 모르는 상태에서는 결코 제대로 된 학습 효과를 기대할 수 없습니다.

4부

어울림, 혼자 있는 아이의 마음을 알아주세요

사회성 발달 체크 리스트

학령기 이전(만 4~6세)

- □ 놀이의 규칙을 이해하지 못하고 친구들과 싸우며 억울해한다.
- □ 공격적인 행동이 늘어나서 친구들이 피한다는 이야기를 들은 적 있다.
- □ 장난감 같은 자기 물건을 친구에게 양보하지 않고 집착하거나 함께 노는 것을 어려워한다.
- □ 착한 행동을 해서 칭찬을 해도 큰 반응을 보이지 않는다.
- □ 엄마 아빠와 몸으로 놀다가 지나치게 격렬한 행동을 보인다(목 조르기, 발길질하기 등).
- □ 익숙하지 않은 상황에 적응하는 것을 지나치게 어려워하거나 거부하는 일이 반복된다.
- □ 친구들에게 외모에 대한 지적을 자주 해서 주변을 곤란하게 한다("너는 왜 코가 그렇게 생겼어?").
- □ 혼이 나거나 지적을 받으면 불같이 화를 내거나 잘 받아들이지 않는 모습이 반복된다.

초등 1~3학년(만 7~8세)

□ 다른 친구에게 관심을 보이고 공감하는 모습이 적어서 혼자 지내는 시간이 많다.

□ 경쟁 게임에서 규칙을 이해하고 참여하는 데 어려움을 보인다.

□ 한 번 화가 나면 진정되기까지 하루 이상의 시간이 필요하다.

□ 표정이나 몸짓과 같은 비언어적 신호를 읽지 못하고 눈치 없는 행동을 자주 보인다.

□ 다른 사람이 말하는 의도를 제대로 파악하지 못하고 곧이곧대로 받아들인다.

□ 관용적 표현이나 유머, 비유나 상징을 이해하는 데 많은 어려움을 보인다.

□ 옳고 그름에 대한 개념이 있는지 의심이 될 정도로 일탈 행동을 자주 보인다.

□ 친구와 다툼이 일어나도 해결하는 걸 어려워해서 매번 부모나 선생님에게 의존한다.

※ 각 항목에서 네 가지 이상 해당될 경우 전문가의 도움이 필요할 수 있습니다.

1

공감 능력 높은 아이가 리더가 된다

리더십이 강한 걸까, 고집이 센 걸까?

"초등학교 입학을 앞둔 일곱 살 딸을 키우는 엄마입니다. 지윤이는 친구들과 놀이를 할 때 자기 마음대로 하려고만 해서 걱정이에요. 그동안 엄마 말이라면 끔뻑 죽는 아이였는데, 최근 들어 말도 잘 듣지 않고 고집부리며 떼를 쓰는 행동이 부쩍 늘었습니다. 이런 행동은 유치원에서 매일 반복되었는데, 아이들과 놀이를 할 때 친구들이 자기 의견에 따라주지 않으면 규칙을 마음대로 바꿔버리거나, 친구들이 실수한 것이 있으면 꼭 지적하거나 선생님에게 고자질하고는 합니다. 처음엔 리더십이 있어서 그런 모습을 보이는 것은 아닐까, 내심 기대를 했는데 시간이 지날수록 아이에 대해 부정적인 평가가 늘어가면서 갑자기 겁이 나기 시작했어요. 자기중심적인 주장이 많은 아이로 보이다 보니 친구들과도 계속 싸워서 선생님 전화를 받는 일이 늘어났고, 요즘엔 선생님 말씀도 잘 따르지 않는다고 합니다. 주변 친구들 중에 자기주장이 강한 아이들과는 반드시 싸우거나 틀어지고, 지금 지윤이 곁에 남아 있는 친구는 순하고 지윤이 말에 대꾸를 잘 해주는 아이들뿐이네요. 어떻게 도와줘야 할지 걱정입니다."

"공부 잘하는 건 원하지도 않아요. 그냥 아이가 다른 아이들이랑 잘 어울리고 행복하게 살았으면 좋겠어요."

센터에서 상담받는 대부분의 부모님이 공통적으로 하시는 말씀입니다. 공부가 중요하지 않다고 생각해서가 아니라, 사회성을 더 중요하게 생각하는 부모의 마음이 담긴 표현일 테죠.

상담실에서 만난 지윤이는 에너지가 넘치고 반짝반짝 빛나는 눈으로 주변을 둘러보며 호기심 어린 질문을 하는 똘똘한 아이였습니다. 자기주장이 강해서 친구들과의 갈등을 빚는 아이로 보이지 않을 정도였지요. 하지만 이렇게 자기주장을 수용해주고, 편안한 환경에서 안정적으로 지내는 아이라고 해도 갈등이 생겼을 때 혹은 자기주장이 막혔을 때 이를 원만하게 해결하는 데 어려움을 겪는다면 유치원이나 초등학교 같은 집단생활에 적응하는 데 심각한 문제가 발생할 수 있습니다. 이런 경우 특정한 질환이 원인으로 나오지 않는 경우가 많기 때문에 그만큼 부모의 마음은 더 답답하고 혼란스러워지게 마련입니다.

지금 지윤이에게 가장 부족한 모습은 지나친 고집으로 다른 사람의 입장을 공감하지 못하고 자기감정을 조절하는 데 어려움을 겪는 것이라고 할 수 있습니다. 따라서 지윤이가 아무리 친구를 많이 사귀고 쉽게 친근함을 표현할 수 있는 아이라고 해도 결코 사회성이 좋은 아이라고 말할 수 없는 것이지요. 사회성이 좋은 아이는 친구를 많이 사귀는 아이가 아니라, '문제가 생겼을 때 갈등을 원만하게 해결할 줄 아는 능력이 있는 아이'라고 할 수 있습니다. 사회성이 잘 발달된 아이들은 자신의 행동이 다른 사람들에게 어떤 영향을 미치는지 잘 알고 있고, 의사소통 능력 및 갈등 조정 능력이 높기 때문에 소위 말하는 '리더십 있는 아이'로 자라나게 됩니다.

사회성이란 사회의 기준에 맞게 행동하고, 성격이 원만해서 남들과 큰 갈등 없이 지내고, 친구를 사귀면서 관계를 지속적으로 유지하고, 집단생활과 사회적 활동을 즐기면서 참여할 수 있는 능력을 말합니다. 이러한 정의에 따르면 사회성이란 한 가지 영역이 아닌 다양한 영역에서의 조화로운 발달이 전제되어야 합니다. 그래서 개인적으로 상담실에서 만난 부모님들에게 '사회성 발달은 심리적 개입 수단 가운데 알파이자 오메가'라는 말씀을 반복해서 전합니다. 언어 발달은 물론이고 대근육과 소근육의 원활한 발달이 이루어져야 주변을 적절하게 파악하고 상황에 맞게 이야기할 수 있기 때문에, 사회성 발달이라는 것은 모든 발달의 종합 선물세트와 같은 것이라고 할 수 있지요. 사회의 기준에 자신을 잘 맞추기 위해서는 무엇보다도 자기 조절 능력과 도덕성이 발달되어야 하고, 타인과 원만한 관계를 맺기 위해서는 부모와의 안정적인 애착 관계가 전제되어야 한다는 점에서 사회성 발달은 다양한 발달적 숙제를 해결해야만 얻어질 수 있는 열매입니다. 그렇기 때문에 태어날 때부터 훌륭한 사회성을 갖고 태어나는 아이는 없다고 할 수 있습니다.

아이가 성장하는 동안 사회성도 함께 발달합니다. 일반적으로 인간의 정서 발달은 크게 영아기·유아기·아동기·청소년기·성인기·노년기로 나뉘는데, 사회성은 영유아기에 기초가 닦이고 아동기를 거쳐 꽃이 피게 됩니다. 그 뒤로는 조금씩 수정되거나 보완되면서 개개인마다 고유한 특성으로 자리 잡게 됩니다. 영유아기 때 사회성의 기초가 제대로 닦이면 이를 토대로 아동기를 거치면서 친구들과 함께하는 즐거움을 만끽하게 되고, 주변 환경에 편안하게 적응하게 됩니다. 그러나 영유아기 시기에 사회성의 기초가 제대로 발달되지 못한 경우 작은 일에도 과도한 에너지를 사용하면서 스트레스를 받게 되고 적응 과정에서 다양한 어려움을 겪게 되지요.

사람은 태어나 제대로 걷는 데만 꼬박 1년이라는 시간이 걸리는 존재입니다. 그만큼 부모나 주변 환경에 의존하면서 발달해야 하는 존재이지요. 배고프다는 말보다는 울음으로 의사표현을 1년 이상 하고, 능숙하게 자기표현을 하려면 최소한 5년이라는 시간이 흘러야 합니다. 이 과정에서 보이는 가장 큰 변화는 수동적인 존재에서 능동적인 존재로 성장하고 발달한다는 것입니다.

애착 발달과 사회성의 관계

사회성이 발달하는 데에는 다양한 요인이 관여하지만, 가장 중요하게 생각해야 하는 부분은 애착이라고 할 수 있습니다. '애착attachment'은 아이와 부모가 맺는 정서적인 유대감으로, '인간의 생존 시스템'입니다. 부모의 일관된 보호와 돌봄, 지지 속에서 아이는 안락함, 안정감을 느끼며 점진적으로 애착을 형성하게 됩니다. 아이 입장에서 어떤 사람과 애착을 유지한다는 것은, 자신이 생존하는 데 도움을 주고 안전하고 믿을 수 있는 대상이 있다는 걸 의미합니다. 즉, 안정적인 애착 대상을 가진 아이는 세상을 바라보는 시선이 기본적으로 평온하고 긍정적인 반면, 애착 대상이 불안정한 아이가 바라보는 세상은 믿을 수 없고 부정적인 것으로 다가올 수밖에 없습니다. 따라서 영유아기, 아동기의 애착 형성은 아이의 발달과 성격 형성에 중요한 역할을 하고 사회적 관계를 형성하는 데 큰 영향을 미치게 됩니다.

그래서 아이들은 엄마의 애착을 유발하기 위해서 적극적으로 행동합니다. 눈이 마주치면 방긋 웃고, 먼저 다가가서 손대고, 만지고, 매달리고, 비비고, 배가 고프면 칭얼대고 불편하면 찡찡댑니다. 이런 행동은 대부분 기본적인 욕구를 채워달라는 시그널이지요. 엄마가 아이의 시그널을 정확하게 알아차려 제때 반응해줘야 아이는 안전하고 편안한 상태를 기본적인 정서로 갖게 됩니다. 이러한 애착 과정이 반복되면서 아이는 엄마가 자신을 정서적으로 안정시켜주는 사람이라는 심리적 이미지를 만들어나갑니다. 그러한 이미지가 자리 잡고 있어야 엄마가 없을 때에도 편안함을 느끼게 되고, 낯선 타인을 만나도 그 사람이 자기를 귀찮게 하거나 괴롭히거나 거절하지 않을 거라고 생각하고 타인과의 관계 역시 원만하게 유지할 수 있는 심리적인 바탕이 마련됩니다.

반응성 애착 장애reactive attachment disorder는 적절한 애착이 결핍된 아동에게 나타나는 장애로, 여기에 해당되는 아동은 웃음 등의 긍정적인 감정 표현이 적고 타인에 대한 반응성이 낮은 특징을 보입니다. 생후 24개월 이내의 시기 동안 반복된 주양육자의 부재 또는 방임 등의 영향으로 발생하는데, 이런 원인과 연관되어 말이 늦거나 사회적 신호를 알아채는 능력이 떨어지고, 정서 발달이 늦어지는 등 다양한 발달 문제가 동반됩니다. 또한 주양육자가 지나치게 빈번하게 바뀌어서 아이가 애착을 형성할 대상이 불안정하거나, 위탁 보육기관 등에서 방임된 경우에도 반응성 애착 장애가 발생하게 됩니다.

반응성 애착 장애 아동은 애착이 형성되지 않았기 때문에 주양육자에게 억제된 감정을 보이는 것이 핵심 증상이라고 할 수 있고, 이로 인해 자폐 스펙트럼 장애로 잘못 진단받는 경우도 심심찮게 있습니다. 아이처럼 해맑게 웃거나 즐거워하는 모습도 잘 보이지 않고, 긍정적인 감정 표현은 물론 슬프거나 화가 난 상태와 같은 부정적인 감정의 조절을 어려워하는 모습을 보이기도 합니다. 다른 사람들에 대해서도 관심이나 흥미가 없어 잘 반응하지 않고 이로 인해 사회적 관계 형성에 어려움을 겪기도 하지요. 특히 언어나 인지 발달 문제가 자주 나타나며, 극단적인 방임에서 비롯된 영양 부족이 신체적인 발달을 저해하는 경우도 있습니다.

이 같은 문제가 보이는 경우 아이의 증상, 병력, 발달 정도, 양육 과정,

환경 등의 정보를 바탕으로 한 전문가의 진단이 중요합니다. 자폐 스펙트럼과 달리 반응성 애착 장애는 원인이 해결되면 충분히 개선될 수 있습니다. 아이에게 안정적인 애착을 제공하는 것이 주된 목적으로 주 양육자의 적극적인 노력이 필요합니다.

월령별 사회성 발달 과정

❶ 5~18개월: 상호작용의 기반을 마련하는 시기

생후 5~6개월이 지나면 영아들은 조금씩 자신과 다른 사람을 구분하기 시작합니다. 이 시기의 아이들은 다른 사람의 얼굴을 구분해서 알아보고 익숙한 사람에게만 선택적으로 반응하며 사회적 미소를 짓기 시작하지요. 바로 이 미소가 주변 사람들의 반응과 관심을 유도하면서 사회적 교류를 하게 만드는 역할을 합니다. 생후 8개월에서 12개월이 되면 부모를 쳐다보고 말을 하는 등 상호작용 기술을 사용하기 시작합니다. 이 시기엔 특히 부모의 동작을 따라 하기도 하고, 13개월에서 18개월이 되면 당장 눈앞에 엄마가 보이지 않아도 어딘가 엄마가 있을 것이라는 믿음을 갖게 됩니다. 이러한 믿음을 '대상 영속성object permanence'이라고 부릅니다. 이것은 아이에게 굉장히 중요한 믿음으로서, 대상 영속성이 형성되어야 아이는 엄마와 분리된 자신을 받아들일 수 있게 되고 자신과 다른 사람을 구별할 수 있게 됩니다. 그래서 당장 엄마가 눈앞에 보이지 않아도 엄마를 부르면 다시 나타날 것이라는 믿음이 있어 안정적인 애착을 만들 수 있는 인지적인 기초가 형성됩니다. 또한 엄마 이외에 다른 사람에게도 관심을 확장하게 되지요. 이 시기까지의 영아들이 주변 환경을 편안하게 느끼는지, 아니면 불안정하고 무서운 대상으로 인식하는지가 아이의 정서 발달에 평생에 걸친 영향을 주게 됩니다. 세상과의 기본적인 신뢰 관계를 형성하는 것이지요.

❷ 36~48개월: 사회적 관점을 터득하는 시기

일반적으로 만 3~6세는 사회성과 도덕성에 대한 지식이 급격하게 늘어나는 시기라고 할 수 있습니다. 이 시기의 유아들은 사회적 접촉을 어떻게 하고, 또래들과 어떻게 어울려 지내야 하는지 배우게 되고, 어떤 행동이 사회적으로 인정받고 좋은 행동으로 여겨지는지 알게 됩니다. 특히 이 시기에 반드시 이뤄져야 할 발달 단계는 다른 사람의 관점을 받아들이고 감정을 조절하면서 갈등을 해결하고 성 역할에 대해 이해하는 기술을 익히는 것입니다.

만 3세가 되면 아이들은 자신의 성별에 대해 알게 되고 남자아이들의 경우 이 시기 즈음하여 신체적인 공격적 행동이 나타나는데, 친구 관계에서 질투심을 보이는 등 변덕스러운 모습을 보이기도 합니다. 만 4세 무렵부터 이성 친구보다는 동성 친구와 더 어울리려는 모습을 보이고 만 3세부터 보이기 시작한 공격적인 행동이 가장 두드러지게 나타나면서 친구들 사이에서 끊임없는 분쟁이 일어나기도 합니다. 하지만 이러한 과정은 매우 자연스러운 것이고, 문제가 발생했을 때 아이가 감정을 어떻게 조절하고 상황을 어떻게 받아들이는지 반드시 아이와 대화하면서 아이가 느끼는 감정을 정확한 언어로 표현해주는 것이 중요합니다.

❸ 만 4~7세: 감정의 복합성을 이해하는 시기

이 시기의 아이들은 감정에 대한 해석과 상황을 이해하는 데 폭발적인 발달을 보입니다. 특히 동일한 상황에서도 사람마다 다른 감정을 가질 수 있다는 것을 이해하게 됩니다. 예를 들어 커다란 개가 다가오는 상황에서 사람에 따라 무서워하거나 반가워하는 등의 서로 다른 정서적인 반응을 보이는 것을 이해할 수 있게 되는 것이지요. 또한 다른 사람이 어떤 감정을 느끼고 있는지 이해하기 위해서 표정이나 행동, 상황이나 맥락을 통합하는 등 소위 말하는 '눈치'가 발달하게 됩니다. 이에 더해 하나의 상황에 둘 이상의 서로 다른 감정이 동시에 발생할 수 있는 이중 감정을 이해하게 됩니다. 예를 들어 '시원섭섭하다', '웃프다'와 같은 표현에 담긴 둘 이상의 감정이 복합적으로 나타날 수 있다는 것을 이해하면서 자신이 경험하는 내용을 보다 깊고 다양하게 조망하는 능력이 자라나게 됩니다. 이러한 발달 과정을 거쳐 초등학교 입학을 앞둔 시기에 가장 필요한 능력이 바로 '조망 수용 능력'입니다. 다른 사람의 생각과 마음을 이해함으로써 어려움에 처한 친구를 도와주거나 돌봐줄 수 있는 능력이라고 할 수 있습니다.

사회성 발달에 반드시 필요한 아빠의 참여

옥스포드대학교에서 1만 7천 명을 대상으로 33세가 될 때까지의 발달 과정을 추적한 연구 결과, 아이 발달과 교육에 적극적인 아빠를 둔 아이가 학업 성취도는 물론 사회생활 및 결혼 생활에서도 원만한 것으로 나타났습니다. 특히 아빠의 양육 참여도가 높은 가정의 경우 아이의 사회성 발달, 도덕성 발달뿐 아니라 자존감 역시 높게 나타났습니다. 아빠의 양육 참여는 아이의 지나친 공격성을 제어하거나 사회성 발달에 저해가 될 수 있는 특성들을 적절하게 조율하는 데 중요한 역할을 합니다.

6~8세 사이의 아이들이 발달하는 과정 중에서 나타나는 특성 가운데 사회적인 행동을 학습하고 발달시키는 데 걸림돌이 되는 것들도 있습니다. 예를 들어 반항하기, 공격적인 에너지 분출하기, 자기중심적인 태도, 지나치게 옳고 그름을 구별하려는 태도 등이 이에 해당합니다. 이러한 특성들은 부모에 의해 적절하게 제어되지 않는 경우 사회성 발달에 부정적인 영향을 끼치기 쉽기 때문에 각별한 주의가 필요합니다.

일반적으로 대근육과 소근육이 발달하면서 아이들의 활동 폭이 확장되면 언어 발달과 맞물려 자기 의견을 강하게 주장하는 시기가 오게 됩니다. 그리고 이 시기부터 부모의 말을 잘 듣지 않는다거나 "싫어"라는 표현을 입에 달고 살기도 하지요. 이런 반항적 태도는 대략 세 살 무렵부터 시작해서 여섯 살에 이르면 최고조에 이릅니다. 발달 과정 중에 나타나는 자연스러운 행동이지만 반항적인 행동이 극심해서 부모와 실랑이가 일어날 정도라거나 아이를 다루는 것이 버겁게 느껴진다면 양육 태도를 조정할 필요가 있습니다. 아이에게 지나치게 엄격한 기준을 적용하는 것은 아닌지, 아이의 자율성을 보장해주지 않고 발달 수준에 비해 아이를 너무 어리게 대하며 과잉보호를 하는 것은 아닌지 점검해보는 것이 좋습니다.

한편 이 시기의 아이를 키우는 부모라면 한시도 가만히 있지 않으려고 하고 높은 곳에서 뛰어내리려고 한다거나 허공을 향해 소리를 지르면서 발길질을 하는 등 격한 움직임을 보이는 아이의 모습에 어찌할 줄 몰라 당황하기도 합니다. 이런 공격적인 에너지 분출은 특히 남자아이들에게 흔히 보이는 매우 정상적인 패턴인데, 이를 적절하게 조절해주기 위해서는 아빠의 부드러운 훈육이 반드시 필요합니다. 가장 효과적인 방법은 아이와 몸으로 놀아주면서 자연스럽게 힘을 어느 정도로 사용해야 하는지 스스로 깨닫게 해주는 것입니다. 이러한 훈육이 적절하게 이루어지면 공격적 에너지가 행동으로 과도하게 표출되는 빈도 역시 감소하게 됩니다. 하지만 이 시기에 아빠의 적절한 개입이 이루어지지 않는 경우 엄마에게 발길질을 하거나 심지어 물리적인 힘으로 반항하면서 우위에 서려는 모습을 보이기도 합니다.

특히 남자아이의 경우 아빠와의 관계를 통해 공격적인 욕구를 조절하고 통제할 수 있는 능력이 높아집니다. 자기 조절 능력의 기초적인 토대가 마련되는 시기인 만 7세까지의 아이들에게는 공격성에 대한 외부 통제자가 필요한데, 이 역할을 아빠가 담당해줄 수 있습니다. 이런 조절 능력은 사회성을 발달시켜 건강하게 에너지를 분출하는 데 매우 중요한 역할을 합니다.

아빠는 훌륭한 중재자가 되어야 한다

사회성 발달에서 중요한 것은 엄마에 대한 아이의 정서적 독립입니다. 여기서 아빠의 역할이 특히 중요합니다. 엄마와 아이가 건강하게 분리, 개별화될 수 있도록 돕는 중재자가 되는 것입니다. 아이들은 엄마와의 관계에 몰입되어 있다가 만 3세 무렵이 되면 정서적으로 분리되고 개별적인 존재로 독립해서 성장해야 합니다. 이때 아빠는 아이가 엄마와 분리되어도 좋은 관계를 계속 유지할 수 있다는 것을 증명해주는 증인이 되어야 합니다. 또한 아이뿐 아니라 엄마에게도 아이에게 지나치게 몰입하거나 정서적으로 밀착하는 것을 조정해주는 중재자가 되어야 합니다. 이 과정을 통해 아이는 정서적 독립을 이루게 되고, 이후 살아가면서 타인과 맺는 관계에서 생기는 갈등을 현명하게 견디고 해결할 수 있는 능력을 발휘하게 됩니다.

아이가 공격성을 조절하는 능동적인 주체로 성장하기 위해서는 반드시 아빠의 개입이 필요합니다. 남자아이들이 갖고 있는 자연스러운 신체적 에너지를 건강하게 분출할 수 있도록 아빠가 아이와 함께 신체 활동 놀이를 하는 것이 중요합니다. 또한 아이와 몸으로 놀아주면서 할 수 있는 것과 하지 말아야 할 것을 명확하게 구분하고, 자신이 가진 힘의 한계점을 정확히 인식하도록 돕는 것이 매우 중요합니다. 다만 여기서 가장 유의해야 할 부분은 아이가 거부하면 그 즉시 행동을 멈춰야 한다는 것입니다. 아이와 신체 놀이를 할 때 아빠들이 가장 많이 실수하는 것이 아이가 싫다는데도 멈추지 않아서 결국 아이를 울리는 것입니다. 아이가 싫어하면 즉각적으로 멈춰야 합니다. 이를 통해 아이는 상대방의 마음을 이해하고 자기 행동을 조절하는 법을 배우게 됩니다. 아빠의 행동은 곧 아이의 역할 모델이 되기 때문입니다.

특히 아들의 경우 사춘기 시기에 엄마와 아들 사이에서 의사소통의 중재자가 되어주는 것이 중요합니다. 엄마와 아들은 가족으로서의 관계 이전에 남자와 여자라는 성차가 있어 엄마 입장에서는 아들이 왜 저렇게 행동하는지, 왜 그런 이야기를 하는지 도무지 알 수 없는 상황이 많습니다. 반면 아빠 입장에서는 오히려 아들이 커나갈수록 직관적으로 행동의 이유를 알아챌 수 있는 경우가 많지요. 초등학교 고학년으로 넘어가는 시기에 아들의 행동적 변화에 대한 아빠의 적절한 대응은 아들이 사회적 관계를 맺는 데 현재 어떤 어려움이 있는지 파악하고, 고립되지 않도록 부모와 정서적인 유대감을 유지하는 데 필수적인 요소라고 할 수 있습니다.

2

뇌과학이 알려주는 사회성 발달의 비밀

공감의 기초, 거울 뉴런

"초등학교 4학년인 수빈이는 늘 잔뜩 찌푸린 표정으로 집에 돌아와요. 집에 와서 매일 저를 붙잡고 학교에서 있었던 불만들을 이야기하는데, 친구들이 '뚱뚱하다'고 놀리고 어느 날은 '정신병자'라고 놀렸다고 하면서 놀아주지 않는다고 섭섭해해요. 초등학교 4학년이면 사춘기에 접어들 시기이기도 하고, 무리를 지어서 이미 친할 만큼 친해진 아이들이 대부분일 것 같아서 엄마인 저도 수빈이 마음을 알지만 도와줄 수 있는 뾰족한 수가 없어서 고민입니다. 자기 자신에 대한 연민과 서러움으로 가득 차 있다 보니 다른 사람이 무슨 생각을 하는지, 자기 표정을 보고 다른 친구들이 어떻게 느낄지 생각할 마음의 여유가 없어 보여요. 그런 것들을 알려주고 고쳐주고 싶은데, 생각보다 어렵네요."

사회성이 원활하게 발달된 아이들에게 눈에 띄게 관찰되는 점은 바로 공감 능력입니다. 공감은 다른 사람의 상황과 마음을 잘 이해하고 있는 그대로 수용하는 태도, 마음의 자세를 의미합니다. 수빈이의 경우 결과적으로 다행히 원만하게 해결이 되었는데, 특별한 치료나 약물이 필요하지는 않았습니다. 다만 수빈이의 마음을 알아주고 학교에서 쉽게 흥분하지 않도록 마음을 다독여주는 프로그램을 진행했을 뿐이지요. 부모 양육 상담을 통해 바쁜 시간을 쪼개서 주말에도 아빠가 수빈이와 외부 활동을 하고 여행을 자주 하며 정성을 들이자 수빈이의 표정도 점점 밝아지기 시작했습니다.

어느 날은 상담 중에 수빈이가 저에게 "선생님은 남자인데도 어떻게 제 마음을 이렇게 잘 알아요?"라고 되물었습니다. 바로 이 점이 포인트인데, 수빈이의 이런 표현은 자기 마음이 이해받는 경험을 했다는 뜻인 동시에 자기 마음을 가만히 들여다보면서 다른 사람 역시 같은 상황에서 어떤 마음을 갖게 될지 이해하게 되었다는 것을 의미합니다. 수빈이의 이런 변화는 어떤 면에서는 자연스러운 것입니다. 왜냐하면 우리의 뇌 안에는 이미 다른 사람을 이해할 수 있는 뇌의 전담 영역이 있기 때문이지요. 그것은 바로 '거울 뉴런mirror neuron'과 '방추상 얼굴 인식 영역FFA, Fusiform Face Area'으로 대표되는 영역입니다.

우리 머릿속에는 다른 사람의 행동을 자기 행동처럼 해석하는 아주 특별한 능력이 있습니다. 타인의 행동을 거울처럼 반영하는 신경 네트워크인 '거울 뉴런'이 존재하기 때문입니다. 1996년 이탈리아의 신경과학자 자코모 리촐라티 교수 연구팀은 실험실 원숭이의 뇌에서 다른 원숭이의 움직임에 반응하는 뇌세포를 발견했습니다. 그리고 거울 뉴런이 단순히 행동을 따라 하는 것뿐 아니라 인간에게 가장 필수적인 능력인 '공감하기', '의도 알아채기'와 깊은 관련이 있음을 알게 됩니다. 거울 뉴런은 우리가 영화를 볼 때 주인공의 입장에 깊이 감정 이입을 하도록 돕습니다. 또 오랫동안 같은 경험과 시간을 공유한 가족들이 비슷한 행동을 하도록 만들기도 합니다. 그런데 타인을 배려하고 공감하는 능력은 다른 사람의 관점을 조망하는 능력과 밀접한 관련이 있습니다. 아동기 사회성 발달의 핵심으로 이야기되었던 '조망 수용 능력'이 가능하도록 하는 핵심적인 역할을 바로 거울 뉴런이 담당한다는 것이지요. 수빈이가 저와 마음이 통한다고 느꼈던 이유 역시 거울 뉴런이 활발하게 작용하면서, '아, 내가 지금 이해받고 있구나', '나는 지금 우울한 마음인데 저 친구 표정을 보니 저 친구도 우울한가 보다'와 같이 다양한 사회적 단서를 읽어내고 그 안에 담긴 정서적 상태를 추측하고 이해할 수 있게 되었기 때문이지요.

방추상 얼굴 인식 영역

사람의 뇌가 어떻게 사람과 사물을 구별하는지에 대한 이론은 생각보다 오랫동안 논란의 영역이었습니다. 그중 가장 특이한 논란은 '할머니 신경세포' 주장인데, 우리 뇌세포인 뉴런 중에 할머니를 알아보는 데 특화된 세포가 있다는 주장입니다. 얼핏 들으면 농담 같은 이 주장이 처음 나왔을 때 과학자들은 말도 안 되는 이야기라고 생각했지만, 시간이 흐른 후 깜짝 놀랄 만한 일이 벌어집니다. 실제로 사람의 후두엽에 있는 시각피질 영역에서 사람 얼굴에만 선택적으로 반응하는 신경세포들이 발견된 것이지요.

사람의 얼굴 표정을 구별하는 능력은 사람의 인지 기능 가운데 가장 중요한 부분이기도 합니다. 사회적 활동을 원만하게 하려면 사람의 얼굴을 알아보고 저 사람이 기분이 좋은지, 화가 났는지 등의 정서 상태에 따라 행동이 달라져야 하기 때문이지요. 그런데 사람들은 수년간 만나지 못했던 사람도 쉽게 알아본다거나, 자주 만나던 친구나 유명인들의 경우 얼굴의 일부분만 살짝 보여주어도 알아볼 정도로 얼굴 인식의 민감도가 굉장히 높다는 특징이 있습니다. 이 연구에서도 과학자들은 사람의 시각피질에 있는 특정 영역의 신경세포가 도시 풍경이나 물건을 바라볼 때와는 달리 사람 얼굴에만 강력하게 반응하는 것을 발견했습니다. 이 신경세포가 모여 있는 곳을 이후에 '방추상 얼굴 인식 영역'이라고 부르게 됩니다. 이 영역이 손상될 경우 소위 말하는 '안면 인식 장애'가 발생해 사회활동에 큰 지장을 받는다는 점에서, 방추상 얼굴 인식 영역이 사회적 상호작용에 끼치는 영향은 생각보다 높습니다.

뇌기능의 문제로 사회성 발달이 느린 경우

아이들은 부모와의 끊임없는 상호작용 속에서 사회성을 발달시켜나갑니다. 그런데 어떤 경우는 부모가 아무리 최선을 다해도 아이가 갖고 있는 신경 발달적 특성으로 인해 부모의 노력이 허사가 되기도 합니다. 이처럼 부모의 노력만으로 아이의 문제를 해결하기 어려운 경우 가까운 상담센터나 소아정신과를 찾아서 전문가와 함께 문제를 해결하는 것이 중요합니다.

❶ 경계선 지능 문제가 있는 경우

초등학교 1학년 재영이는 친구들이 자기 물건을 가져가도 그저 웃기만 합니다. 친구들에게 관심은 많은 편이어서 아이들이 모여 있는 곳으로 가려고 하지만, 친구들이 나누는 이야기를 이해하지 못해 대화에 잘 끼지 못하고 주변을 맴돈다는 말을 담임 선생님이 전해주기도 했습니다.

이처럼 아이가 나이에 맞는 발달을 하지 못하고, 친구들과 어울리기 원하지만 놀이에서 배제되는 모습이 빈번하게 관찰되는 경우 가장 먼저 의심해봐야 하는 것이 지능 발달의 문제입니다. 이 시기에 '좀 더 크면 괜찮아지겠지' 하고 기다린다거나, '집에서 공부를 좀 더 시키면 언젠가 해결되겠지'라는 막연한 생각으로 전문적인 검사나 개입을 하지 않으면 이후 아이와 부모 모두 힘들어질 가능성이 높습니다.

표준화된 웩슬러 지능 검사를 했을 때 평균 지능이 71~84점 사이인 아이라면 대화를 이끌어가는 언어 이해 능력과, 스스로 자기 생활을 정리하고 관리할 수 있는 자조 능력, 사회성 및 대인관계 능력과 학습 능력 등 다양한 영역에서 적응하기 어려워하는 모습을 보이게 됩니다. 아이의 지능 발달이 제때 이루어지지 못하는 경우, 사회성에 대해 가르쳐도 맥락을 파악하지 못하기 때문에 친구들과 깊은 관계를 맺지 못하거나 겉도는 모습이 반복해서 나타날 수 있습니다. 그러면서도 아이들과 어울리고 싶어 하고 관심도 매우 많아 또래들에게 거절당하는 부정적인 경험을 반복적으로 겪으며 심리적으로 위축되거나 소아우울 증상을 보일 수 있기에 각별한 주의가 필요합니다.

❷ 자폐 스펙트럼 증상이 있는 경우

재영이는 유치원 시절 또래 친구들에게 관심이 없고 이름을 불러도 들은 척 만 척 넘기는 일이 잦았습니다. 또 글자나 숫자에 유독 집착하는 모습을 보였습니다. 친구들과 장난감을 갖고 놀더라도 역할 놀이를 하는 모습은 전혀 보이지 않고, 자동차를 갖고 놀 때도 기능에 맞지 않게 바퀴만 반복해서 굴리며 뚫어지게 바라보는 모습을 보여서 독특하다는 이야기를 자주 듣곤 했습니다. 만 7세가 되어서는 공룡 이름에 과도하게 집착해서 백과사전에 나오는 공룡의 특징을 끊임없이 이야기하고, 맥락에 전혀 맞지 않은 이야기를 하는 모습이 자주 관찰되었습니다.

이처럼 재영이가 보이는 특성은 자폐 스펙트럼 증상으로 볼 수 있습니다. 타인에게 거의 관심을 보이지 않고 자신의 관심사에만 빠져 있는 아이이지요. 혼자만의 세상 속에 빠져 살고 있는 듯한 모습을 보이면서 사회성의 기본이 되는 눈 맞춤조차 어려운 경우가 있습니다. 자폐 스펙트럼이 다른 질환과 구분되는 가장 큰 특징은 상호작용에 대한 욕구가 없다는 것입니다. 특히 생후 12개월 전후로 합동 주시가 관찰되지 않습니다. 예를 들어 엄마가 손가락으로 물건을 가리키거나 관심을 끄는 행동을 보여도 무관심하게 다른 곳을 바라보기만 할 뿐 손가락이 가리키는 방향으로 시선이 가지 않습니다. 자폐 스펙트럼 증상을 갖는 아이들은 다른 사람의 감정을 읽는 것이 어렵고 표정을 구분하는 데 현저한 어려움을 겪습니다. 또한 유머나 농담을 이해하기 힘들어하고 은유적인 표현을 이해하지 못해서 말을 곧이곧대로 해석하는 경향을 보입니다.

이 경우 일반적인 교육으로는 아이의 발달을 돕기 힘들고, 아이의 특성을 고려한 특별한 사회성 훈련이 필요합니다. 자폐 스펙트럼 문제가 의심되거나 유사한 증상을 보이는 경우 그 원인은 부모의 양육이 아니라 뇌기능에 있다는 걸 잊지 마세요. 무엇보다 중요한 건 조기 발견과 신속한 개입입니다.

❸ ADHD 증상이 있는 경우

센터에 방문하는 부모님들이 가장 힘들어하는 문제 가운데 하나가 바로 주의 산만입니다. '주의력 결핍', '과잉 행동 장애'로 불리는 ADHD 증상을 가진 아이들은 어릴 때부터 '소란스럽다', '지나치게 활동적이다', '부산하다'와 같은 평가를 받습니다. 유치원을 다니기 시작할 무렵부터는 아이 때문에 수업 진행에 방해가 된다거나 친구들과 자주 싸우고 화를 낸다는 부정적인 평가를 자주 받으면서 부모의 속을 태우곤 하지요. 특히 주된 특징인 '충동성' 때문에 자신의 행동을 조절하지 못합니다. 마치 람보르기니 엔진을 가진 자동차에 자전거 브레이크를 달아놓은 것처럼, 한 번 충동성이 발휘되면 멈추기 힘들어하는 모습이 반복해서 관찰되곤 합니다. 괜히 친구를 툭툭 치거나 발을 걸어 넘어뜨리기도 하고, 심한 장난을 치다가 친구 안경을 깨뜨리기도 합니다. 친구들과 어울려 놀이를 할 때에도 행동반경이 지나치게 넓어서 친구가 싫다고 불편한 내색을 해도 멈추지 못한다거나, 친구들은 이미 한바탕 웃고 상황을 끝냈는데 뒤늦게 혼자 웃으면서 눈총을 받기도 합니다. 또 학급 분위기가 안 좋을 때 다른 아이들은 눈치껏 얌전해지는 반면 끝까지 혼자서 장난을 치다가 학교 선생님에게 혼이 나는 경우가 빈번하지요. 그래서 먼저 장난을 시작한 아이들은 모두 빠져버리고 자기만 뒤늦게 참여했다가 혼자서 혼났다며 부모에게 억울함을 호소할 때가 잦습니다.

이런 문제들이 반복되다 보니 ADHD 증상을 갖는 아이들은 사회적인 맥락 속에서 인과관계를 제대로 파악하기 힘들어하거나 상황에 맞지 않는 행동들이 왜 하면 안 되는 것인지 자각하는 능력이 제대로 발달하지 못하게 됩니다. 많은 부모가 이를 단순히 아이의 성격이나 기질 문제로 생각하면서 기다려주지만, 시간이 지날수록 문제가 해결되기보다 또래에게 지적받는 빈도가 점점 늘어나면서 사회성 발달에 치명적인 어려움을 안게 되기도 합니다. ADHD 역시 부모의 양육 문제라든지 아이의 성격 문제가 아닙니다. 이는 신경 발달 과정에서 생기는 기질적인 뇌기능의 문제로서, 남자아이들이 여자아이들에 비해 서너 배 높은 발병률을 보입니다. 문제가 반복되는 경우 반드시 가까운 전문 기관에 가서 심리검사를 받고 적절한 개입을 하는 것이 필요합니다.

아이의 마음을 들여다보는 종합검진, 풀배터리 검사

혈액 검사 한 번, MRI 검사 한 번으로 전반적인 몸의 상태를 정확하게 판단할 수 있을까요? 개별 검사로 파악할 수 있는 정보에는 한계가 있습니다. 그래서 종합검진 시에는 혈압, 혈액, 심전도, MRI, 내시경 등 다양한 검사를 통해 몸의 상태를 파악합니다. 당장 문제가 되는 어느 한 곳만 들여다보는 게 아니라 잠재적인 위험 요인이 있는지, 아직 드러나지 않은 질환이 있는지 살펴보는 것이지요.

이러한 신체 건강 검진에 해당하는 것이 풀배터리full-battery 검사로, 정신 건강의 종합적인 상태를 살피기 위해 하는 검사입니다. 풀배터리 검사는 아이의 지능과 기질, 주의력 등을 종합적으로 파악하기 위해 개발됐습니다. 한마디로 정신 건강을 살펴보기 위한 종합 검진이라고 할 수 있지요.

풀배터리 검사 역시 사람마다 구성을 조금씩 달리해서 진행할 수 있습니다. 건강검진을 받을 때 우리는 현재 몸 상태에 따라 특정 검사를 추가하거나 뺍니다. 2년에 한 번은 대장 내시경 검사를 추가하거나, 최근 잦은 편두통으로 고생했다면 뇌 CT를 추가하기도 합니다. 정신 건강 역시 마찬가지입니다. 아이의 발달 수준에 따라, 검사자가 정밀하게 알고 싶은 것이 인지 부분인지, 발달 부분인지에 따라 구성하는 검사가 달라질 수 있습니다. 이때 검사의 구성도 중요합니다. 위가 아픈데 대장 내시경으로 불편한 부분을 알 수 있을까요? 척추 통증으로 머리가 아픈데 뇌 CT를 찍어서는 원인을 찾을 수 없을 겁니다. 풀배터리 검사 역시 아이에게 필요한 검사를 선별하는 과정부터가 중요합니다.

심리 검사는 크게 두 가지, '투사적 검사'와 '객관적 검사'로 분류됩니다. 이 중 투사적 검사는 그림이나 문장을 통해 아이의 심리를 직접 관찰하고 해석하는 검사입니다. 숫자로 표현되는 객관적 검사와 달리 투사적 검사는 아이의 내밀한 심리적 특성을 보다 섬세하게 파악할 수 있다는 장점이 있습니다. 대신 아이의 컨디션과 검사하는 사람에 따라 해석의 차이가 발생하는 한계도 있습니다. 그래서 심리 평가를 할 때는 언제나 투사적 검사와 객관적 검사를 동시에 진행해서 아이의 정서적 · 인지적 상태를 다각도로 파악할 수 있도록 구성합니다.

대표적인 투사적 검사로는 로르샤흐 검사Rorschach Test, 집-나무-사람 검사HTP, House-Tree-Person Test, 운동성 가족화 검사KFD, Kinetic Family Drawing, 문장 완성 검사SCT, Sentence Completion Test 등이 있습니다. 투사적 검사는 자유

로운 환경에서 아이들이 반응하는 모습을 평가자가 살펴보고 해석하는 검사입니다. 특히 아이의 사회성 문제가 두드러지거나 정서적으로 불안한 경우, 투사를 통해 아이가 어떤 생각으로 문제를 일으켰는지 파악할 수 있다는 장점이 있습니다.

객관적 검사는 통계를 통해 아이 능력을 또래 평균과 비교하는 평가입니다. 어느 기관에서 검사를 받든 문항이 같고, 검사 절차나 시간 등이 명확하게 정해져 있습니다. 또 결과가 알아보기 쉽게 숫자로 정리되고, 아이의 주의력이나 지능이 어느 정도인지 직관적으로 알아볼 수 있다는 장점이 있습니다. 대표적인 객관적 검사로는 아동용 웩슬러 지능 검사K-WISC-V, 정밀 주의력 검사ATA, Advanced Test of Attention, 종합 주의력 검사CAT, Comprehensive Attention Test, 다면적 인성 검사MMPI, Minnesota Multiphase Personality Inventory 등이 있습니다. 이 검사들은 검사 후 채점과 해석이 간편하고 객관적이며, 신뢰도와 타당도가 우수하다는 장점이 있습니다. 즉, 평가하는 사람이 검사 결과에 큰 영향을 주지 않습니다. 반면 검사 시간이 30분 넘게 걸리는 웩슬러 지능 검사나 종합 주의력 검사의 경우 아이가 검사 내용 자체를 이해하는 데 어려움을 겪을 수 있고, 심하게 지루해할 경우 검사 결과가 달라질 수 있기 때문에 검사 당일 아이의 컨디션이 중요합니다.

사회성은 유전적으로 결정된다?

사회성 발달은 다양한 발달 영역을 포함하는데, 그 가운데 타고난 기질적 요인 역시 큰 역할을 합니다. 사회성이 좋은 아이는 기질적으로 안정되어서 주변 사람이나 환경에 대해 기본적으로 우호적인 태도를 갖는 아이인 반면, 사회성이 떨어지거나 지나치게 소심한 아이는 환경에 대해 불안정한 태도를 갖는 아이라고 할 수 있습니다.

심리학자 스텔라 체스와 알렉산더 토마스는 1950년대 초, 뉴욕에서 태어난 아기들의 기질을 아홉 가지로 분류해 장기적으로 추적했습니다. 그들은 아이의 활동성, 규칙성, 초기 반응, 적응성, 강도, 기분, 주의 산만, 인내력과 주의 지속 시간, 민감성을 관찰했습니다. 그리고 최종적으로 아이들을 다시 세 가지 범주로 구분했습니다.

- 까다로운difficult 기질을 가진 아이
- 순한easy 기질을 가진 아이
- 느린slow-to-warm-up 기질을 가진 아이

아이들은 왜 이렇듯 각기 다른 기질을 갖는 것일까요? 답은 뇌에 있습니다. 짜증스러운 상황에 처했을 때 아이는 기질에 따라 순하거나 강하게 반응합니다. 그 이유는 짜증스러운 상황에 처했을 때 두뇌가 환경에 대한 정보를 처리하는 방식이 아이마다 다르기 때문입니다. 이는 인지 기능을 담당하는 대뇌피질(영장류의 뇌)과 본능적인 행동을 담당하는 뇌줄기(파충류의 뇌)까지 뇌 전반에 걸친 영향이지만, 그중에서도 변연계(포유류의 뇌)가 기질 형성에 가장 큰 영향을 줍니다. 변연계는 감정의 중추 역할을 하는 뇌 부위로, 감정적인 반응을 결정하는 뇌 영역입니다.

이처럼 아이마다 고유하게 타고나는 기질은 TCI 기질-성격 검사를 통해 알아볼 수 있습니다. 특히 만 9세 이전까지는 '성격이 형성되기 이전'이기 때문에 기질이 더욱 크게 영향을 주는 시기라고 할 수 있습니다. 기질-성격 검사를 통해서 아이의 자극 추구 성향이라든가 사회적 민감성, 위험 회피 성향 등 다양한 기질적 요인을 평가할 수 있고, 사회적 상호작용을 하는 데 있어서 아이의 기본적인 태도를 확인할 수 있기 때문에 양육에 큰 도움을 줄 수 있습니다.

TCI 기질-성격 검사는 기질과 성격 두 가지 요인을 동시에 살펴볼 수 있다는 장점이 있습니다. 이 중에서 기질 요인으로 자극 추구 성향, 위험 회피 성향, 사회적 민감성, 인내력 등 네 가지 요인을 살피고, 성격 요인으로 자율성과 연대감, 자기 초월(아이의 경우 공상에 빠지는 경향) 등 세 가지 특성을 살핍니다.

아이의 기질은 행동을 파악하는 데 매우 중요한 요소이기 때문에 임상에서 자주 활용되는데, 부모의 양육 태도 검사를 함께 시행하는 경우 더욱 유용합니다. 부모와 자식 간에도 서로의 기질과 성격에 따라 궁합이 있게 마련입니다. 아이의 타고난 성향과 부모의 양육 스타일을 맞춰보면 아이의 어떤 점을 보완해야 할지, 부모의 양육 방식 중 어떤 것을 수정해야 할지 알 수 있어 최고의 양육법을 찾아갈 수 있습니다.

외향적인 기질과 산만함의 관계

아무리 말려도 아이가 위험한 곳에 올라가 뛰어내리거나, 친구들을 심하게 놀리는 등 충동적으로 행동하는 경우가 있습니다. 이는 과제 수행을 할 때 주어지는 주변의 다양한 자극에 대한 충동을 아이가 억제하지 못해 나타나는 문제입니다. 충동적인 아이들이 보이는 증상은 모두 전두엽 기능 문제로 귀결됩니다. 반복적인 충동 억제 훈련을 통해 충분히 개선될 수 있다는 믿음으로 인내심을 갖고 적극적으로 노력한다면 아이가 겪는 다양한 어려움을 줄여나갈 수 있습니다.

충동 억제가 어려운 아이들은 장난꾸러기 아이들과 유사해 보이지만 큰 차이가 있습니다. 아이 행동에 문제가 있다는 말을 들었거나 아이가 ADHD는 아닌지 고민된다면, 다음 두 가지 관점에서 아이를 자세히 관찰해주세요.

❶ 주변 자극에 이끌리는가

단순히 산만한 것이 아니라 '주변 자극'을 억제하지 못할 때가 있습니다. 막무가내로 행동하거나 자기중심적으로 행동하는 아이들의 가장 큰 특징은 주변 자극에 큰 영향을 받는다는 점입니다. 그 이유는 전두엽에서 주의력과 통제력을 담당하는 도파민 수용체가 작동하는 방식이 다르기 때문입니다. 여기서 '주의력'이란 특정한 일을 수행할 때 주변의 다른 정보에 대한 자극을 억제하는 능력입니다. 쉽게 말해 지하철에서 책을 읽을 때 본문의 특정 시각적 자극에 집중하기 위해 주변의 말소리, 다른 사람의 행동 등에 대한 자극을 차단하고 유지하는 능력입니다. 이때 주의력이 현저히 떨어지는 아이들은 한시도 가만히 있지 못하고 끊임없이 움직입니다. 주변에서 들어오는 자극을 억제하지 못하고 모든 자극에 쉽게 반응하는 것이지요. 이런 아이들은 한 가지 일에 대한 관심이 5분은커녕 단 30초도 지속되지 않는 경우가 많고, 주변 정보에 대한 자극을 제대로 억제하지 못하다 보니 학습이나 과제 수행을 하는 데 어려움이 많으며, 걷다가 넘어지거나 컵이나 물건을 떨어뜨리는 실수도 빈번하게 일어납니다.

❷ 사회성이 높은가, 낮은가

충동성이 강한 아이는 사회성이 크게 떨어집니다. 장난꾸러기 아이들도 다른 아이들이 보이는 행동에서 적절한 단서를 찾아내 자기가 지금 하는 행동에 대한 반응을 살피게 마련입니다. 반면 막무가내로 충동성이 강한 아이들은 주변의 반응을 알아채지 못하고 자기주장만 반복하기 쉽습니다. 쉬운 예로 충동성이 강한 아이들은 시각 주의력과 청각 주의력이 모두 떨어져, 친구들이나 선생님의 말씀을 경청하지 못하기 때문에 사소한 오해나 충돌을 자주 경험합니다. 그런데 정작 아이는 억울한 마음이 들어서 자꾸만 주변 친구들과 적대적으로 싸우고 결국 친구들 사이에서 고립되고 맙니다. 또 충동성이 강한 아이는 생각나는 대로 말하고 행동하는 경향이 강해 또래 친구들과의 다툼도 잦습니다. 적극적이고 활동적인 장난꾸러기 아이들이 친구들을 우르르 몰고 다니는 골목대장 역할을 하는 경우와는 대조적인 현상이지요.

충동적인 아이의 마음 돌보기

❶ 주의를 집중했을 때 보상해주세요

일상에서 아이가 주의력을 유지할 수 있는 시간을 체크해보고, 주의 집중을 유지했을 때 뇌에서 보상을 담당하는 도파민이 나올 수 있도록 꼭 안아주거나 달콤한 초콜릿을 주세요. 과제를 성공적으로 수행하면 이후 더 오래 주의력을 유지해야 하는 과제를 설정해봅니다. 보상 경험에 의해 아이가 스스로 충동을 억제하고 집중력을 발휘하는 경험을 제공하는 훈련입니다.

❷ 이야기를 많이 들려주세요

자기중심성이 강하고 충동 억제가 힘든 아이에게 이야기를 많이 들려주세요. 이야기는 상황을 이해하고, 인물의 마음을 이해하는 데 도움을 줍니다. 매일 책을 읽어줘도 좋고, 텔레비전에서 나오는 애니메이션을 활용해서 등장인물들이 처한 상황에 대해 대화를 나누는 것도 좋습니다.

❸ 아이가 잘못한 상황이어도 끝까지 들어주세요

누가 봐도 분명 아이가 잘못한 상황에서도 절대 먼저 혼내지 말아주세요. 반드시 아이의 눈을 마주 보고 왜 그런 행동을 했는지 이유를 묻고, 빤한 이야기라고 해도 일단은 끝까지 들어줘야 합니다. 충동 억제가 어려운 아이들은 듣고 싶은 것만 듣는 모습을 보이기 쉽고, 늘 자신이 이해받지 못해 억울하다고 생각합니다. 그러다 보면 커서 억울하거나 답답한 상황에서 폭발하는 것이 습관이 될 수도 있습니다. 아이는 부모의 거울이라는 말이 있습니다. 아이의 말을 듣지 않고 선생님의 말씀만 믿고 아이를 혼낸다면 결국 부모도 듣고 싶은 것만 듣고 믿고 싶은 것만 믿는 모습을 보이는 것일 뿐입니다. 훈육은 감정 조절 능력을 바로잡기 위한 것이지, 아이의 일거수일투족을 통제하기 위한 것이 아닙니다.

3

감정 조절에 능숙한 아이로 키우려면

자기감정을 알아야 남의 감정을 헤아릴 수 있다

사회성 발달은 정서 지능의 발달을 반드시 필요로 합니다. 하지만 정서 지능 발달은 저절로 이루어지는 것이 아닙니다. 아이가 느끼고 있는 감정을 구체적인 언어로 표현해주는 것이 중요합니다. 자기감정을 잘 아는 아이는 다른 사람의 마음도 잘 헤아릴 줄 알게 됩니다. 우리 머릿속에서 작동하는 거울 뉴런이 하는 일 가운데 하나가 바로 다른 사람의 마음을 자기 마음에 비추어 추론하는 과정이기 때문입니다. 따라서 부모는 아이가 자신의 감정을 제대로 파악하고 정확한 언어로 표현할 수 있도록 도와줘야 합니다. 예를 들어 아이가 블록을 갖고 놀다가 잘 끼워지지 않아서 신경질을 내며 블록을 던지면 “왜 던져? 자꾸 이러면 앞으론 절대 블록 놀이 안 해주고 블록 다 갖다 버릴 거야"라고 반응하는 대신, "블록이 잘 끼워지지 않아서 화가 났구나? 그래, 그럴 때는 화가 날 수도 있지. 하지만 다음부터 그러면 엄마한테 속상하다고 말해주면 고마울 것 같아"와 같이 공감하면서 아이의 감정 상태를 엄마가 풀어서 설명해주는 것이 좋습니다. 그 과정에서 아이가 주로 화를 내거나 격하게 표현하는 상황이 자기 자신의 감정을 조절하기 힘들어서 그런 것인지, 아니면 다른 사람과 관계를 맺는 데 어려움이 있어서 나오는 것인지 세심하게 구분할 필요가 있습니다.

제가 상담했던 여덟 살 현우의 어머니는 짝꿍을 바꾼 첫날, 아이가 새 짝꿍에게 "짝 바꾼 거 너무 싫어!"라고 말해서 다툼이 생겼고 급기야 담임 선생님께 전화가 왔다고 했습니다. 그런데 아이에게 자초지종을 들어보니 자기 옆에 앉은 아이가 싫었던 것이 아니라 짝을 바꾸는 과정 자체가 싫다는 의미로 한 말이었죠. 그런 일이 한두 번이 아니었습니다. 하루는 엄마와 함께 재미있게 영화를 보고 나서는 뜬금없이 "영화 보는 거 짜증 나"라고 해서 나중에 아이에게 이유를 물으니, 영화 자체는 재미있었고 엄마와 함께 영화를 보는 것도 좋았는데 다음 시리즈를 기다려야 하는 상황이 짜증 난다는 뜻이었습니다. 이처럼 집에서도 종종 아이가 필요한 말을 정확히 이야기하지 않아 오해가 자주 발생하곤 한다며 어머니는 쓴웃음을 지어 보였습니다. 집에서는 아이의 말에 귀 기울여 이유를 묻고 올바른 말로 정정해줄 수 있지만, 친구들과의 갈등 상황이 발생하면 늘 오해받는 아이를 대신해 사과하고 다시 아이를 이해시켜야 했지요.

건강한 눈치 보기

아이의 정서 발달은 생후 6개월부터 시작됩니다. 생후 6~12개월 사이에 아이의 운동 능력이 발달하는데, 이때 엄마 품에서 처음으로 벗어나 혼자 힘으로 몸을 뒤집고 기어다니기 시작하면서 신체적으로 엄마와 분리가 되고, '어? 나는 여기 있는데 엄마는 저기 있네'라고 생각하며 엄마와 자신이 다른 존재라는 것을 인식하게 됩니다. 이때 아이는 엄마와 자신을 구별하는 행위를 하면서 동시에 '사회적 참조'라는 개념을 갖게 되지요. 무엇을 하든지 엄마 눈길이나 표정을 살피고 '엄마가 이걸 좋아하나?'를 의식하면서 행동하는 것입니다. 엄마의 표정이 좋으면 '해도 되는구나', '내가 잘 했구나', '이렇게 하는 거구나'라는 메시지로 받아들이는 반면, 표정이 좋지 않으면 하던 것을 멈추게 됩니다. 바로 이 시기부터 '건강한 눈치 보기'가 발달하면서 사회성을 키워가기 위한 튼튼한 정서적 토양이 만들어집니다. 부모의 표정으로부터 적절한 신호가 오지 않으면 아이는 타인이 자신을 바라보는 시선, 타인의 평가에 따라 자기 행동을 조절하는 능력을 배우는 데 어려움을 겪게 되지요.

이 시기 부모의 표정이 무뚝뚝하다면 아이의 정서 발달에 치명적입니다. 즐거우면 즐거운 표정을 지어 보여야 하고, 슬프면 슬픈 표정을 지어야 합니다. 아이 때문에 화가 나면 다소 누그러뜨려서 표현할 필요는 있지만 그럼에도 불구하고 반드시 표현을 해야 합니다. 예를 들어 엄마 아빠와 신체 놀이를 하면서 습관적으로 부모의 얼굴을 때리는 아이를 보며 귀엽다고 깔깔 웃으면 아이는 잘못된 신호를 받고 혼란스럽게 느낄 수 있습니다. 그럴 때는 조금 정색하더라도 "이렇게 하면 절대 안 돼. 다른 사람을 때리는 건 잘못된 거야"라고 확실하고 단호하게 말해주면서 화가 난 표정을 지어 보여야 합니다. 그래야 아이들은 여러 가지 상황에 맞는 정서를 발달시키고 사회적인 관계에서 배워야 할 기본적인 눈치를 배우게 됩니다. 이런 노력이 별것 아닌 것 같지만, 건강한 눈치 보기를 반복하는 이 같은 과정들이 아이의 사회성에 큰 자양분이 됩니다.

아이에게 사용할 수 있는 감정 단어들

다양한 상황이나 감정에 맞도록 표현을 점검하면서 아이가 해당 표현을 어떻게 이해하고 있는지 함께 체크해주세요.

- **기쁨-행복:** 행복하다, 편안하다, 뿌듯하다, 유쾌하다, 즐겁다, 흥이 난다, 마음이 가볍다, 황홀하다, 흐뭇하다, 날아갈 것 같다, 훌륭하다, 짜릿하다
- **분노-화:** 화난다, 성질난다, 가슴이 무너진다, 속이 부글부글 끓는다, 속상하다, 불쾌하다, 싫증 난다, 괘씸하다, 신경질 난다, 억울하다, 불만이다, 골치가 아프다, 짜증 난다, 싫다, 아프다, 무시당한 것 같다, 울화가 치민다, 숨 막힌다, 마음에 들지 않는다
- **슬픔-고립-좌절:** 슬프다, 외롭다, 절망스럽다, 처량하다, 가슴이 찢어진다, 울고 싶다, 상처받았다, 앞이 캄캄하다, 마음이 공허하다, 서럽다, 측은하다, 안타깝다
- **놀라움-당황:** 당황스럽다, 감격스럽다, 두근거린다, 곤혹스럽다, 화끈거린다, 충격적이다, 머리칼이 곤두선다, 긴장된다
- **무서움-불안:** 겁난다, 초조하다, 간이 콩알만 해졌다, 위협을 느낀다, 소름이 끼친다, 몸이 떨린다, 피하고 싶다, 큰일 날 것 같다

- **욕심-경쟁심:** 약 오른다, 질투 난다, 갖고 싶다, 배 아프다, 성에 안 찬다, 부족하다
- **의아함-낯섦:** 의심스럽다, 불확실하다, 막막하다, 아득하다, 혼란스럽다, 절망적이다, 낯설다, 이해할 수 없다, 정리가 안 된다, 아리송하다, 생소하다
- **수치심:** 창피하다, 쥐구멍에 숨고 싶다, 죄책감이 느껴진다, 마음이 무겁다, 한심하게 느껴진다, 수치스럽다, 민망하다
- **힘없음:** 무기력하다, 기대고 싶다, 쉬고 싶다, 기운이 없다, 압도당한 느낌이다, 맥이 탁 풀린다, 허전하다, 생기를 잃었다, 낙담했다, 무가치하게 느껴진다

친구 관계가 지속되지 않는 경우

"규민이는 2학년이고 덩치가 작은 편도 아닌데 학교에서 친구들에게 많이 치여서 고민이에요. 학기 초엔 쉬는 시간에 같이 어울리는 친구도 있었는데 오래가지도 못하고, 2학기가 시작된 지금은 친구 없이 같은 반 아이들에게 치이는 모습이 더 눈에 보이니 어떻게 해야 할지 난감해요. 또래 친구들에 비해 좀 빠른 친구들이 귓속말로 '규민이랑 놀지 말자'라고 한다든지, 갖고 있는 색연필을 홱 가져간다든지, '다 하고 줘'라고 하면 '넌 맨날 그렇게 얘기하더라'라고 비꼬듯이 말하면서 핀잔을 주기도 한대요. 아이 특유의 억양이 있는데 그걸 놀리듯이 흉내 내기도 하고요.

말로는 상대가 안 되니 속상해도 참고 집에 와선 '그 친구들이 좀 착했으면 좋겠어'라고 이야기하는데 너무 안쓰러워요. 담임 선생

님도 아이가 많이 속상할 거라고 하시고, 친구 스트레스 때문에 학교에서 집중은커녕 더 산만하고 과잉 행동을 보이는 문제아가 되었습니다. 이 상태에서 학교를 옮기는 게 답일까요? 12월생이라 어느 정도 예상은 했지만 주말에 친구들끼리 놀면서 치이는 모습을 눈앞에서 보고 있자니 너무 심란하고 속상합니다. 남편은 전학을 간다 한들 어디든 아이보다 빠른 친구들이 있을 텐데 해결이 되겠느냐고 회의적으로 이야기하네요. 한창 밝게 자라야 할 아이가 언제까지 이렇게 상처받으면서 자라야 하는 건지 너무 고민입니다."

학교에서 친구들을 사귀는 데 어려움을 보이던 규민이는 2학기가 되어서도 여전히 친구들과 어떻게 지내야 할지 몰라 힘들어하다가 센터에 오게 되었습니다. 규민이와 상담하기 전 간단한 심리 평가를 실시했는데, 앞 문장을 제시해주고 뒤에 이어지는 내용을 완성하게끔 하는 문장 완성 검사였습니다.

규민이는 이런 문장을 남겼습니다.

내가 가장 행복할 때는 혼자 있을 때.
나는 친구가 이해가 되지 않는다.
우리 엄마는 나한테 화를 자주 내신다.
대부분의 아이들은 나를 싫어하는 것 같다.
우리 아빠는 잘 모르겠다.

여자애들은 지적을 많이 한다.

아이는 자신을 둘러싼 모든 사람들에 대해 잘 이해가 되지 않는다고 느꼈고, 부모와의 관계에서도 정서적인 교감이 부족한 모습을 드러내며 애착 형성에 어려움을 보였습니다. 그렇기 때문에 다른 사람들과 함께 어울리기보다는 혼자 있는 시간이 더 행복하다고 느꼈던 것이지요. 이처럼 규민이뿐 아니라 또래 관계를 오래 지속하기 힘들어하고 친구를 사귀는 방법을 모르는 아이들은 안타깝게도 다른 아이들이 자신을 싫어한다고 생각합니다. 선생님도 공부를 잘하거나 활발한 아이만 편애한다고 오해를 하기도 하고, 심지어 '대부분의 아이는 나쁘고 나를 만만하게 본다'라는 피해의식을 갖는 경우도 상당히 많이 관찰됩니다. 특히 초등 저학년 시기엔 남자아이와 여자아이의 인지적 발달 차이가 있기 때문에 여자아이들에 대해서 적대감을 갖는 표현도 빈번하게 등장하지요.

이런 경우 속으로는 간절하게 친구를 원하면서도 관계를 맺는 데 서툴러 방어적으로 감정을 표현하는 아이들이 더욱 혼자 고립되는 상황으로 내몰리게 됩니다. 엄마에게 친구를 불러달라고 떼를 써놓고는 막상 친구가 집에 오면 혼자서 놀거나 자기 장난감은 만지지도 못하게 해서 친구가 그냥 집으로 가버리는 경우도 있습니다. 또는 돈으로 친구를 사귀려는 아이도 있습니다. 친구들에게 먹을 것을 사주려고 엄마 지갑에서 슬쩍 돈을 꺼내 가기도 하고, 친구들 사이에서 유행하는 포켓몬 카드를 주면서 친해져보려고 애를 쓰지만 정작 친밀한 관계가 유지되는 친구는 남지 않습니다. 이런 부정적인 경험이 반복되면서 과도하게 친구들의 눈치를 살피고 비위를 맞추기 급급하다 보니 자기표현이나 자기주장이 서투르고 미성숙한 상태에 머무르는 경우가 많습니다. 이런 어려움을 장기간 겪은 아이들을 만나보면 상담하면서 우울하다며 힘들고 다친 마음을 토로하고는 합니다. 규민이처럼 또래 사이에 잘 끼지 못하는 아이는 어떻게 도움을 줄 수 있을까요?

❶ 친구에 대한 아이의 속마음을 확인해주세요

왕따를 당하는 것도 아닌데 묘하게 친구들 사이에 끼어들지 못하고 겉도는 아이들의 심리적 요인이 무엇인지 아이 속마음을 들여다봐야 합니다. 무엇보다 중요한 것은 아이에게 '친구란 어떤 의미가 있는 존재인지' 살피는 것이지요. 부모들이 생각하는 친구라는 개념은 '같은 반 아이'라고 지나치게 넓게 잡혀 있는 경우가 많습니다. 그런데 요즘 아이들은 친한 아이만 친구로 생각합니다. 상담실에서 저와 이야기를 나눈 많은 아이는 충분히 사회적 교류를 하고 있는 것 같아 "그 친구들이랑은 그래서 뭐 하고 놀아?"라고 물으면, "걔네들은 친구 아닌데요"라고 시큰둥하게 답을 합니다. 즉, 어른이 생각하는 친구와 아이들이 생각하는 친구의 개념이 다른 것이지요. 그렇다면 어떤 사람을 친구로 생각하는지 아이에게 묻는 게 첫 번째 단계입니다.

❷ 또래 아이들과 공유할 수 있는 관심사를 마련해주세요

그렇다고 해서 요즘 아이들이 친구를 삼는 까다로운 조건이 있는 것은 아닙니다. 세대에 맞는 공통의 관심사를 파악해서 아이가 충분히 즐길 수 있도록 도와주는 것이 가장 중요합니다. 또래 집단에서 공통의 관심사가 되는 주제들, 예를 들어 초등 저학년의 경우 포켓몬과 관련한 지식이 많아야 한다든가 사슴벌레나 열대어 같은 반려 동물을 키우는 상황 등 아이들과 쉽게 대화를 나누고 공유할 수 있는 것들을 마련해주면 그다음부터는 누가 시키지 않아도 관심사가 같은 아이들과 쉽게 어울리면서 즐거워하게 되지요.

❸ 아이의 기질을 확인해주세요

어떤 아이들의 경우 내성적이라든가 사람을 싫어하는 것은 아닌데 이상하게 또래들 사이로 들어갈 때 쭈뼛거리는 경우가 있습니다. 이런 아이들은 자기 자신 안에 함정을 가진 경우가 많은데, 처음 또래 관계가 형성되는 학기 초에 빨리 집단에 소속되지 않으면 중간에 들어가는 게 어렵다는 사실을 알고 있어서 지나치게 애를 써서 자기 성향과 맞지 않는 아이들과 그룹을 형성하게 된 경우가 생각보다 자주 관찰됩니다. 빠르게 친구를 사귀려다 보니 자신의 원래 성향을 숨기고 다른 모습을 보이려고 노력했을 것이고, 그 과정에서 심리적으로 소진되는 것들로 인해 의도치 않게 관계를 지속하지 못하고 무리에서 이탈되는 경우가 생길 수 있습니다. 남자아이보다는 여자아이들에게 이런 유형이 더 흔하게 나타나는데, 거절당한 경험이 더해지면서 동시에 자신이 딱히 잘못한 행동을 한 것도 없는데 배제당했다는 점에서 이유를 찾기 힘들어지고, 아이는 더 외로워져서 친구를 사귀는 데 두려운 마음이 앞서게 되지요. 따라서 반드시 학기 초에 사귄 아이들의 성향에 대해 파악할 필요가 있습니다.

또한 친구를 사귀는 데 충분한 시간이 필요할 수 있다는 것을 알려주어야 합니다. 이런 성향을 가진 아이에게 "그럼 네가 먼저 친구들한테 말을 걸어봐"라고 이야기하는 것은 바람직하지 않습니다. 그보다는 "친구는 천천히 사귀어도 돼. 처음에 사귄 아이들은 너랑 성향이 좀 달라서 오히려 그 애들하고 지내는 게 힘들 수도 있어. 너랑 훨씬 잘 맞는 비슷한 성격의 아이도 분명히 있을 테니까 걱정하지 마. 시간이 좀 걸려도 괜찮아"라고 이야기해주어야 합니다.

산후 우울증과 사회성 발달

엄마의 산후 우울증으로 또래와 함께 놀지 못하고 혼자 놀이를 하는 아이들이 생길 수도 있습니다. 아이를 향한 엄마의 정서적 표현을 방해하는 대표적 증상이 바로 산후 우울증입니다. 대부분의 산모들은 아기를 출산한 후 대략 6개월 정도는 가벼운 산후 우울증을 앓게 됩니다. 그러나 이 기간이 길어지거나 증상이 심각해질 경우, 엄마가 아이를 키우는 일에 많은 어려움을 겪게 됩니다. 더군다나 이 시기에 엄마를 도와주는 보조 양육자나 정서적으로 지지해주는 지인이 곁에 없는 경우 아이는 엄마에게서 적절한 정서적 반응을 얻지 못하게 되면서 사회성 발달은 물론 언어 발달이 지연되는 경우까지 확대될 수 있습니다. 물론 산후 우울증을 지나치게 심각하게 생각할 필요는 없습니다. 아이를 낳은 산모라면 누구나 겪을 수 있는 자연스러운 현상이기 때문에 시간이 지나면서 천천히 극복해나갈 수 있습니다. 하지만 장기간의 산후 우울증은 아이의 사회성 발달뿐 아니라 언어 발달에도 부정적인 영향을 미칠 수 있기 때문에, 문제가 지속된다면 적극적으로 주변 사람들의 도움을 구하는 것을 권장합니다.

잘난 척 나대는 아이, 성격 탓일까?

> "초등학교 2학년이 된 효명이는 자기 생각과 맞지 않으면 소리를 지르며 화를 내고 심지어 때리기까지 해서 친구들 사이에서 인기가 없는 아이입니다. 학기 초 과학 실험 시간에 모둠반 이름을 정할 때도 고집을 피워서 문제가 된 적이 있습니다. 모둠에 있는 아이들이 전부 '올챙이 모둠'이 좋다고 하는데 혼자서만 '아니야, 양서류 모둠이 맞아!'라고 고집을 부려서 공공의 적이 된 적도 있고, 아이가 똘똘한 편이라 받아쓰기나 발표를 잘하는데 지나치게 자랑을 해서 친구들의 눈총을 받곤 해요. 효명이도 그것 때문에 스트레스를 많이 받는 모습을 보여서 고민입니다."

효명이의 이야기를 들으면 떠오르는 이야기가 있습니다. 나르키소스라는 그리스 목동에 관한 이야기입니다. 나르키소스는 많은 요정으로부터 사랑 고백을 받지만 누구에게도 마음을 주지 않습니다. 그러던 어느 날 호숫가를 지나던 중 우연히 호수에 비친 자신의 모습을 발견하고, 너무나 아름답고 이상적인 자신의 얼굴에 매료됩니다. 결국 나르키소스는 물에 비친 자신과 사랑에 빠지고, 물속에 빠져 수선화가 되었다는 신화입니다. 이 신화에서 파생된 것이 자신을 너무나 사랑하는 상태를 뜻하는 '나르시시즘'이라는 말입니다. 나르키소스처럼 모든 관심이 자기 자신에게만 집중되어 있는 사람은 다른 사람을 이해하기 힘들고 깊이 있는 관계를 맺지 못하게 됩니다. 이런 유형의 사람들은 자신에게만 도취되어 있느라 다른 사람이 각자의 생각을 가지고 있다는 사실을 고려하지 못합니다.

게임이나 놀이를 할 때, 차례를 지키지 못하고 자주 끼어드는 아이들이 있습니다. 이런 행동 때문에 다른 아이들과 다툼이 일어나고 또래 관계에도 어려움을 겪지요. 이런 아이들은 대화할 때도 상대방의 말을 듣지 않고 자기 말만 하려는 경우가 많아서 결국 다른 아이들과 어울리지 못하고 친구들과의 사이도 멀어집니다. 발달의 관점에서 만 3~4세는 세상의 중심이 '나'이고 세상이 자기를 위해 존재하는 것처럼 느끼는 시기입니다. 바로 '자기중심성egocentrism'이 두드러지는 시기라고 할 수 있지요. 이 시기 아이들은 다른 사람의 관점에서 상황을 파악하지 못합니다. 따라서 줄을 서는 등의 규칙을 지키는 것이 어려울 수 있습니다. 이 시기의 아이를 둔 부모라면 자연스럽게 그 상황을 넘길 수 있도록 돕는 게 좋습니다. 이는 질환이나 발달상의 문제가 아니기 때문입니다. 이러한 자기중심성은 사회화 경험을 통해 6~7세쯤에 사라지지만, 부모가 아이가 원하는 것을 전부 해주거나 성장 과정에서 다른 사람의 관점을 이해할 기회나 차례를 기다리는 경험을 충분히 하지 못하면, 이런 행동이 더 오래 지속될 수 있습니다.

물론 효명이가 친구들과 좋은 관계를 유지하지 못하는 건 아직 나이가 어려서 다른 사람의 마음을 이해하고 자신의 생각과 다르다는 것을 받아들이고 조정하는 데 서툴러서일 수 있습니다. 하지만 이러한 태도나 마음의 습관이 청소년기까지 이어지고 성인기까지 발현되는 경우 '자기애성 성격 장애'로 발전할 수 있기 때문에 조기에 문제를 해결하는 것이 매우 중요합니다.

효명이의 경우 결과적으로 엄마의 양육 태도가 문제의 원인 속에 숨겨져 있었습니다. 아이가 지나치게 자기중심적으로 행동하거나 사고하는 경우, 부모의 양육 태도를 제일 먼저 점검해볼 필요가 있습니다.

아이를 과잉보호하거나 정서적으로 밀착된 관계를 지나치게 오래 유지할 경우 아이는 자신이 노력하지 않아도 대부분의 문제가 저절로 해결된다고 여기기 때문에 다른 사람의 마음이나 상황을 알아보려고 하지 않게 됩니다. 정서 발달 단계에서 많은 부모가 놓치기 쉬운 것 가운데 하나가 바로 '좌절 경험을 하고 난 후 극복할 수 있는 능력'입니다. 대부분의 부모가 좌절이나 실패 그 자체가 아이에게 주는 상처를 걱정하지만, 실제로는 실패나 좌절을 극복하고 자존감을 회복하는 과정을 반드시 겪어야 다른 사람에 대한 이해가 가능해집니다. 따라서 부모가 해야 할 일은 아이가 정서적으로 회복할 수 있도록 격려하는 것에 초점이 맞춰져야 합니다. 또한 지나치게 엄마와 밀착된 정서적 관계는 아이로 하여금 '내가 엄마이고 엄마가 바로 나'라는 심리 상태를 갖게 해서 엄마가 자신과 다른 생각을 할 수 있는 존재라는 것을 이해하기 힘들게 만들 수 있습니다. 이런 환경에 익숙한 아이는 자연스럽게 다른 생각을 갖는 친구들을 이해하는 데에도 어려움을 겪게 됩니다. 그러므로 초등학교 입학 무렵부터 아이와 적절한 정서적 거리를 유지하면서 스스로 정서적 독립을 할 수 있게끔 생활하는 것이 중요합니다. 아이는 부모에게 속한 존재가 아닙니다. 반드시 독립된 존재로 키워야 하고, 필요할 때는 좌절의 경험도 제공해주는 것이 부모의 역할이기도 합니다. 이런 과정에 있어야 아이는 주변 사람들을 이해하면서 건강한 관계를 맺어나갈 수 있습니다.

자기중심적인 아이의 사회성 키워주기

❶ 역할 놀이를 해주세요

아이와 함께 만화를 볼 때 주인공이 아닌 주변 인물들의 감정이 어떨지에 대해 이야기를 나누고, 역할 놀이를 해보세요. 입장을 바꿔 생각하는 연습이 필요합니다.

❷ 단체 줄넘기나 단체 활동을 하고 느낀 점을 정리해주세요

부모나 형제자매와 함께 단체 줄넘기를 하는 것도 좋습니다. 자기만 잘한다고 되는 것이 아니라 함께해야 계속할 수 있다는 것을 터득하게 해주세요. 특히 중요한 부분은 다른 사람의 실수에 지나치게 예민하게 반응하는 경우 그러한 반응이나 태도를 보이는 것이 다른 사람에게 어떻게 비춰질 것인지에 대해 충분한 설명을 해주는 것입니다.

❸ 친구 사귀는 상황을 연습해요

부모가 새로운 친구나 이웃에게 먼저 다가가 인사하는 것을 도와주세요. 아이는 부모의 말투와 표정, 대화를 듣고 친구를 사귀는 기술을 배웁니다. 의외로 많은 아이가 처음 보는 친구와 어른을 어떻게 대할지 몰라 실수를 합니다.

친구가 장난감 만지는 게 너무 싫은 아이의 속마음

영유아기는 '공유를 못 하는 아이들'이 또래에게 받는 스트레스가 생각보다 큰 시기입니다. 유아기는 우정에 대한 개념이 아직 형성되지 않은 시기이지요. 유치원 때는 죽고 못 사는 친구처럼 놀다가도 중·고등학교 가서는 연락도 잘 하지 않고 지내는 경우가 허다한 것처럼, 부모들끼리 계속 만남이 이어지지 않으면 대개 유치원 때 사귀었던 친구들은 기억 속에서 잊히곤 하지요. 그 시기 친구는 놀이의 대상입니다. 24~48개월 사이의 아이들은 또래들과 비슷한 놀이를 하지만 서로 상호작용은 하지 않는 게 정상입니다. 이를 '병행 놀이'라고 하는데, 만 4세 무렵이 지나야 서로 대화도 하고 장난감을 나누어 갖기도 하고 빌려주는 것이 가능해집니다.

그런데 5~6세가 된 아이들 중에 장난감을 빌려주거나 친구들이 자기 물건에 손대는 것을 유독 싫어하고 거부하는 아이들이 있습니다. 부모 입장에서는 아이가 너무 욕심이 많아서 그런다고 생각하기 쉽지만, 오히려 이런 아이들은 욕심 때문이 아니라 '불안이 높아서' 그런 행동을 보이기도 합니다. 불안도가 높은 아이는 자신과 남의 경계선이 굉장히 중요합니다. 그렇기 때문에 친구라고 하더라도 자기 장난감이나 물건을 만지는 것을 자신이 안전하게 쳐놓은 경계선을 넘어오는 것이라고 생각하고 소리를 지르거나 극심한 스트레스를 받는 것이지요. 이런 유형의 아이를 자칫 욕심이 많다고 생각하기 시작하면 절대 문제를 해결할 수 없습니다. 이 아이들은 친구를 데려오기 전에도 미리 타협을 해야 합니다. "이 장난감이랑 물건은 네 것이 맞아. 절대로 안 가져갈 거야. 짜증 안 내고 친구랑 놀 때만 같이 가지고 놀 수 있지?" 하고 묻고, 아이가 그러겠다고 수긍하는 경우에만 같이 놀 수 있도록 안정감을 심어주는 경험을 만들어주는 것이 가장 중요합니다. 사소해 보이지만 아이의 기질에 맞춰 불안을 느끼지 않도록 다독여주는 것이 이후 아이의 사회성 발달에 큰 밑거름이 됩니다.

욱하는 아이의 마음 읽어주기

초등학교 2학년 서진이는 친구들과 놀이하는 과정에서 지적을 많이 한다거나, 사소한 일에도 참지 못하고 화를 내서 걱정입니다. 남들이 보기엔 정말 아무것도 아닌 작은 차이인데도 그냥 넘어가는 법이 없고, 비난하는 듯 비아냥거리는 말투가 나이에 맞지 않게 입에 배어 있는 아이라 선생님들도 불편하게 대하는 것이 느껴질 정도였지요. 문장 완성 검사나 그림 검사, 지능 검사, 기질 검사 등 다양한 심리 검사를 통해 바라본 아이의 마음에서 한 가지 뚜렷한 특징이 관찰되었습니다. 바로 자기 스스로 기준을 갖고 행동하는 것이 아니라 끊임없이 엄마에게 지적받으면서 행동한다는 것이었죠. 즉, 행동의 기준이 외부에 있었습니다. 기질적인 문제라든가 지능에서 특이한 모습은 전혀 관찰되지 않았습니다.

서진이 엄마는 평소에 아이가 행동도 너무 크고 투박하게 말하는 편이라, 예의 바르고 규칙을 잘 따르는 아이로 키우고 싶었습니다. 그 마음에 훈육을 열심히 해왔는데 언제부터인가 아이가 훈육을 점점 듣지 않고 신경질만 내는 걸 보며 뭔가 잘못됐다고 느끼게 됩니다. 동시에 이렇게 최선을 다하고 있는데 왜 아이는 내 말을 듣지 않을까 섭섭하기도 하고 화도 났지요. 하지만 서진이 어머니의 이러한 노력 밑에 숨겨져 있던 함정은 바로 '엄마 의도에 맞춰서 행동해야 한다'는 무언의 메시지를 서진이에게 주었던 것이었습니다.

부모에게 지나친 간섭을 받고 지적당한 아이는 자신이 경험한 상호작용 패턴을 밖에서도 그대로 반복하게 됩니다. 다른 아이들에게도 부모가 자기에게 했던 것처럼 간섭하고 지시하게 되고, 자기 의도대로 되지 않으면 버럭 화를 내는 것이지요. '엄마 마음대로'의 함정을 경험한 아이들은 엄마가 없는 밖에서는 자기 마음대로 하려는 욕구가 강해집니다. 그 과정에서 자신이 아무 말도 못하고 엄마 말을 그대로 따랐던 것처럼 다른 아이들도 자기 말을 그대로 따라주길 바라고 요구하게 되지요. 아이의 내면에는 항상 자신이 부모에게 착한 아이로 남아 있어야 한다는 핵심적인 신념이 자리 잡게 됩니다. 그래서 자신에게 세상의 전부인 엄마나 아빠의 이야기를 거절한다는 것은 상상도 하기 어려운 일입니다. 이러한 심리적 상태가 지나치게 강해져서 자신의 욕구보다는 부모의 요구에 따라 행동 기준이 맞춰지게 되면, 결과적으로 사회적 관계를 맺는 데 실패하게 되고 자기 말을 들어주는 순응적인 아이들에게 마음대로 군림하려는 모습을 보일 수 있습니다.

욱하는 아이는 기질적으로 감각이 매우 예민한 유형에 해당됩니다. 그래서 어릴 때부터 부모가 생각하기엔 별거 아닌 일에도 지나치게 예민하게 반응하지요. 접촉에 예민한 아이는 친구가 지나가다가 스치기만 했는데도 "엄마, 쟤가 나 때렸어"라고 과도하게 해석합니다. 그래서 쉽게 기분이 불쾌해지고 그에 대한 대응도 과하게 나가지요. 평소에 입지 않던 새 옷을 입어도 불편하다는 느낌이 들면 바로 벗어버린다든가, 까슬까슬한 스웨터 종류는 질색하는 등의 모습을 보이기도 합니다.

친구가 저 멀리서 반가워하며 "야~" 하고 뛰어올 때 반기기보다는 엄마 뒤에 숨어버리거나 피하기도 하지요. 아이의 반응이 이런 식이면 또래들 입장에서는 황당하게 혹은 부담스럽게 여기기 쉽습니다. 이런 문제가 반복되면 사회성과 또래 관계가 발달하는 데 많은 문제가 발생하고, 사람들 간의 보편적인 행동 양상을 배울 시기를 놓치게 됩니다. 어떤 행동은 당장 싫고 불편하더라도 악의적이지 않다면 충분히 그럴 수 있는 보편적인 행동이라고 수용할 수 있어야 합니다. 하지만 오감이 예민한 아이들은 그러한 상황을 받아들이는 걸 너무나 힘들어합니다. 부모들은 '어리니까 조금 크면 나아지겠지'라는 막연한 생각을 하며 기대해보지만, 문제가 개선되기까지 생각보다 오랜 시간이 걸리기 때문에 그동안 아이 본인도 힘들고 무엇보다 사회성 발달을 직접 경험해야 하는 기회를 놓치게 될 수 있습니다.

지나치게 감각이 예민한 아이는 부모가 적절하게 도와주면 별도의 치료를 받지 않아도 될 정도로 좋아지기도 합니다. 이런 유형의 아이들은 보통 아이들이 한 번에 받아들이는 외부 자극을 열 번 이상 단계를 나누어 천천히 받아들일 수 있도록 도와줘야 합니다. 예를 들어 아이가 새로운 옷을 입지 않으려고 하면, 억지로 입히려고 하지 말고 며칠간 아이 방에 걸어두고 보는 것에 익숙해지게 하고, 손등에 옷감을 스치게 하거나 옷을 한 번 만져보게 하는 식으로 단계를 나눠서 경험하게 해야 합니다. 또 감각 놀이를 많이 시켜주는 것도 좋습니다. 다양한 촉감에 노출시켜주며 손도 많이 만져주고 모래 놀이나 마사지를 자주 해주세요. 놀이터나 키즈 카페에 있는 놀이기구를 다양하게 경험시키고, 아이가 무서워하면 부모와 함께 천천히 경험하면서 '새로운 경험을 해도 다치지 않는구나'라는 안정감을 느끼도록 도와주는 것이 필요합니다. 오감이 예민한 아이에게 소리를 지른다거나 화를 자주 내는 것은 아이의 불안을 증폭시키는 행동입니다. 오감이 예민하다는 것은 외부 자극에 대한 불안이 높다는 뜻이기 때문입니다. 물론 쉬운 일은 아니지만, 아이가 어떤 문제행동을 보일 때는 그 행동 하나만 따로 떼어서 보기보다 전반적인 상황이나 아이의 성향을 고려하여 대응하는 것이 중요합니다.

사회적 기술의 시작은 자기표현부터

사회성이 잘 발달된 아이들은 보다 솔직하고 정직하게 자신의 마음을 표현할 수 있습니다. 이것을 자기표현 능력이라고 하는데, 대부분 사회성에 어려움이 있는 아이들은 자신이 진짜 하고 싶은 이야기를 하지 못하고 은근히 말을 돌리거나, 자신의 강점은 오히려 숨기고 다른 사람에게 일방적으로 맞춰주다가 어느 날 갑자기 화를 벌컥 내서 주변 사람들을 당황시키기도 합니다. 자기표현을 잘 하기 위해서는 우선 자기감정을 정확하게 읽어내고 표현할 줄 알아야 합니다. 또한 자기감정을 단어로 정확하게 연결해서 친구들이나 선생님, 부모가 분명하게 알아듣고 이해할 수 있도록 설명할 수 있어야 하고, 다른 사람의 의견을 듣고 자기 생각을 수정할 수 있어야 합니다.

하지만 만 5~8세 사이의 아이들은 자기감정을 객관적으로 인식하고 적절한 단어를 찾는 일이 쉽지가 않지요. 당연히 다른 사람의 이야기를 듣고 자기 생각을 수정하는 것도 아이들 머릿속 선택지에는 없는 경우도 발생합니다. 그 과정에서 오해가 생기고 다툼으로 이어지기도 하지요. 사회적 기술은 천천히 발달하고 경험을 통해 확장되기 때문에 집에서 아이의 감정을 효과적으로 표현할 수 있도록 돕는 것이 필요합니다.

의도와 다르게 표현해서 오해를 불러일으키는 아이, 속마음을 솔직하게 표현하지 못하는 아이가 있다면 다음과 같이 도와주세요.

1단계: 놀이 과정에서 나타나는 아이 감정을 읽어주세요

만 3~4세 아이들은 치과에 다녀와서 "엄마, 나 엄청 무서웠어"라고 말하기보다는 엄마를 눕히고 볼펜을 갖고 의사선생님이 했던 것과 똑같은 행동을 하면서 자기가 느낀 감정을 표현하기도 합니다. 엄마에게 많은 관심을 받고 싶은 마음이 있어도 직접 말로 표현하기보다는 자신이 엄마가 되어 인형을 돌보면서 먹이고 입히는 놀이에 몰두하기도 하지요. 이처럼 아이들은 말로 정확하게 표현하지 못하는 감정을 놀이를 통해 표현하기도 합니다. 이때 엄마가 놀아주면서 아이 감정을 공감해주거나 상황 속에 숨겨진 아이의 마음을 읽어내 표현해주는 것이 가장 중요한 첫 단계입니다.

2단계: 표현과 행동을 열어주세요

자기표현 훈련의 첫 번째 단계는 아이의 표현과 행동을 억제하지 않는 것입니다. 표현 문제로 소통의 실패를 많이 겪은 아이들은 은연중에 받았던 마음의 상처로 인해 자기 생각이나 느낌을 표현하는 것 자체를 꺼리는 경우가 많습니다. 부모 앞에서는 아이가 무엇이든 마음껏 표현할 수 있는 분위기를 만들어주는 것이 중요합니다.

3단계: 생각을 구체적으로 표현하는 연습을 해요

아이의 머릿속에 떠오르는 생각들을 시각화할 수 있도록 도와주세요. 완벽한 문장이 아닌 짧은 단어로 표현해도 관계없습니다. 글로 표현하기 어렵다면 그림으로 자유롭게 생각을 나열하는 것도 좋습니다. 여기서 가장 중요한 점은 또렷한 이미지를 정확한 단어로 연결할 수 있도록 도와주는 것입니다.

4단계: 글이나 그림으로 대화를 나눠요

아이가 글이나 그림으로 자유롭게 표현한 것을 함께 보며 충분히 대화해보는 단계입니다. 아이가 어떤 생각으로 이런 표현을 했는지 스스로 말할 수 있게 유도해주세요. 충분한 대화를 통해 아이가 진짜 말하고 싶었던 것이 무엇이었는지 파악하는 과정도 필요합니다. 보통 자신이 원하는 것과 친구들이 말한 의도를 파악하기 어려워하는 아이들이 많습니다. 그렇기 때문에 아이가 산만하게 표현해놓은 것들 중 불필요한 내용을 지워나가면서 한 문장으로 정리하여 함께 읽어보는 연습을 반복하는 것이 중요합니다.

5단계: 한 문장으로 표현해요

자기표현 훈련의 최종 목표는 아이가 스스로 표현하고 싶은 내용을 정리해 정제된 문장으로 말하는 것입니다. 이러한 목표를 두고 단계별로 자기 생각을 정돈하고 표현하는 훈련을 꾸준히 하면 아이의 주의력 개선과 소통 능력 향상에 큰 도움이 됩니다.

4

어울림이 서투른 아이의 마음 돌보기

아이가 지나치게 의존적이라면

"초등학교 1학년이 된 윤재는 하나부터 열까지 모두 엄마가 챙겨 주지 않으면 무엇을 해야 할지, 어떻게 해야 할지 모르는 아이입니다. 그래서 늘 '엄마, 나 이제 뭐 하면 돼?', '엄마, 나 우유 먹어도 돼?'와 같은 질문을 달고 살아요. 예전에야 엄마 껌딱지라고 생각해서 마냥 예쁘고 귀여웠는데 초등학생이 된 지 6개월이 넘도록 지나치게 저에게 의존하는 모습을 보고 있자니 학교생활은 어떻게 하고 있을지 걱정이 되더라고요. 아니나 다를까 학교에서도 담임 선생님에게 사소한 것까지 꼬치꼬치 캐묻고 스스로 마무리 짓는 일이 없어서 1학기 내내 지적을 받았다고 합니다. 친구들과 어울릴 때도 아이들이 시키는 대로만 움직이고 뭐든지 양보하는 모습을 보고 있자니 이건 아니다 싶어요. 아이가 계속 손해만 보고 당하는 것 같아서 답답하고 안쓰럽기만 합니다."

상담실에서 만난 윤재는 처음 보는 제게도 활짝 웃어 보이며 친근감을 드러내는 밝은 아이였습니다. 윤재의 속마음을 알아보기 위해 문장 완성 검사를 해보았습니다.

친구들은 좋다.
다른 사람들은 나를 착하다고 생각한다.
우리 엄마는 너무너무 자상하고 내 편이다.
우리 아빠는 회사원이다.
남자애들은 욕을 많이 한다.
여자애들은 나한테 친절하게 대해준다.

윤재의 답변 가운데 가장 눈에 띄는 것은 친구들에 대한 표현이 굉장히 피상적인 것, 그리고 아빠와 엄마에 대한 묘사의 정서적 온도 차이였습니다. 특히 친구들에 대해서 막연하게 '좋다'라는 평가를 한다거나 자기 자신에 대해서도 '착하다'라는 평가를 내면화하는 표현을 반복하면서 인정받고 싶은 욕구를 강하게 드러내는 모습이 관찰되었습니다. 또한 아빠에 대해서는 직업에 대한 건조한 표현으로 묘사한 반면 엄마에 대해서는 정서적으로 밀착된 표현을 강조한 것으로 보아 평소 양육 방식에서 윤재와 엄마의 정서적 거리감을 살펴볼 필요가 있었습니다.

윤재가 만 3세가 되었을 때 엄마는 동생을 출산하면서 퇴직을 결정했고, 임신 후반기에 윤재는 외할머니가 계신 지방에서 지내다가 동생이 태어난 뒤에 비로소 엄마 아빠와 함께 살게 되었습니다. 그동안 외할머니에게 맡겨두고 키웠다는 미안한 마음에 엄마는 윤재가 요구하는 것은 거의 대부분 들어주었고, 필요하다고 생각되는 것은 아이가 요구하기 전에 미리 준비해서 챙겨주었습니다. 엄마는 이 시기부터 양육 관련 TV 프로그램이나 양육 서적을 섭렵했고 아이를 혼내면 자존감이 저하될까 봐 윤재에게 꾸지람도 거의 하지 않았습니다. 아이가 초등학생이 된 후에도 엄마는 여전히 아이를 안쓰럽게 여기며 이것저것 챙겨주는 일이 반복되었고, 아침에 학교 가기 전에도 조금 더 재우고 싶은 마음에 늦게 깨우다 보니 시간이 촉박해져 밥도 떠서 입에 넣어주고 옷도 입혀주는 날이 늘어갔습니다. 세 살 터울이 나는 동생은 오히려 혼자서 밥도 잘 챙겨 먹는데 윤재는 아침마다 일어나서 멍하게 앉아 있을 때가 많았고 엄마가 아무리 어르고 달래도 꿈쩍도 않는 날이 늘어갔습니다.

그러던 어느 날 초등 1학년 첫 담임 면담에서 윤재의 어머니는 충격적인 이야기를 듣고 정신이 번쩍 들었다고 합니다. 아이가 지나치게 의존적이어서 자기를 챙겨주는 친구 옆에 딱 달라붙어 지내고, 친구들 사이에 생기는 사소한 다툼에도 나서지 않는 등 대처 능력이 유독 떨어진다는 이야기였습니다. 그제야 엄마는 뭔가 단단히 잘못되었다는 판단을 하고 센터에 방문하게 되었던 것이지요.

검사 결과 윤재는 기질적인 문제도 전혀 없었고 외할머니와 함께 지낼 때에도 애착 형성에 큰 문제가 없던 아이였습니다. 오히려 문제는 윤재의 자존감에 대한 엄마의 오해에서 비롯된 것이었지요.

단순히 아이를 혼낸다고 해서 아이 자존감이 낮아지는 것은 절대 아닙니다. 아이의 자존감을 높여주기 위해서는 아이의 발달 단계에 따라 엄마의 훈육 방식을 바꿔나가야 합니다. 윤재 어머니가 이제까지 윤재에게 보여주었던 양육 태도는 2세 미만의 아이들에게 적합한 것이었습니다. 스스로 실패하고 성공하는 경험을 해봐야 엄마와 분리된 자기 자신의 욕구를 깨닫고, 자신의 욕구를 조절할 수 있어야 상황에 맞게 행동하고 다른 사람이 어떻게 상황을 이해하는지 파악할 수 있습니다. 아이들의 자존감은 반드시 이런 과정을 거쳐야 건강하게 발달합니다. 부모는 아이의 자율성을 방해하지 않으면서 아이가 안전하게 좌절 경험도 하고 심리적으로 회복하는 과정을 할 수 있도록 격려하고 기다려줘야 합니다. 이때 자존감과 더불어 발달하는 중요한 심리적 요인이 바로 '자기 조절 능력'입니다. 부모와의 상호작용 속에서 자기 행동과 정서를 조절하는 경험을 통해 아이는 친구들이나 다른 어른들과 어떻게 관계를 맺어야 하는지 알게 되고, 나이에 맞는 사회적 행동을 익히게 되는 것이지요.

윤재의 경우 만 2세 미만 아이에게 맞는 양육을 받고 있었기에 스스로 자기 행동을 조절하는 연습을 할 기회가 부족했습니다. 이처럼 과거에 매여 있는 양육 태도 역시 건강한 사회성 발달의 저해 요인이 됩니다. 부모가 과거에 못해준 것에 지나치게 집착하면 정작 현재 아이에게 필요한 것을 알아보는 것에 둔해질 수 있지요. 만일 아이가 집 안에서 부모하고만 생활해도 된다면 이런 양육 태도는 크게 문제가 되지 않을 수 있습니다. 그러나 아이는 부모 품을 떠나 언젠가 반드시 세상 속에서 살아가야 하는 존재이기에 정서적 독립을 위한 양육 태도가 매우 중요합니다.

부모님의 양육 태도 개선과 다양한 심리적 개입을 통해 윤재는 이후로 친구들과 원만한 관계를 맺으며 학교생활에 무리 없이 적응해갔고 독립적인 아이로 자랄 수 있었습니다.

모둠 활동에 참여하기 힘들어하는 아이 성향 이해하기

일곱 살 민석이 엄마는 최근 태권도 학원 선생님께 아이가 친구들과의 어울림을 피한다는 말을 듣고 너무 놀랐습니다. 자신이 운동신경이 부족하다는 걸 알아채고 친구들과의 어울림을 피한다는 것이었습니다. 예전에 아이가 배드민턴을 칠 때 공을 전혀 맞추지 못하는 것을 보고 엄마는 '운동을 잘 못 하는구나'라고 생각하긴 했지만, 그런 점이 아이의 친구 관계에 영향을 미칠 거라곤 생각하지 못했습니다. 어떻게 민석이를 도울 수 있을까요?

지나치게 양보하는 아이들 가운데, 단순히 기질이나 성향 때문이 아니라 운동 협응 능력이 부족해서 소극적으로 대응하는 경우들이 있습니다. 대개 운동을 못하는 것은 '문제'라고 판단하기보다 '성향 차이'로 여기고는 하지요. 물론 아이에 따라 운동 능력이 다르므로 운동을 잘하는 아이도 있고 조금 못하는 아이도 있습니다. 하지만 똑같이 운동을 못해도 못하는 이유가 아이마다 다르므로 세심히 관찰할 필요가 있습니다. 특히 남자아이의 경우 신체 활동이 사회적 참여에 생각보다 큰 영향을 끼치기 때문에 운동 발달 역시 세심하게 살펴볼 필요가 있습니다. 운동 발달이 적절하게 이루어지지 않는 경우 또래에 비해 위축된 모습을 보이거나 이유 없이 양보를 자주 하고 적극적으로 학교생활에 참여하지 못하면서 사회성 발달에서 불리한 상황에 처하기도 합니다.

일반적으로 아이의 운동 능력이 부족하다고 느끼는 부모는 대부분 아이의 '신체 반응 속도', 즉 '운동신경'이 떨어진다고 생각합니다. 운동 상황에 대처할 때는 '지각-인지-반응'의 세 가지 단계를 거치는데, 이 중 반응 단계를 잘 수행하지 못한다고 생각하는 것이죠. 이처럼 반응 속도의 문제라면 꾸준한 연습을 통해 반응 속도를 높일 수 있지만, 그게 아니라면 연습이 아닌 다른 방법으로 접근해야 합니다. 먼저 앞에서 말한 세 단계인 지각-인지-반응 단계 중 지각에서 인지로 넘어가는 속도에 문제가 있을 수 있습니다. 신체 반응 속도는 문제가 없지만 상황을 지각하고 인지하는 데 시간이 오래 걸려 운동 능력을 제때 발휘하지 못하는 것인데, 이런 경우 '운동 협응 능력'이 부족한 것으로 판단합니다.

- **운동 능력이 부족한 경우**

공이 날아온다 → 잡아야 한다는 것을 인지한다 → 잡으려 하지만 운동신경이 떨어져 잡지 못한다

- **운동 협응 능력이 부족한 경우**

공이 날아온다 → 잡아야 한다는 시각-운동 정보 처리 속도가 늦다

→ 타이밍이 늦어 공을 잡지 못한다

두 경우 모두 '공을 잡지 못했다'는 결과는 같지만, 공을 잡지 못한 '원인'은 다릅니다. 여기서 중요한 것이 바로 두정엽과 소뇌의 협업, 즉 운동 협응 능력입니다. 운동 협응 능력이 부족한 것은 시지각 능력에 문제가 있거나 두정엽의 기능 저하 때문인 경우가 많습니다. 운동 감각 기능과 감각 통합 능력, 공간 인식을 담당하는 두정엽의 기능이 떨어지면 눈에 들어온 정보를 어떻게 처리해야 할지 판단이 느려지기 때문입니다.

운동 능력은 정수리를 중심으로 퍼져 있는 두정엽이 담당합니다. 두정엽에서 몸으로의 모든 명령이 이루어지고, 복잡한 운동이 순서에 맞게 조율됩니다. 우리 몸의 모든 부분은 두정엽에 있는 '체성 감각'과 하나씩 매칭되어, 오감을 통해 받아들인 정보를 다시 신체 운동으로 바꿉니다. 손과 얼굴에 해당하는 영역이 가장 넓고, 발이나 허리, 엉덩이에 해당하는 영역은 상대적으로 좁습니다. 자주 사용하거나 감각이 민감한 혀나 손, 얼굴 등은 뇌에서 해당하는 체성 감각 영역이 더 넓은 것입니다. 민석이가 겪는 어려움은 이러한 두정엽과 소뇌의 운동 협응 능력 저하에서 비롯된 것일 수도 있습니다. 따라서 단순히 운동신경의 문제가 아니라 운동 협응 능력의 문제인지 확인하려면 평소 아이의 상태를 자세히 살펴봐야 합니다. 가령 아이가 공놀이할 때 어색한 움직임을 반복하거나, 공의 움직임 자체를 제대로 파악하지 못한다는 생각이 들면 운동 협응 능력 부족을 의심할 수 있습니다.

운동 협응 능력이 부족한 경우 주변 상황을 파악하는 데 시간이 유독 오래 걸릴 수 있고, 그 결과 맥락을 읽는 데 익숙지 않아 의도치 않게 눈치 없는 행동을 자주 보일 수 있습니다. 또한 주변 상황 파악이 느리면 인간의 동물적인 본능의 영향으로 환경이 충분히 파악될 때까지 불필요하게 긴장하거나 위축된 행동을 보일 수 있지요. 시각 운동 협응 기능이 느린 아이들은 낯선 곳이나 천장 높이가 조금만 높아져도 적응하는 데 어려움을 겪는 경우가 많습니다. 사소해 보이지만, 공간에 대한 아이들의 인식이 사회적 상호작용의 토대가 된다는 점을 반드시 잊지 않아야 합니다.

운동 협응 능력을 키워주는 활동

❶ 훌라후프

매일 저녁을 먹고 난 뒤 훌라후프를 해보세요. 빙글빙글 돌아가는 커다란 훌라후프를 떨어뜨리지 않기 위해서는 몸의 조정 능력, 타이밍, 리듬감 등 다양한 요소가 필요합니다. 소화를 도울 겸 훌라후프를 주기적으로 하는 것도 아이의 운동 협응 능력에 큰 도움을 줄 수 있습니다.

❷ 타악기 연주

아이가 좋아하는 노래에 맞춰 타악기를 연주합니다. 캐스터네츠, 탬버린, 트라이앵글 같은 간단한 타악기를 박자에 맞춰 쳐보세요. 박자 개념을 익히고 몸으로 연주하는 활동은 뇌 영역을 활성화하는 데 도움을 줍니다.

❸ 팬터마임 연기

팬터마임 연기를 함께 해보세요. 식탁에 앉아 실제로 물을 따라 마시듯이 손가락과 손의 미세 근육, 큰 근육의 움직임을 고루 사용하고 적절하게 손가락을 벌리는 등 마임 연기를 하면서 아이의 고유 수용체 감각을 발달시켜줍니다.

지나치게 양보하는 아이

혹시 아이로부터 다음과 같은 모습이 자주 관찰된다면 집단 괴롭힘을 당하는 건 아닌지 주의를 기울일 필요가 있습니다.

- 안경, 운동화, 옷 등 소지품을 자주 잃어버리고 평소보다 용돈을 자주 요구한다.
- 비밀이 많아지고 통화를 항상 방에 가서 하거나 휴대폰 친구 이름이 욕설로 저장되어 있다.
- "그냥 내가 없어져버리면 다 해결돼"와 같은 공격적이면서도 비관적인 표현을 자주 한다.
- 집에서 식사를 하지 않거나 밖에서 먹고 왔다고 이야기한다.
- 친구에 대한 이야기나 학교생활에 대해 물어도 답하지 않고 회피한다.
- 가족과의 대화에 잘 끼지 않고 식사 후 곧장 방으로 들어간다.

- 잠을 많이 자는 것 같은데 눈이 충혈되어 있고 피곤해 보인다.
- 사소한 잔소리에도 지나치게 격하게 반응하거나 짜증을 자주 낸다.
- 한숨을 쉬거나 멍한 표정을 자주 짓는다.
- 부모와 대화를 하면서 시선을 피하는 듯한 모습을 자주 보인다.

※ 출처: 서울시 청소년 상담복지센터

집단 괴롭힘에 의해 사회성 발달이 이루어지지 못하는 경우가 늘어나고 있습니다. 센터에서 만난 다양한 아이들은 무기력한 표정으로 상담을 하다가도 대부분의 경우 적극적으로 도움을 청하는 태도를 보이기 때문에, 조기에 문제를 발견하고 해결할 수 있다는 희망을 심어주는 것이 가장 중요합니다.

안타까운 사실 가운데 하나는 집단 따돌림으로 힘들어하는 아이들 대다수는 왜 자신이 어려운 상황에 처하게 되었는지 명확한 이유를 알지 못한다는 점입니다. 일반적으로 집단 괴롭힘을 겪는 아이들에게는 다음과 같은 특징이 나타납니다.

- 자기주장을 강하게 하지 못하고 남들이 시키는 대로 하는 경향이 있다.
- 자기중심적이고 타인을 무시하는 경향이 있다.
- 상황 파악이 느리고 눈치 없는 행동을 반복하는 경향이 있다.
- 몸에서 냄새가 나거나 위생 상태가 좋지 않은 경향이 있다.
- 친구들과 지나치게 경쟁하려는 경향이 있다.

- 조금만 건드려도 자기를 때리려고 했다고 오해하면서 예민하게 반응한다.
- 농담과 진담을 구분하기 어려워해서 친구들의 사소한 농담에도 발끈한다.
- 친구들이 놀리거나 말을 하면 과잉 반응을 하는 경향이 있다.
- 옷차림이나 유행어 등 또래 집단 문화에 지나치게 무관심하다.
- 친구들과 있었던 일을 선생님에게 자주 고자질한다.

이런 모습을 빈번하게 보이는 경우 집단 괴롭힘의 타깃이 되기 쉽고, 그 결과 신경과민으로 식욕이 떨어지는 모습을 자주 보이거나 괴롭힘을 당한다는 사실을 부모에게 들킬까 봐 전전긍긍하는 모습을 보이게 됩니다. 심각하게 장기화되는 경우 자살 충동을 느끼며 공격적이고 비관적인 언행을 반복하거나 수면 문제를 지속적으로 겪으며 우울 증상을 호소하기도 합니다.

이런 경우 부모와 학교에서 최대한 즉각적으로 대응하는 것이 무엇보다 중요합니다. 집단 괴롭힘으로 어려움을 겪는 대다수의 아이가 '어른들은 자기 문제를 해결해줄 수 없다'는 강력한 믿음을 갖고 있어 문제를 더욱 악화시키는 경우가 많기 때문입니다. 또한 아이의 심리 상태 역시 점검해야 합니다.

얼마 전 상담했던 초등학교 5학년 남자아이 승호는 같은 반 아이에게 교실 의자까지 집어던지며 싸워서 문제가 되었던 아이였습니다. 같은 반 아이가 이름을 바꿔서 놀린 것이 발단이었습니다. 아이는 "하지 마"라고 분명히 경고했지만 놀리기 시작한 아이는 경고를 무시했고, 누가 먼저랄 것도 없이 싸움이 시작되었습니다. 이 아이는 이전에 다른 아이가 놀린 것까지 생각나 화가 폭발했고 정신을 차려보니 의자까지 집어던지고 있었다고 합니다.

이런 아이들의 독특한 특성은 문제 해결 능력이 떨어진다는 것에 있습니다. 이런 상황에서도 다양한 문제 해결 방법이 존재할 수 있습니다. 같은 반 아이가 이름으로 놀리면 "아이고, 참~" 하며 어이없다는 식의 헛웃음으로 넘어갈 수도 있고, 별명을 부르며 놀리면 똑같이 응수하며 받아칠 수도 있지요. 그런데 승호는 문제 해결 능력이나 대처 방식이 미숙해 신체적인 공격으로 되갚는 방법밖에 떠올리지 못한 것입니다. 물론 놀리기 시작한 아이가 잘못한 것이 맞지만, 승호가 사회적인 대응 방식을 적절하게 갖추고 있었더라면 유연하게 대처하는 것도 가능한 상황이라고 할 수 있습니다.

승호와 같은 아이들은 감정에 대한 해석이 단일한 경우가 많기 때문에 다양한 상황 해석 능력을 길러줄 필요가 있습니다. 예를 들어 싸우고 난 뒤에 사과를 하라고 하면 "미안해"라고 말하는 아이도 있지만, 사과의 뜻으로 씨익 웃으면서 악수만 하고 미안하다는 말을 하지 않는 아이도 있지요. 그런데 승호와 같은 아이들은 "미안해, 승호야"라고 자기가 원하는 방식대로만 사과해야 사과를 받았다고 생각하고, 다른 방식은 사과가 아니라고 생각하기 쉽습니다. 사고의 융통성이 떨어지고 자기중심적인 관점이 우선하기 때문에 '화가 났으니 의자를 던져도 된다'고 생각하는 것이지요. 같은 반에 있었던 다른 아이들, 전혀 승호를 놀린 적도 없고 이 상황과 관련 없는 아이들이 승호의 행동으로 공포에 떨어야 함에도 불구하고 그 아이들의 마음이 어떨지에 대한 배려가 부족했던 것 역시 승호가 사회적 조망 능력을 키워야 할 이유이기도 합니다. 이런 유형의 아이들은 자신이 괴롭힘을 당했고 일방적으로 피해를 입었다고 생각하기 때문에 자신은 어떠한 행동을 해도 정당하다고 여기는 생각의 함정에 빠지기 쉽습니다. 그래서 상담 중에 "애들이 나는 문제가 없는데 건드려서 일을 만들어요. 그 애들은 그래놓고 나한테 사과도 안 해요"와 같은 호소를 자주 합니다.

승호 같은 아이들은 생활 속에서 부모가 다양한 방법으로 문제를 해결해가는 모습을 자주 보여줘야 합니다. 그러면 아이 역시 '어떤 방법을 써봤다가 효과적이지 않으면 다른 방법으로 해결해볼 수 있구나' 하고 유연하게 대안을 생각하는 것을 배우게 됩니다.

5

언행이 공격적인 아이의 진짜 속마음

또래 간의 갈등, 어디까지 지켜봐야 할까?

"시훈이는 올해 여섯 살이 되었는데, 행동이 다소 과격하고 엉뚱해서 어린이집에서도 친구를 제대로 사귀질 못해요. 처음엔 장난이 좀 심한 편이긴 해도 남자아이의 자연스러운 행동이라 생각하고 크게 걱정하지 않았습니다. 그런데 올해 반이 바뀌면서 친구들에게 침을 뱉거나 콧물을 묻히는 등 장난의 정도가 심해졌고, 선생님과 주변 학부모들도 아이의 행동을 문제시하기 시작했어요. 아이의 마음을 물어보니, 자기는 친구들과 잘 지내고 싶어서 다가가는데 잘 놀아주지 않고 놀리기만 해서 화가 난다고 해요. 자기 마음을 제대로 표현하지 못해서 과격한 행동을 보이는 거란 생각이 드니 속상하고 답답한 마음이 커져만 갑니다."

주의력이 부족하고 충동 조절에 어려움을 겪는 아이들은 일상생활에서 다양한 어려움을 겪습니다. 남다른 행동과 성향으로 친구나 주변 사람들에게 부정적인 표현을 듣는 경우도 많습니다. 특히 ADHD 성향이 강해서 충동을 억제하는 능력의 발달이 조금 늦어진 경우 사회성 발달 역시 또래에 비해 뒤처지는 모습을 보이는 경우가 많습니다. 시훈이 엄마도 또래에 비해 어리숙한 표현 때문에 시훈이가 친구들에게 따돌림을 받을까 봐 걱정하고 있었죠.

연구에 의하면 기질적으로 충동성이 강해서 ADHD 진단을 받는 아이들은 일반 아이들보다 자신을 향한 부정적인 언어를 평생 2만 번 이상 듣게 됩니다. 자연히 그 아이들은 부정적인 언어에 민감해질 수밖에 없습니다. 친구나 선생님, 가족들이 별다른 의도 없이 내뱉은 말에도 쉽게 상처받고 자존감도 크게 다칠 수 있지요. 특히 자신이 믿고 의지하는 부모에게 그런 말을 들으면 더 크게 상처받습니다. 남자아이들은 학교나 유치원, 어린이집에서 과격하고 충동적으로 행동해서 교우 관계뿐 아니라 선생님과의 관계, 학습 등에도 어려움을 겪는 일이 많지요.

충동성이 강한 아이를 키우는 부모라면 먼저 아이가 학교에서 겪고 있을지 모를 문제를 알아보기 위해 늘 아이의 편에서 이야기를 들어줘야 합니다. 늘 좋은 이야기만 해줄 수는 없는 것이 사실입니다. 차라리 아이의 과격한 행동이 위험한 상황을 일으키는 게 아니라면 과민하게 반응하지 말고 관심을 적게 두는 것도 좋은 방법입니다. 반대로 아이가 상황에 맞는 적절한 언행을 할 때 크게 칭찬해주고 보상해주면 행동을 교정하는 데 긍정적인 효과를 거둘 수 있습니다. 또 아이가 속한 교육기관에서도 같은 교육이 이루어지면 더 큰 효과를 거둘 수 있습니다.

충동성이 강한 아이와 학교생활을 공유하는 법

많은 부모가 아이가 유치원이나 학교에서 어떻게 생활하고 있는지 궁금해하지만, "오늘 유치원(학교)에서 어땠어? 재밌었어?"라고 물어봐도 돌아오는 대답은 "응", "그럭저럭", "똑같지, 뭐"와 같은 판에 박힌 반응이어서 실망스러운 마음에 괜히 서운해지기도 하지요. 이건 아이 입장에서는 엄마가 정말 궁금해서 질문한 거라고 생각하기보다 일상적인 인사 정도라고 받아들이기 때문입니다. 평범한 질문은 평범한 답변을 부를 수밖에 없다는 뜻입니다. 게다가 충동성이 강한 아이들의 경우 학교에서 있었던 상황을 정확하게 설명하려면 많은 노력이 필요하기 때문에 대답하기 난감해서 회피하는 경우도 있습니다. 특히 구체적인 상황을 짚어주지 않으면 뭉뚱그려서 얼렁뚱땅 대답하고 엄마와의 대화를 빠르게 끝내고 싶어서 성의 없는 대답으로 일관할 수 있어요. 그러므로 아이에게 말을 걸 때 조금은 더 구체적이고 조금 더 창의적으로 질문할 필요가 있습니다. 아이의 생활을 보다 자연스럽고 구체적으로 알 수 있는 질문 몇 가지를 제안해봅니다. 상황과 아이의 기질에 맞게 내용을 변경해서 사용해보세요.

"네가 보기에 너희 반에서 제일 재미있고 웃긴 친구는 누구야?"

"혹시 장난처럼 친구들 몸을 치거나 놀려서 불편해하는 아이들이 있어?"

"교실에서 짝을 새로 정해야 한다면 누구랑 제일 앉고 싶어? 왜 그 친구랑 앉고 싶었어?"

"오늘 가장 지루하게 느껴졌던 순간은 언제였어?"

"쉬는 시간에는 주로 누구랑 놀아?"

"선생님께서 평소에 말씀하시는 말투나 억양 같은 습관 같은 게 있으셔? 그걸 들으면 어떻게 느껴져?"

"급식 먹으러 갈 때 줄 서서 기다리면 친구들이랑 무슨 이야기를 자주 해?"

"요즘 친구들이 제일 많이 하는 놀이가 뭐야?"

충동 조절에 어려움이 있는 아이의 경우 의도치 않게 학교 폭력의 가해자 입장이 될 수 있기 때문에 부모의 관심이 지속적으로 필요합니다. 무엇보다 초등 저학년 아이들 가운데 충동 조절이 어려운 아이는 장난과 괴롭힘의 차이를 구별하지 못하는 경우가 많습니다. 그 결과 뜻하지 않게 다른 친구들에게 생각지도 못한 공격적인 행동을 하기도 합니다. 왜냐하면 사회성 발달과 충동 조절에 어려움이 있는 아이들은 타인의 입장을 상상하는 것이 어렵기 때문이지요. 자신의 행동이 다른 사람에게 어떤 불쾌감이나 스트레스를 줄 수 있는지 예측하는 능력이 아직 미숙한 상태에 있고, 상황과 장소에 맞추어 말투나 행동을 조절하는 것도 힘들지요. 그렇다보니 친구가 반복해서 싫다고 거부 의사를 보이는데도 툭툭 건들면서 때리거나 짓궂은 별명으로 놀리는 행동이 지속될 수 있습니다. 이런 경우 반드시 '장난'과 '괴롭힘'의 차이, 자신의 행동이 가져올 결과에 대해 구체적으로 설명해줘야 합니다.

또한 아이 행동의 모델이 되는 부모의 평소 행동이나 부부 사이 역시 점검해볼 필요가 있습니다. 아이에 대한 애정이 결핍되어 있는 '방임형 부모'에 해당하지는 않는지, 아이에 대한 지나친 기대감과 간섭으로 행동을 하나하나 통제하려는 욕구가 강렬한 '지배형 부모'에 해당하지 않는지 점검해보는 것입니다. 이 시기의 아이는 부모에게 가지고 있던 내재된 욕구불만을 밖에서 해소하려는 경우가 많기 때문입니다. 또한 역할 모델로서 부모가 보여주는 행동이 아이에게는 '문제를 해결하는 유일한 방법'으로 인식되면서, 강압적이고 과도한 통제력으로 양육된 아이들의 경우 친구들과의 관계에서도 대화나 조정보다는 강압적인 행동으로 자신의 의지대로 움직이도록 강요하기도 하지요. 일상생활 속에서 아이에게 결핍되었던 욕구 혹은 부모의 잘못된 역할 모델이 아이의 학교생활에 그대로 투영되는 것입니다.

부모의 양육 효능감이 중요하다

여러 연구에 의하면 ADHD 성향의 아이를 키우는 부모들의 양육 효능감이 유달리 낮은 것으로 보고됩니다. 쉽게 말해 아무리 이야기해도 아이가 부모 말을 듣지 않으니 '아, 나는 부족한 부모인가 보다. 좋은 부모가 아니야'라고 생각하게 되는 것이죠. 그런데 효능감이 떨어진 마음 깊은 곳에는 '아이를 변화시킬 수 있는 사람은 나밖에 없어'라는 과도한 책임감이 자리하고 있습니다. 그래서 마음을 졸이며 아이의 일거수일투족을 지켜보고 사소한 것까지 챙겨주려 하지만, 오히려 아이는 잔소리로 여기거나 반항하는 모습을 반복해서 보입니다.

이런 부모에게 필요한 것은 아이에 대한 책임감을 좀 덜어내고, 산만하고 충동적인 아이일지라도 충분한 자생력이 있다고 믿는 것입니다. 모든 아이는 세상을 살아가고 적응할 힘을 갖고 태어납니다. 나름대로 배우고 성장하며 나중에는 놀라울 정도로 달라질 것입니다. 인본주의 심리학자 칼 로저스는, 사람은 이미 좋은 방향으로 성장하는 힘이 있기 때문에 좋은 방향으로 이끌어줄 필요보다 그것을 가로막는 장애물을 치워주는 것만으로 충분하다고 이야기한 적이 있습니다. 아이를 믿고, 부모의 지나친 개입은 간섭이 된다는 사실을 기억해주세요.

ADHD나 품행 장애, 적대적 반항 장애 진단을 받은 아이들은 사실 또래 관계에서 얻는 마음의 상처로 힘들어하는 경우가 더 많습니다. 누구와 놀아도 좋은 이야기를 듣기 어렵고, 심지어 부모조차 지적하고 혼을 내기 때문에 문제가 생겨도 입을 꾹 다물고 혼자서 우울감을 삭이게 되지요. 그래서 반드시 '집에는 내 편이 있다'는 사실, '엄마 아빠가 내 편'이라는 사실을 아이가 느낄 수 있도록 노력해야 합니다. 그리고 그 시작은 아이의 이야기를 끝까지 들어주는 것입니다. 말은 쉽지만 아이의 터무니없어 보이는 이야기, 잘못된 사실을 들으면 그것을 바로잡아주고 싶은 마음이 자기도 모르게 앞섭니다. 일단 아이의 편에 서서 지적보다는 공감을 먼저 해주고, 상황에 대해 경청해주세요. 흔들림 없는 부모의 정서적 지지는 아이의 자아 존중감을 높이는 가장 효과적인 치료제입니다.

적대적 반항 장애의 주요 특징

초등학교 1학년 효성이는 자주 떼를 부리고 엄마가 한마디만 해도 절대 지지 않고 말대꾸를 반복해서 결국 엄마가 소리를 지르고 매를 들어야만 수그러드는 아이였습니다. 효성이 엄마는 아이가 학교에서 돌아올 시간만 되면 가슴에 돌덩이가 얹혀 있는 것처럼 묵직하고 긴장된다고 호소했습니다. 센터에서 처음 본 효성이의 눈매는 매우 날카로웠습니다. 뚱한 표정과 "시시해"라는 말을 달고 지내던 효성이는 규칙을 지키기 싫어했고, 자기 마음대로 하려는 모습이 검사 과정에서도 고스란히 나타났습니다. 학교생활에 대해 물어보자 아이들에게 조용히 하라고 호령해서 비난받았다는 이야기를 자랑스럽게 하거나, 담임 선생님에 대한 지적을 늘어놓기 시작하는 등 전형적인 반항 장애 아이들이 보이는 특성을 보여주었습니다.

반항 행동 문제는 부모나 선생님처럼 권위를 가진 사람의 말을 무시하거나 도발적인 행동을 6개월 이상 지속적으로 보이는 경우 진단을 받게 됩니다. 그리고 이러한 문제 행동은 당연하게도 사회성 발달에 심각한 영향을 줍니다.

일반적으로 반항 행동을 하는 아이들의 경우 다음과 같은 특징을 보입니다.

- 말투를 툭툭 내뱉듯이 하고 매사에 부정적으로 답을 해서 친구들에게 첫인상이 좋지 않다.
- 의견 차이가 생겼을 때 조율을 하는 대화 기술이 부족하다.
- 상대방이 반론하면 목소리가 커지고 분노하면서 따지거나 싸우듯이 대응한다(반 친구들과 선생님에게도 동일한 행동을 함).
- 의도적으로 타인을 짜증 나게 만든다. 예를 들어 미술 시간에 친구 옷에 물감을 뿌리는 등의 부적절한 장난을 치고, 친구들의 일에 참견이나 지적을 하며 스트레스를 준다.
- 자주 욕을 하거나 설명을 할 때 상대방이 못 알아들으면 "관둬"라고 말하는 등 표현 방식이 거칠다.
- 자기 실수를 남의 탓으로 돌린다.
- 사이가 안 좋은 친구에게 집중적으로 집착을 보이며, 그 친구를 계속 주시하고 있다가 친구가 하는 말과 행동에 참견하고 지적해서 관계를 더욱 악화시킨다.
- 성미가 급하고 자기 뜻대로 되지 않으면 발버둥치거나 화를 내며 울어버린다.
- 친구가 싫어하는 표정을 흉내 내거나, 하지 말라고 거부해도 따라다니며 '돼지' 같은 별명을 지속적으로 불러 화를 돋운다.

이런 행동이 반복적으로 나타나면 당연하게도 또래와 좋은 관계를 맺기 어려울 수밖에 없습니다. 상담을 할 때에도 항상 "엄마 때문에……", "아빠 때문에……", "선생님 때문에 못 했어요"와 같은 표현을 자주 하고 절대 자신이 잘못했다는 이야기를 하지 않습니다.

적대적 반항 행동 성향을 가진 아이들은 감정적으로 과잉 반응을 보이는 것이 주된 특징인데, 좌절에 대한 경험에 취약하고 보상엔 민감하지만 처벌엔 둔한 양상을 보이는 것으로 알려져 있습니다. 주된 원인으로는 부모 간의 불화로 인해 불안정한 애착 관계에서 반항적인 태도를 보임으로써 독립성과 자율성을 얻으려는 잘못된 발달 과정의 결과이기도 하고, 한편으로는 부모가 자신감이 부족해서 아이의 요구를 지나치게 수용적으로만 받아들인다거나 지나치게 가혹한 처벌을 반복한 경우에도 발생할 수 있습니다.

부모의 양육 태도와 담임 선생님의 지도 방식 맞추기

만 5세 이전에 부모에게 보이는 반항적 태도는 정상 발달 과정에서도 보일 수 있기 때문에 적대적 반항 장애라는 진단을 필요로 하지는 않습니다. 또한 특수한 상황에서 아이가 극심한 스트레스를 받은 경우 역시 일시적으로 적응적 문제가 발생하여 반항 행동이 증가할 수 있기 때문에 부모가 특정 스트레스에 대한 대처만 적절히 해주어도 문제가 해결되는 경우가 많지요. 특별히 주의가 필요한 경우는 아이가 소아기 우울 증상을 보일 때입니다. 소아기 우울증의 경우에도 아이의 짜증이나 분노 폭발 빈도가 늘어나는 증상이 있을 수 있기에 최근 들어 아이의 반항 행동이 부쩍 늘었다고 느끼면 정확한 감별을 위해 전문 기관의 검사를 받아보는 것이 가장 좋습니다. 무기력해지고 말수가 줄어드는 성인 우울증의 특성과 달리, 소아 우울증의 경우 오히려 공격적이고 짜증의 빈도가 늘어나는 모습이 가장 특징적입니다. 또한 반항 행동 장애만 있는 아이와 다르게 식욕 저하나 불면 등의 문제를 보일 수 있으므로 이러한 특성을 미리 숙지하고 있는 것도 중요 포인트라고 할 수 있습니다.

반항 행동 문제로 사회성 발달에 현저한 지장을 받는 경우 반드시 전문적인 검사가 필요하고, 부모의 양육 방식 변경이 필수적입니다. 특히 학교에서 아이들에게 눈총을 받는 일이 많기 때문에 자존감 저하가 우려되는 것이 가장 큰 문제이기도 합니다. 학교 담임 선생님과 지속적인 의사소통을 하면서 아이가 보이는 문제 행동을 구체적으로 파악하는 것이 가장 중요한데, 학교에서의 아이 모습을 객관적으로 평가할 수 있는 검사인 '교사용 아동 정서 행동 평가 척도TRF, Teacher Report Form'를 활용하면 큰 도움을 받을 수 있습니다.

다양한 심리 평가를 통해 아이 마음을 이해하고, 부모의 양육 상담과 문제 해결 기술 프로그램을 진행하는 것이 이 같은 반항 행동 문제 해결에 큰 도움을 줄 수 있습니다. 부모 양육 상담 프로그램은 아이의 부정적인 행동의 빈도를 줄이고 긍정적인 행동을 강화하는 부모 역할을 늘려주는 효과가 있습니다. 또한 가족 내에서 혹시라도 있었을지 모를 잘못된 의사소통 방법을 들춰내고 제거함으로써 아이에게 모범적인 행동 모델이 되는 부모로 자리매김할 수 있습니다. 이러한 행동 치료 개입은 청소년기보다는 아동기(6~9세)에 적용했을 때 보다 효과적인 것으로 알려져 있습니다. 그렇기에 문제가 발견되는 즉시 적극적인 행동 개입을 하는 것이 가장 중요합니다. 문제가 방치되는 시간이 늘어날수록 아이의 자존감 역시 계속해서 낮아지게 되고, 심리적으로 회복할 수 있는 시간 또한 길어지게 되지요.

모든 아이는 다른 사람에게 인정받고 칭찬받고 싶은 기초적인 사회적 욕구를 갖고 있기 때문에 아이에 대한 부모의 견고한 믿음만 있다면 충분한 효과를 얻을 수 있습니다. 한편 인지행동치료의 하나인 문제 해결 기술 훈련은 잘못 형성되어왔던 아이의 사회적 상호작용 방법을 교정하고, 충동적인 반응이 자동적으로 튀어나오지 않도록 대안적인 해결책을 찾아가는 훈련입니다. 꾸준히 프로그램 진행을 하면 아이 스스로 자기 행동에 따른 결과를 예측하고, 행동에 대한 객관적인 자기 평가를 할 수 있게 됩니다.

아이의 문제 행동은 다른 관점에서 보면 아이와 부모를 이해하는 열쇠가 되기도 합니다. 문제를 해결하는 과정에서 미처 보지 못했던 가족 내의 잘못된 의사소통 방식을 깨닫게 되기도 하고, 아이를 바라보는 부모의 시선이 아이의 발달 수준보다 뒤떨어져 있었던 것은 아닌지 점검하는 계기가 되기 때문이지요. 이 과정에서 발생했던 문제 중 일부는 아이의 것이고 다른 일부는 부모의 것이었음을 이해하는 것이 중요합니다. 아이의 것은 부모가 도와주어야 하고, 부모의 것은 부모가 해결해야 실마리가 보입니다. 이 부분을 구분하지 않고 해결하려 들면 두 문제가 이리저리 뒤엉켜서 오히려 아이가 심리적으로 더욱 위축되거나 분노하게 되는 상황이 발생하지요. 아이와 부모는 함께 성장하면서 크든 작든 문제를 겪을 수밖에 없습니다. 문제를 마주했을 때 부모가 멘토도 매니저도 아닌 부모로서, 아이의 편에서 정서적으로 든든하게 지켜주는 존재로 있어주기만 해도 아이는 스스로 회복해나갈 힘이 있습니다.

아이의 속도를 인정해주세요

모든 인간은 미숙아로 태어납니다. 사람의 아기는 자기 혼자 걷고 먹을 수 있기까지 꼬박 12개월 이상 부모가 돌봐주어야 합니다. 반면 돌고래는 태어나자마자 물속에서 헤엄을 치고, 기린은 몇 시간 만에 스스로 일어서는 법을 배우지요. 심지어 얼룩말은 생후 45분 만에 너른 들판을 달릴 수 있습니다. 대부분의 포유류는 태어난 후 얼마 지나지 않은 시점부터 놀랄 만큼 독립적으로 살아갑니다. 언뜻 보면 이것은 커다란 장점인 것 같지만 실은 한계라고 할 수 있습니다. 그렇다면 여느 동물과 달리 왜 인간의 아기만 이토록 오랜 돌봄의 시기를 거쳐야 하는 걸까요?

답은 뇌의 유연성에 있습니다. 태어나자마자 걷거나 뛸 수 있는 동물의 경우 살 수 있는 환경 역시 제한적이지요. 아프리카 초원에 살고 있던 기린과 임팔라를 추운 시베리아에 데려다놓으면 얼마 지나지 않아 목숨을 잃고 말 것입니다. 남극 대륙에 살고 있던 펭귄을 아프리카 초원에 데려다둬도 마찬가지일 테지요. 반면 사람의 아기는 어느 곳에서 태어나든지 부모의 보살핌을 통해 환경에 적응할 수 있게 됩니다. 즉, 특정한 생태 환경에 맞게 적응된 동물의 뇌와 달리, 인간의 뇌는 변화무쌍한 환경에 적응할 수 있도록 일부러 '미숙한 상태'로 태어나서 일정 기간 동안 적응한다는 점에서 독특한 발달 양상을 보입니다. 그래서 인간은 얼어붙은 툰드라부터 고산지대, 번잡한 도심까지 온갖 다양한 환경에서 번성할 수 있습니다. 이처럼 인간의 뇌가 가진 독특한 특성을 과학자들은 '신경가소성'이라고 부릅니다. 신경가소성 덕분에 우리의 아이들은 각자의 속도에 맞추어 생각하고 놀며 성장합니다. 신경가소성이 있기 때문에 인간은 평생에 걸쳐 환경에 적응하고 변화할 수 있습니다. 그렇기에 결정적 시기를 놓친다고 해서 발달에 심각한 지장을 받는다고 생각하는 것은 인간의 뇌가 가진 능력을 평가 절하하는 셈이기도 합니다.

어른들은 종종 이렇게 말씀하십니다.

"아이 때문에 너무 걱정하지들 말어. 다들 제 살길은 제가 찾아가게 되어 있어. 날 때부터 아이들은 제 수저 물고 태어나니까 말이야."

맞습니다. 모든 아이는 각자의 속도를 가지고 발달하면서 신경가소성을 통해 자기만의 세상을 키워나갑니다. 따라서 발달에 결정적 시기란 존재하지 않습니다. 아이들마다 마주하게 되는 그때그때의 문제를 해결하는 과정에서 부모가 묵묵히 지켜봐주고, 아이가 도움이 필요하다는 신호를 보내면 지긋이 미소 지으며 문제를 해결할 수 있도록 도와주면 되는 것이지요. 그러면 아이는 스스로 답을 찾아갈 것입니다. 언제나 그래왔던 것처럼 말이에요. 다른 아이와 비교하며 불안에 휩싸일 필요가 없습니다. 아이마다 제 나름의 수저를 물고 태어나듯, 발달 시계 역시 제각기 다른 것이 당연하니까요.

우리 아이가 세상에서 단 하나뿐인 존재인 것처럼, 부모 역시 이 세상에 유일한 단 한 사람입니다. 그렇기에 아이의 행동 하나하나에 세심하게 마음 쓰고 혹여나 발달에 어려움이 있는 것은 아닌지 인터넷과 유튜브, 양육 서적을 살피면서 불안한 마음을 달래기도 하는 것일 테지요. 그런 부모님들을 위해서, 상담실에서 그동안 만나왔던 대표적인 사례들을 재구성해서 아이 발달에 대한 다양한 모습을 보다 구체적이고 생생하게 전달할 수 있도록 서술해나갔습니다. 책을 읽으면서 내 아이에게 꼭 맞는 이야기도 있을 것이고, 그렇지 않은 이야기도 있을 것입니다. 그리고 언어 발달, 학습 발달, 사회성 발달 등 주제를 거듭하며 읽어갈수록 내 아이의 어떤 점이 강점이고 어떤 점을 보완해줘야 할지 전보다 더 분명하게 보이는 지점이 있을 겁니다. 또한 아이를 진정으로 돕는 방식에 대한 아이디어를 얻거나 어떤 검사를 해야 아이에게 도움이 될지 알게 될 것입니다. 더불어 아이 발달에 대한 새로운 시각도 갖게 되리라 기대합니다. 아이의 행복을 위해 살아가는 세상의 모든 부모를 응원합니다.

참고 도서

데이비드 R. 샤퍼, 『발달심리학』, 송길연 외 옮김(시그마프레스, 2005)

폴 블룸, 『데카르트의 아기』, 곽미경 옮김(소소, 2006)

니콜라스 카, 『생각하지 않는 사람들』, 최지향 옮김(청림출판, 2011)

홍강의, 『소아정신의학』(학지사, 2014)

강윤경 · 김원철, 『우리 아이 감각운동 처방전』(블루무스, 2021)

4~7세 느린 아이 강점 양육

초판 1쇄 인쇄 2023년 2월 23일
초판 1쇄 발행 2023년 3월 8일

지은이 이슬기
펴낸이 이승현

출판1 본부장 한수미
라이프 팀장 최유연
편집 곽지희
디자인 신나은

펴낸곳 ㈜위즈덤하우스 **출판등록** 2000년 5월 23일 제13-1071호
주소 서울특별시 마포구 양화로 19 합정오피스빌딩 17층
전화 02) 2179-5600 **홈페이지** www.wisdomhouse.co.kr

ISBN 979-11-6812-592-6 13590